環境毒性学

渡邉 泉　久野勝治

編

朝倉書店

■編集者

渡邉　　泉	東京農工大学大学院農学研究院・准教授
久野　勝治	東京農工大学名誉教授

■執筆者（五十音順）

今村　順茂	日本薬科大学薬学部・教授
岩田　久人	愛媛大学沿岸環境科学研究センター・教授
上野　大介	佐賀大学農学部・講師
尾崎　宏和	東京農工大学環境リーダー育成センター・特任助教
片山　葉子	東京農工大学大学院農学研究院・教授
北野　　健	熊本大学大学院自然科学研究科・准教授
久保田正亜	茨城大学名誉教授
佐瀬　裕之	(財)日本環境衛生センター アジア大気汚染研究センター・部長
澤邊　昭義	近畿大学農学部・准教授
島田　秀昭	熊本大学教育学部・教授
髙橋　　真	愛媛大学沿岸環境科学研究センター・准教授
竹田　竜嗣	近畿大学大学院農学研究科・研究員
多田　　満	(独)国立環境研究所・主任研究員
鑪迫　典久	(独)国立環境研究所・主任研究員
中田　晴彦	熊本大学大学院自然科学研究科・准教授
畠山　成久	(独)国立環境研究所・客員研究員
原　　　宏	東京農工大学農学部・教授
百島　則幸	九州大学アイソトープ総合センター・教授
渡邉　　泉	東京農工大学大学院農学研究院・准教授

序

　人類は文明の誕生後からわずかながらも化学物質を放出し，その中には種類は限られるものの有害物質も含まれていた．しかし，自然の許容量を超え大規模な被害をもたらすほどではなかった．産業革命以後は，それ以前と比較にならないほど多くの物資を生み出し，特定の地域では大きな社会問題となる公害問題が生じた．環境汚染によって人間の健康に悪影響を与えることは，19世紀半ば『イギリスにおける労働者階級の状態』という著書の中でフリードリヒ・エンゲルスが示している．彼は，ロンドンとマンチェスターにおいて，蒸気機関の燃料である石炭の燃焼が引き起こす大気汚染によって健康被害が生じていることを著述して，健康被害を生ずる公害を「隠ぺいされた社会的殺人」と規定している．このような環境汚染問題の発生に伴って環境毒性学研究の課題はひろがり，研究内容も進化している．

　日本でも19世紀末から足尾鉱毒事件が生じた．銅鉱山から排出された銅と硫黄が被害の原因として古在由直の研究によって究明され，水田における被害機構も究明された．その後現在までの解析で，重金属を含む多様な有害元素類は，鉱山や製錬工場などの固定発生源にとどまらず，自動車走行など各種の移動発生源からも放出されることが確認された．先端産業などの新たな素材の生産に伴って放出される元素類はいっそう多様になっており，それらの元素類のリスク評価には新たな解析手法の開発が必要になっている．

　20世紀に入り，米国で幕を開けた石油の大量消費による大量生産，大量消費の社会経済システムは，第2次大戦後世界各地で展開され，現在では石炭，石油という化石燃料の大量使用によって発生する大気汚染物質は他国に越境するまでになっている．

　わが国でも，戦後1960年代から始まる高度経済成長に対応して有機水銀による水俣病，カドミウムの放出によるイタイイタイ病，石油コンビナートの排煙による四日市ぜんそくなど深刻な環境汚染による健康被害が生じた．これらはいずれも科学者の究明によって実証学的に被害機構が解明された．

　これらの事例はいずれも，地下資源を取り出し改変させる過程で起きた環境汚

染である．

　一方，人工化合物で生起した事例に農薬による環境汚染がある．1939年スイスのポール・ミュラーによって殺虫効果が発見されたDDTは，マラリアを媒介するカなどの防除に効果があるという理由で，第2次大戦以降広く利用された．1962年にレイチェル・カーソンはその著書『沈黙の春』の中で，この物質が，害虫だけでなく，生態系全体の生物に対して有害であることを示した．その後，DDTの関連化合物DDDは生物濃縮や生物蓄積という機構を介して死に至るレベルまで生物体内で濃縮されることが解明された．1960年代から1980年代にかけて北米五大湖で猛禽類や水鳥などで繁殖率が低下するなど生殖障害を示す事実が発見された．シーア・コルボーンらは1990年『奪われし未来』の中で，DDT，PCBやダイオキシンは微量であっても野生動物やヒトの内分泌機構を撹乱して生殖を阻害する危険性を指摘した．その後，環境水中で検出されたビスフェノールAのような人工化合物でも同様の機構が存在することが実証された．

　現在，世界中で流通している化合物は10万種に及び，それらが新たな汚染を人体に生じさせる可能性があるが，生物蓄積性などに共通性があると思われるのでいままでの知見は新たな課題に挑むベースとなるであろう．

　生態系の中の種構成によって生態系全体の毒性の発現は異なるので，それらの解明も環境毒性学の課題となるであろう．このように，環境毒性学は生態系を構成する種の特性をベースに集団に対する影響を評価し，その発現機構を明らかにする学問としてますます発展するであろう．

　本書が「環境毒性学」の教科書として新時代の要請に応じた書となることを念じてやまない．

　　2011年2月

久野勝治

目　　次

1. **環境毒性学とは** ……………………………………………［渡邉　泉］……1
   1.1 環境毒性学の背景と成立………………………………………………1
   1.2 環境毒性学の位置づけと化学物質の生態影響…………………………4

2. **環 境 動 態**………………………………………………………………9
   2.1 大　　気………………………………………………………………9
   　2.1.1 酸 性 物 質…………………………………………［原　　宏］……9
   　2.1.2 POPs, 農薬など有機化合物………………………［中田晴彦］…19
   　2.1.3 重 金 属 等……………………………………………［渡邉　泉］…22
   2.2 水　　界………………………………………………………………25
   　2.2.1 酸性沈着の動態・影響………………………………［佐瀬裕之］…25
   　2.2.2 POPs, 農薬など有機化合物………………………［上野大介］…31
   　2.2.3 重 金 属 等……………………………………………［渡邉　泉］…35
   2.3 土壌, 底質……………………………………………………………39
   　2.3.1 酸性沈着の動態・影響………………………………［佐瀬裕之］…39
   　2.3.2 POPs, 農薬など有機化合物………………………［中田晴彦］…43
   　2.3.3 重 金 属 等……………………………………………［久保田正亜］…46
   2.4 生 物 濃 縮……………………………………………………………51
   　2.4.1 土壌から植物への生物濃縮……………………［澤邊昭義・竹田竜嗣］…51
   　2.4.2 野生動物の生物濃縮, バイオモニタリング………［渡邉　泉］…53
   　2.4.3 有機汚染物質の生物濃縮……………………………［髙橋　真］…57
   2.5 起 源 推 定……………………………………………………………63
   　2.5.1 分布パターン：汚染源と平面的・立体的分布の特徴…………63
   　　1）有機汚染物質………………………………………［上野大介］…63
   　　2）重 金 属 等……………………………………………［尾崎宏和］…68
   　2.5.2 固定発生源：排水と大気……………………………［尾崎宏和］…71
   　2.5.3 移動発生源……………………………………………［尾崎宏和］…73

2.5.4 分子マーカー:分子組成と起源推定 ………………[中田晴彦]…77

3. 毒性とその発現メカニズム …………………………………81
3.1 有害作用総論 ………………………………………[渡邉　泉]…81
3.1.1 フリーラジカル(活性酸素種),酸化ストレス……………86
3.1.2 共有結合(非共有結合,脱水素) ……………………………87
3.1.3 細胞毒性 ……………………………………………………87
3.2 一般毒性:急性毒性と慢性毒性 …………………[渡邉　泉]…88
3.3 特殊毒性 ……………………………………………[今村順茂]…94
3.3.1 発がん性 ……………………………………………………94
3.3.2 催奇形性 ……………………………………………………96
3.3.3 内分泌毒性,生殖毒性 ……………………………………97
3.3.4 免疫毒性 ……………………………………………………98
3.3.5 皮膚毒性 ……………………………………………………99
3.3.6 神経毒性 ……………………………………………………99
3.3.7 血液・造血器毒性 …………………………………………100
3.3.8 肝臓,腎臓,肺および心臓に対する毒性 ………………100
3.3.9 感覚器(視覚・聴覚)毒性 ………………………………102
3.4 毒性発現メカニズム ……………………………………………102
3.4.1 放射性物質による毒性 ……………………………[百島則幸]…102
3.4.2 環境ホルモン,ダイオキシン ……………………[多田　満]…108
3.4.3 農薬,有機ハロゲン化合物 ………………………[中田晴彦]…116
3.4.4 重金属,生体微量元素,アスベスト ……………[渡邉　泉]…120
3.5 発現機構と症徴 ………………………………[澤邊昭義・竹田竜嗣]…126
3.5.1 植物の栄養欠乏と毒性 ……………………………………126
3.5.2 動物における毒性発現 ……………………………[渡邉　泉]…131
3.6 バイオマーカー ……………………………………[岩田久人]…137
3.6.1 バイオマーカーとは ………………………………………137
3.6.2 シトクロム P450 ……………………………………………139
3.7 重金属,農薬,環境ホルモンのバイオアッセイ ………………147
3.7.1 バイオアッセイとは ………………………[畠山成久・鑪迫典久]…147
3.7.2 脊椎動物を用いたバイオアッセイ …………………[北野　健]…151

3.7.3　無脊椎動物に対するバイオアッセイ …［畠山成久・鑪迫典久］… 154

4. 解毒・耐性機構 …………………………………………………… 164
4.1　微生物分解 ………………………………………［片山葉子］… 164
　　4.1.1　微生物のはたらき ……………………………………… 164
　　4.1.2　石　油　成　分 ………………………………………… 167
　　4.1.3　有機ハロゲン化合物 …………………………………… 170
　　4.1.4　重　金　属　類 ………………………………………… 172
4.2　植物の代謝 ………………………［澤邊昭義・竹田竜嗣］… 178
　　4.2.1　重金属を多量に吸収する植物 ………………………… 178
　　4.2.2　潜在的な能力をもつ雑草，野草 ……………………… 180
　　4.2.3　重金属の集積時期 ……………………………………… 182
　　4.2.4　温度による重金属の吸収量の差 ……………………… 183
　　4.2.5　根圏における重金属の動き …………………………… 184
　　4.2.6　重金属の無毒化に関わる物質 ………………………… 184
　　4.2.7　重金属が重金属集積植物細胞に与える影響 ………… 186
　　4.2.8　遺伝子組換えによるファイトエクストラクションの効率化 …… 188
　　4.2.9　今後の展望 ……………………………………………… 189
4.3　動物の代謝（解毒系） …………………………［島田秀昭］… 190
　　4.3.1　第1相反応 ……………………………………………… 191
　　4.3.2　第2相反応 ……………………………………………… 198
　　4.3.3　その他の解毒系 ………………………………………… 202

5. 汚染浄化 …………………………………………………………… 204
5.1　バイオレメディエーション ……………………［片山葉子］… 204
　　5.1.1　バイオレメディエーションとは ……………………… 204
　　5.1.2　広義のバイオレメディエーション …………………… 205
　　5.1.3　バイオレメディエーション技術 ……………………… 206
　　5.1.4　バイオレメディエーションの実施 …………………… 209
　　5.1.5　今後の展望 ……………………………………………… 212
5.2　ファイトレメディエーション …………………［渡邉　泉］… 214
　　5.2.1　ファイトレメディエーションの種類と背景 ………… 214

5.2.2　ファイトエクストラクションの動向と蓄積メカニズム …………216
　　5.2.3　ファイトレメディエーションの可能性 ………………………………221

6. 法規トピック……………………………………………［渡邉　泉］…224
　6.1　人類が直面している本当の危機とは ……………………………………224
　6.2　環境法の成り立ち …………………………………………………………225
　6.3　国際的な動き ………………………………………………………………226
　6.4　わが国における環境法の成立 ……………………………………………228
　6.5　わが国のトピック …………………………………………………………231
　　6.5.1　環境基準 ………………………………………………………………231
　　6.5.2　公害関連法など ………………………………………………………233
　　6.5.3　環境保全に関する法律など …………………………………………236
　6.6　海外のトピック ……………………………………………………………238

7. 環境毒性学の未来 ………………………………………［岩田久人］…242
　7.1　化学物質に対する感受性の種差を考慮したリスク評価 ………………242
　7.2　トキシコゲノミクス研究の展開 …………………………………………244
　7.3　実験動物代替法の発展 ……………………………………………………245

　索　　引……………………………………………………………………………247

1. 環境毒性学とは

1.1 環境毒性学の背景と成立

　環境毒性学は，20世紀の後半にかたちを現してきた新しい複合分野である．大別して，医学・薬学からのアプローチと，環境科学からの展開がこの分野を発展させている．21世紀は環境の世紀といわれるが，その端緒は前世紀にさかのぼる．2度の大戦とその後の経済・産業・科学技術の発展，人口爆発で特徴づけられる20世紀は，そのなかばに，環境問題という課題が浮上した．巨大になった人類の活動が，自然界の中でブーメランのように返ってきて，われわれの生存自体を脅かす危機となった．それが環境問題の本質であろう．

　国内における最悪の公害事件である水俣病に関して優れた著作の多い原田正純は，現代日本人の死因から「環境」を物理的環境（事故），精神的環境（自殺），そして化学的環境（悪性新生物：がん）に分けた．近年，電磁波や音波といった物理的作用に加え精神的ストレスが，生命活動に直接の障害をもたらすメカニズムが究明され，「毒性」が包含する範囲は広くなった．しかし，かつて毒とは化学物質のことを指した．1981年以来，日本人の死因の1位であり続ける発がんは，その80％が環境中に存在する発がん性物質によることを考えるとき（島田，1999），化学物質管理の問題の重要さが認識される．ここで，生命活動にプラスの影響を与える物質は「薬」と呼ばれ，マイナスの影響を及ぼせば「毒」となる．つまり，薬理と毒性は化学物質が生命活動へ与える作用という点で共通しており，毒はいわば"いのち"あっての概念である．ならば，環境の毒とは何であろう？　環境毒性に類似した言葉に生態毒性（エコトキシコロジー）がある．いまだ確立途上のこの分野で，両者は混同されることがあるが，生態系が"いのち"を中心とする物質のつながりとすれば，生態毒の概念は成立する．ならば，環境に"いのち"はあるのだろうか？

　現在，薬学分野において「環境中の化学汚染物質が生物に及ぼす影響を対象とする」（Eaton and Klaassen, 2004）と定義される環境毒性学は，大きく2方向か

ら研究が続けられてきた．1つは，医薬学の分野で認識された環境毒性で，これは極言すれば「人為活動によって環境中に放出された化学物質（環境汚染物質）が，ヒトに対して及ぼす影響」といえ，1974年にLoomisが示した毒性学の3つの基礎的分野の1つとして位置づけられている（佐藤，1991）．もう1つは，1962年の『沈黙の春』（R. カーソン）を嚆矢として発展した，野生生物・生態系への影響解析を目的とした環境毒性である．1976年に国際学術連合の環境問題科学委員会によって「自然由来のまたは人工的に合成された化学的・物理的素材が生態系の生物密度と生物社会に及ぼす影響を研究する」と定義された生態毒性はこの流れの上にある．近年，生態毒性は環境毒性学の特別な領域ととらえる方向に統一されつつある．環境研究を牽引したGC-ECDを発明したJ. ラブロックの提唱したガイア仮説に異論は多いが，無機環境までを考慮した"生命論"は一考に値する．本書では"環境"中に汚染物質が負荷される状態を環境の毒と捉えた．

　ヒトは経験によって学び，科学を発展させた．環境科学もまた，振り返ることで成立した．その契機は，1950年代以降，悲惨な公害事件が人間社会に続発したことであった．わが国における4大公害事件（水俣病，第二水俣病，イタイイタイ病，四日市ぜんそく）とほぼ同時期に，世界でも戦後の急速な発展の反作用のように，ヒトの健康や生態系を蝕む事件が頻発した．それらを背景として，ストックホルムで開催された1972年の国連人間環境会議は，人類がはじめて「環境問題」をテーマに世界規模の話し合いをもった歴史的なイベントであった．ここに至って，われわれ人類は全員が生存空間を共有する「かけがえのない地球（宇宙船地球号）」の一員であることを確認し，環境の世紀へ向けた活動を開始した．

　人類の運命を変えた曲がり角は各分野でそれぞれ議論されるが，環境毒性学においては第1次世界大戦がそれに当たるだろう．原子爆弾の使用によって物理学者の戦争といわれる第2次世界大戦に対して，第1次世界大戦は化学者の戦争とされる．戦闘の規模も犠牲者の数も，のちの大戦とは比べものにならない第1次大戦であるが，このとき人類は産業革命まで綿々と積み上げてきた科学技術の多くを大量殺戮兵器に転化し，殺し合いの様相を一変させた．その象徴が毒ガス兵器である．毒ガスは当時の製造技術において，のちの環境毒性分野の重要な一翼となる農薬合成と密接に関わっているが，その登場の背景に有機合成の獲得があった点は見逃せない．

環境汚染の歴史の中で，18世紀末からの産業革命が巨大なイベントである点は否定できない．しかし，石炭と鉄の革命といわれる産業革命がもたらした環境汚染や破壊は，天然資源に由来した物質によるものであり，20世紀に現出した新たな汚染とは性格を異にする．1828年の尿素合成や1878年のインディゴ合成の成功で幕を開けた有機合成は，その直後から，質・量ともに膨大な化学物質を人類にもたらした．最大の特徴は，素材自体を創出しうる点である（立川，2007）．このことが，多様なマーケットに進出し，膨大な需要を生む事態を形成している．われわれの生活を見渡せば，プラスチック類を始め，多種・大量の人工有機化合物に囲まれていることを実感する．20世紀の環境問題を象徴する有機合成技術の獲得が，数年を待たず毒ガスとなり第1次世界大戦で使用されることになった．

毒ガス使用が世界に及ぼした衝撃は深刻であった．その一つは，使用から開始された報復という悪循環であった．大戦の勃発に先立ち，毒ガスの潜在的危険性を察知した欧州世界は，ハーグ宣言を行い，その使用を制限している．しかし，手にした果実をその可能性を知りながら放っておけないという人類の悪癖により，ほかの技術とともに戦場で応用した．その結果，報復の連鎖が開始され，毒ガス技術は短期間に進歩した．一度走り始めると止めることが困難となる人類の悪癖を象徴した毒ガス使用は1925年以降，ジュネーブ協定で禁止されている．しかし，化学兵器という禁忌は，現在も環境問題とともに克服困難の課題であり続けている．

毒ガスがもたらしたもう一つの脅威は，化学物質が環境を介し，不特定多数の標的に作用した点である．それまで毒物は，殺したい誰かに対し用いたり，自然界で偶発的に被ったものが，おもに認識されていた．しかし毒ガスは，ヒトが，環境を媒介とし，強毒性の化学物質を不特定多数に向け放出するという新たな作用経路の発見となった．その後，振り返ることによって，鉱工業に伴う産業毒性や，古代から環境を介した毒による被害の存在が確認された．わが国においても，古くは奈良の大仏建造時に水銀中毒が発生したことが推測されている．

1962年，R. カーソンによる『沈黙の春』が世界に与えた衝撃は，いまに至る環境毒性学のみならず環境科学全体の礎となった．つまりヒトも生態系の一員であり，環境汚染は，そのすべてに影響を及ぼすという理解である．この前後，野生動物の減少や森林破壊など，化学物質の問題にとどまらない環境問題全般が科学者や人類に危機感をもたらし，1972年から開始された数度の国連会議に結実

した．国連が主導する環境問題解決への全世界的な取り組みは，その最終目標として当然，「人類社会」の永続的な安定を掲げる．一方で，全世界的な意識の高まりは，大気や水，土壌だけでなく，われわれも含めた地球が一個の生命体と定義するガイア仮説を産み，さらに生態系保全をヒトの存続より上位に位置づけるディープ・エコロジー（アルネ・ネス提唱）などの環境思想を生んだ．21世紀の課題である環境問題や保護施策を，人間本位とするか，生態系本位とするかの議論は，きわめて重い問いを投げかける．しかし，確実にいえることは，ヒトもまた生態系の一部であり，人類社会の存続には，生態系全体の保全が不可欠という事実である．

1.2 環境毒性学の位置づけと化学物質の生態影響

なにか問題が生じたとき，その解決には，まず相手を知ることが重要となる．環境研究においても，はじめに，対象となる環境を把握することが必要である．環境科学では古典的に，地球環境を気体，液体，固体の3相ととらえ，大気圏，水圏，岩石圏（本書では土壌圏）と分けてきた．これに加え，1875年にE. ジュースが提唱した生物圏を含む4態が地球環境を構成すると考え，本書もそれにならっている．ここで，環境毒性学的にもっとも重要な画分となる生物圏は，リンゴの皮の厚さにたとえられる地球表層の，さらに限定された海洋と大気を含むご

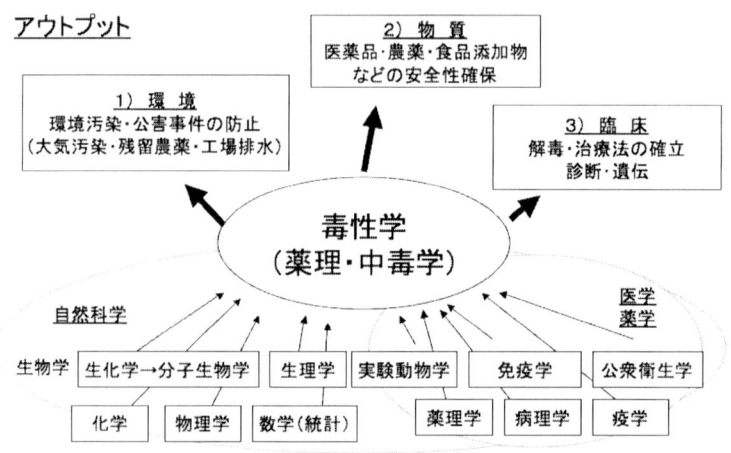

図 1.1 「寄せ集めの科学」としての毒性学とそのアウトプット（佐藤, 1991 を改変）

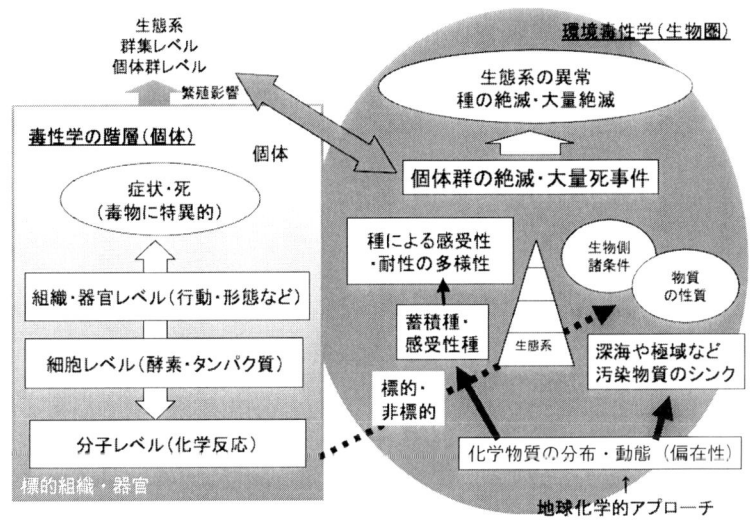

図 1.2　毒性学と環境毒性学の構造

く薄い部分となる．

　元来，毒性学は「寄せ集めの科学」といった側面があり，さまざまな分野を生体影響という観点から総合した分野といえる（図 1.1）．環境毒性学も同様であり，もともとの毒性学の領域に加え，生物の応用分野（動物学，植物学，生態学など）や地球化学，各産業に精通した工学，社会科学分野（法規）までを包含する．また本来の毒性学は，各種の毒性や発現プロセスを階層的にとらえるが，環境毒性学にも援用することができる（図 1.2）．生物個体における毒性発現の道のりで，そのメカニズムは曝露から体内への侵入，その後の移動・分布，次いで標的部位での作用から障害へとたどる．環境毒性学において，化学物質は人為活動による放出後，各環境へ曝露される．その後，各種の地球化学的作用や食物連鎖を通じた生物蓄積を経由し，生物個体へ到達する．そのため，大気や水，土壌環境における負荷形態や分布は，環境毒性の発現における第 1 段階と位置づけられる．化学物質は微生物や植物を含む多様な生物へもたらされるが，それ以降，個体以上の単位，つまり個体群消滅や大量死，種の絶滅といった，よりマクロな生態系の異常となって現出する．本書では，ミクロな毒性の機序から環境における動態，さらに生態影響の把握までを要素とした環境毒性学の上位目標を「地球生態系の保全を目指した，生物圏における化学物質の動態解析と影響解明」とし

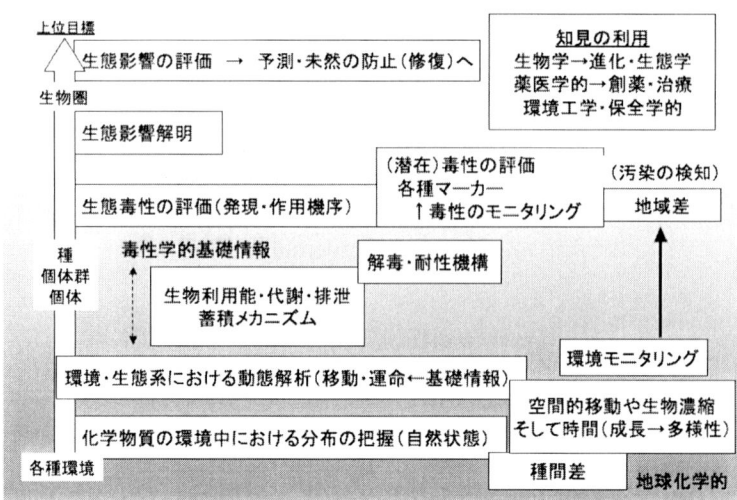

図1.3　環境毒性学の目指すもの

た（図1.3）．

　今後も化学物質管理が問いかける課題は大きく，次々に新たな問題が出現する可能性がある．懸念される課題には，まず社会の維持と関連した諸問題があげられよう．たとえば，気候変動や資源・新エネルギーへの対策，また食糧確保といった問題解決に，新たな科学技術が貢献する可能性が大きい．しかし，これら技術がもたらす利益と同時に，使用される素材の環境毒性を無視することは許されない．次いで，新たな毒性の問題が考えられる．たとえば，内分泌撹乱化学物質（環境ホルモン）の問題は繁殖以外に，脳や神経系，免疫系への影響が懸念されている．防御システムの未熟な胎児や子どもに対する毒性の解明も求められる．複合毒性や，低濃度・長期曝露の影響も未把握な部分が多い．そして，最後に生態系への影響評価があげられる．20世紀まで，化学物質の問題は「ヒトへの影響」を最終目標としたが，近年は野生の動植物に対する毒性影響を考慮した施策実現への気運が高まっている．しかし，いまだ有効な方法論は模索段階という現状である．

　化学物質による生態リスク評価には，大きく2つの流れがある．1つは，絶滅危惧種の保全を目的とし，ある種が集団として存続できる可能性，および種の多様性を評価する試みである．解析単位として個体群レベルを設定し，個体数の増減速度が用いられる．もう1つは，個体における生存の可能性や繁殖量が評価の

対象となり，単一の化合物の影響を少数の種で検査する方向である．前者は，より実環境に即した生態リスクの評価法として期待されたが，たとえば高感受性の個体に現れる影響が集団の変化として反映されにくく，また，繰り返し実験が困難，かつ得られた結果の不確実性が高くなるといった点から，いまは後者の手法が主流となっている（加茂ほか，2009）．しかし，わずか数種から得られた評価結果を，生態系全体に適用する粗さは，検討課題であり続けている．突破口の1つとして，「生態学的死」に関心が集まっている．野生生物において行動に生じる障害は，生態系では死を意味するととらえ，化学物質の行動に対する影響を致死と同等に評価する考え方である（大嶋，2007）．行動が低下した動物が野外にあれば，餌を摂れず，天敵に補食され，また性行動もできず死に至るため，行動障害を評価することは，より実環境に即したリスク評価となる可能性がある．

　本書において，汚染物質を大きく有機汚染物質と無機汚染物質に分けた．前世紀末の1999年までに人類が手にした化学物質は2,000万種を，2010年には6,000万種を突破し，その後も急激な勢いで種数は増加している．実際には，産業などに使用される化学物質は，いくつかの方法で安全性が確認されたあと流通する．そのため，2010年現在，わが国に流通している化学物質は約5万種とされ，世界では約10万種と考えられている．毒性学の父・パラケルススの言葉「すべての物質は毒である．それが薬となるか毒になるかは，その量に依存する」に従えば，使用されている化学物質のすべてが汚染物質になる可能性を有している．しかし，本書はそれらを網羅的に扱っていない．すべての物質が深刻な環境汚染を起こす可能性は等価でなく，汚染物質になりやすい物質はいくつかの特徴を有することが，これまでの経験から明らかにされている．放出量と残留性はとくに重要な因子であり，たとえ毒性が低い物質であっても，広範囲で大量に使用された場合，深刻な環境汚染を引き起こす可能性がある．加えて，生態影響を考慮する場合，体内への侵入のしやすさや生物利用能，生物蓄積性といった因子も加わる．以上の観点から，現在，地球上でとくに監視が必要とされる物質を選び，これまでの研究から，ある程度詳細が把握され，今後出現するであろう新汚染物質の評価に，その方法論が応用されうる物質について，とくに取り上げている．

■文　献

Eaton, D. L. and Klaassen, C. D. (2004), Principles of toxicology. *In* Casarett & Doull's Toxicology 6 th edition, Klaassen, C. D. ed., pp. 13-39, サイエンティスト社.
加茂将史・対馬孝治・内藤航（2009）．化学物質の生態リスク―順応的管理による新たな管理手

法の提案．環境科学，**22**，219-225．
大嶋雄治（2007）．化学物質が魚類の行動に及ぼす影響―生態学的死（ecological death）．日本水産資源保護協会月報，**505**，3-7．
佐藤哲男（1991）．毒性学序論．*In* 毒性学（改訂第3版），佐藤哲男・上野芳夫編，pp. 1-32，南江堂．
島田力（1999）．発癌性．*In* 毒性学―生体・環境・生態系，藤田正一編，pp. 171-176，朝倉書店．
立川涼（2007）．21世紀を想う（教育・環境・諸事），211 pp，創風社出版．

2. 環境動態

2.1 大気

2.1.1 酸性物質

1) 大気汚染物質の動態：放出，輸送・変換，沈着

　汚染物質は化石燃料の燃焼から直接放出された，1次汚染物質と，それが酸化された2次汚染物質に分けることができる．二酸化硫黄，窒素酸化物，二酸化炭素は1次汚染物質であり，オゾンや硫酸，硝酸は2次汚染物質である（図2.1）．2次汚染物質の動態を理解するにはどんな化学反応で生成するかを把握する必要がある．たとえばオゾンの場合，窒素酸化物（NO_x）と炭化水素（VOC）が太陽光の下で光化学的に生成する．NO_x，VOC の濃度によっては，NO_x あるいはVOC が増加してもオゾンの増加に必ずしもつながらないので，定量的に考察し

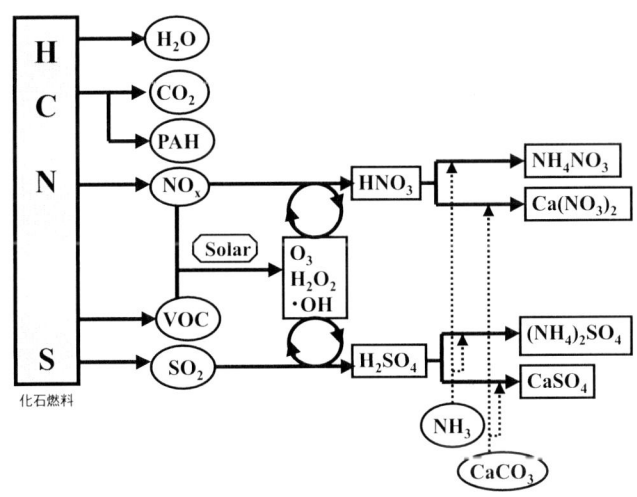

図 2.1　化石燃料の燃焼による1次および2次汚染物質の生成

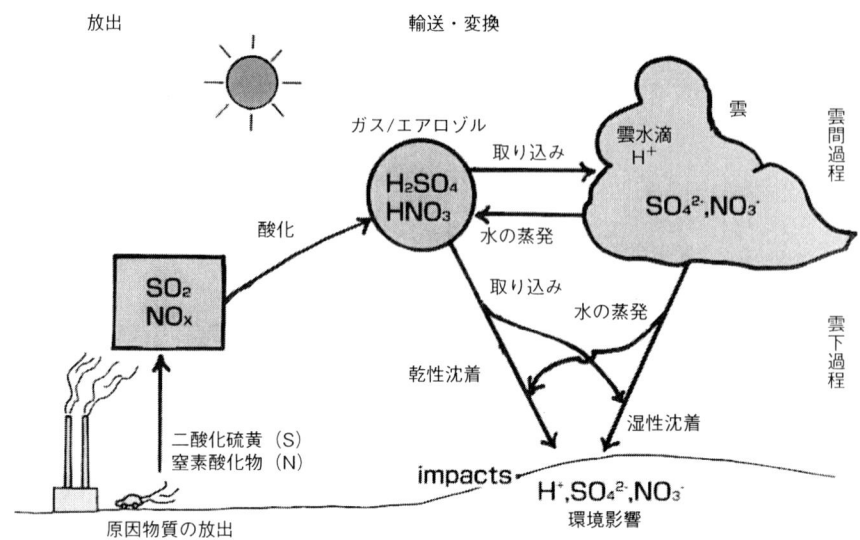

図 2.2　大気から地表への物質沈着過程（Hara, 1999）

なければならない．

　ここでは酸性雨の原因物質としてよく知られている硫酸，硝酸など酸性物質に焦点を絞り，物理と化学の観点から，これらの物質を取り巻く全体像をいくつか描いてみよう．

　大気中の汚染物質の動態を物理・化学の立場から，統一的な描像をいくつか描いてみよう．

　まず，全体像を時間的順序に従ってスケッチしたい（図 2.2）．大気中に放出された物質は，風に乗って輸送され，大気中の物質と反応し別の物質に変換する．変換した物質はガスやエアロゾル（粒子状物質）の形をとるが，これらは地表に沈着する．沈着の過程は 2 つあり，それぞれ，風によって地表に移動し，吸収・吸着される乾性沈着と，雲や雨に溶け込み水溶液の形で地表に移動する湿性沈着と呼ばれる．

　この過程は大気中における物理的，化学的な複雑な連鎖の最終結果であり，同時に土壌，植生，陸水など地表環境における多様な連鎖への入力でもある．

　石油や石炭など化石燃料からエネルギーを取り出すにはそれらを燃焼させる．このとき種々の汚染物質が大気に放出される．いま簡単に化石燃料を水素，炭素，硫黄，窒素という元素に注目して燃焼を検討する（図 2.1）．燃焼とは高温

での酸素による酸化反応である．

　水素は水になるが，もちろん水は汚染物質ではない．炭素が完全燃焼すると気候変動の立役者とされる二酸化炭素を生成する．不完全燃焼の場合は，黒いススが出るが，この中には種々の多環芳香族炭化水素（polycyclic aromatic hydrocarbons：PAH）などが存在し，3,4-ベンゾ［a］ピレンやニトロアレーンなどの発がん性物質が含まれる．硫黄は二酸化硫黄，窒素は窒素酸化物となって放出され，大気汚染の元凶となる．燃焼により高温になると燃料の中の揮発性有機化合物（volatile organic compounds：VOC）は気化され大気に移動する．これら大気汚染物質のうち二酸化窒素は紫外部の太陽光により光化学反応を起こし一酸化窒素と酸素原子に分解する．この反応が二重結合をもつ揮発性有機化合物の存在下で起こるとOHラジカルをはじめ，オゾンや過酸化水素などの酸化性物質が生成する．オゾンは光化学オキシダントの主要物質であり，最近は夏以外の季節でも高濃度が問題になっている．また，OHラジカルなどこれら酸化性物質は二酸化硫黄や二酸化窒素を酸化し，酸性雨の原因物質である硫酸や硝酸を生成する．このように化石燃料の燃焼は，種々の環境問題の共通した原因であり，大気汚染は解決された問題ではなく，地球規模で巻き返してきた環境問題といえる．

2）　滞留時間と長距離輸送

　大気汚染は人間活動により放出された化合物により引き起こされるが，化合物によっては火山，海洋，土壌など自然発生源から放出される．たとえば，二酸化硫黄は火山からも放出され，日本では人間活動による放出量と同程度である．

　さて，大気中に放出された化合物は大気中に永久に存在するわけではない．化学反応を受ければ当該化合物は消滅し，沈着すれば大気から除去され，大気中での寿命を終える．この寿命は大気への放出速度と，変換および沈着の速度で決まる．光化学的反応性や水溶性が高いほど，その寿命は短くなる（図2.3）．

　変換や沈着は輸送されながら起こるので，寿命が長いものは長距離を輸送され，大陸規模の汚染に関わる．反応性が低く寿命が長い物質はさらに大きなスケールの輸送に組み込まれ地球規模の汚染の原因となる．二酸化硫黄/硫酸，窒素酸化物/硝酸は局地的〜大陸規模の汚染である酸性雨問題を引き起こし，二酸化炭素や，メタン，亜酸化窒素，ハロカーボンは地球規模の気候変動問題の原因物質となる．

　代表的な汚染物質である硫黄化合物と窒素化合物の大気化学過程を図2.4と図

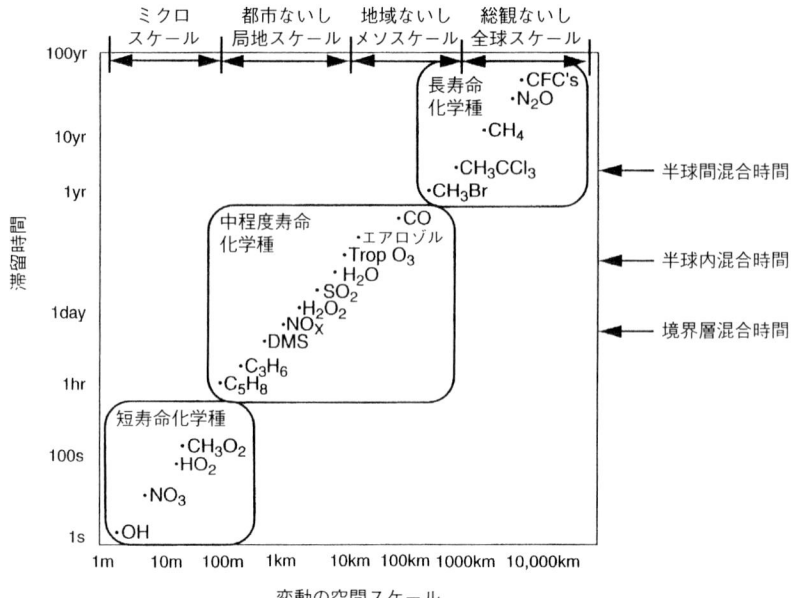

図 2.3　大気中の化学種の空間および時間的なスケール（Hobbs, 2000 を改変）

2.5 にまとめる．ここでは生態系への影響が大きいと思われる硫酸と硝酸について詳しくみていく．

3）湿性大気汚染

日本での酸性雨問題は霧雨がヒトの眼を刺激するという人体影響事件から始まった（光化学二次生成物質検討会（湿性分科会），1981）．1973，1974，1975 年の梅雨期に関東地方を中心に，目がチカチカした，皮膚が刺激を受けたという届出があった．これは汚染された霧または霧雨が人体を刺激した事件で，急性の人体被害以外にも，ネギ，タバコ，キュウリ，ナスの上部が茶褐色に枯れる植物被害もみられた．とくに 1969 年 7 月 3 日には，栃木県での 28,762 人をはじめ，茨城，埼玉，群馬を加えた 4 県で合計 31,813 人から眼などへの刺激の届け出があった．このときの pH はガラス電極や pH 試験紙により pH 3 前後の酸性であることが示された．野外観測，室内実験，動物試験などの結果から眼などへの刺激は酸性物質だけでなく，ホルムアルデヒド，ギ酸，過酸化水素などの寄与によると考えられた．

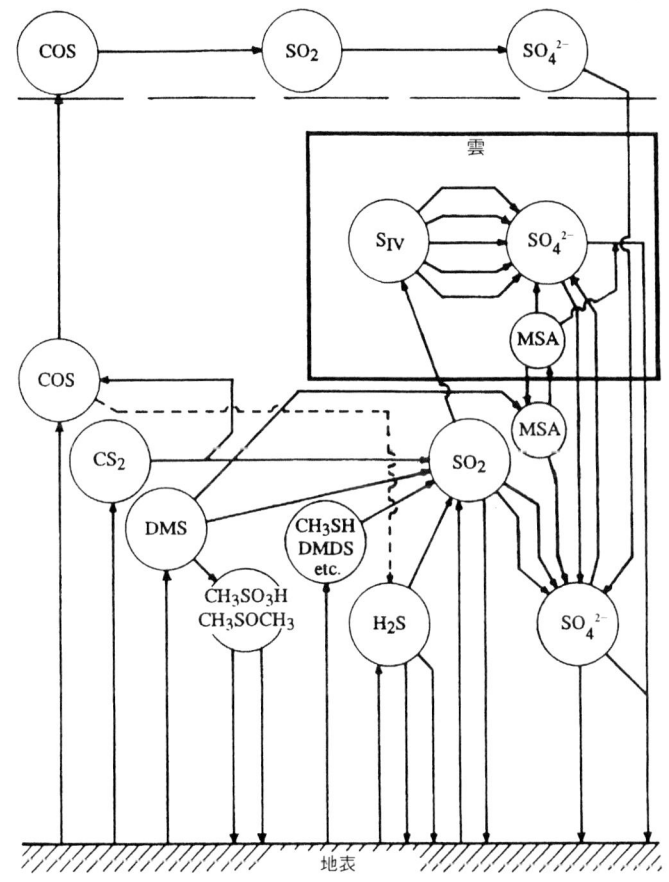

図 2.4　大気中の硫黄化合物の化学反応過程（Galloway, 1990 を改変）

4)　湿性沈着：低い pH の降水の観測とその原因
(1)　2001～2007 年度における pH の出現範囲

　環境省は雨の pH や硫酸イオンなど化学成分を測定する全国規模で酸性雨のモニタリングを 1983 年 9 月より実施している．降水の pH は試料の捕集期間が長くなるほど平均化され，降水ごとの値より高くなる傾向があるため，どのくらい低い pH が観測されたのかを調べるには日単位で捕集された試料のデータを用いるのが適当である．

　ここでは，2001～2007 年度に降水を日単位で捕集した 14 地点（利尻，落石

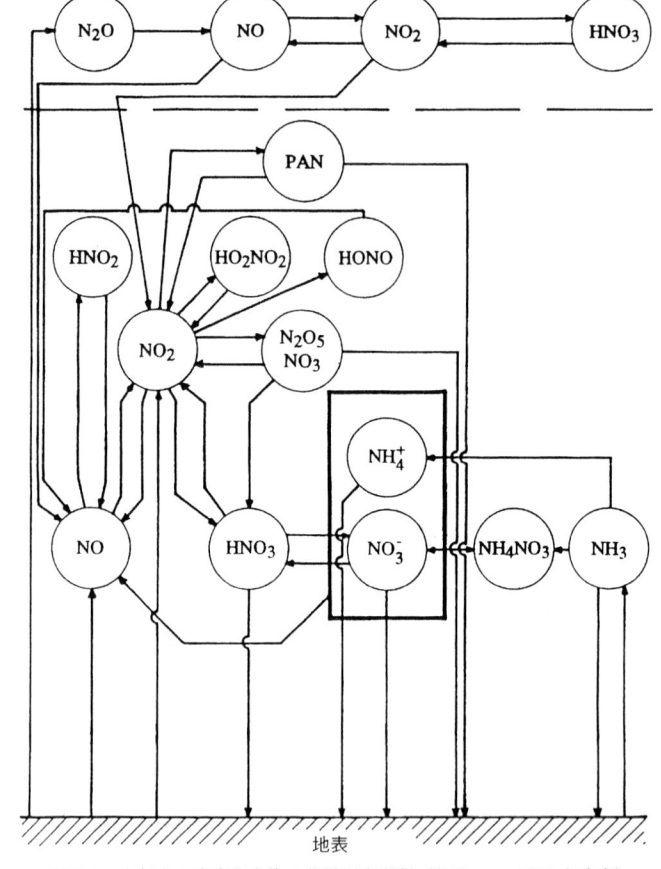

図2.5 大気中の窒素化合物の化学反応過程（Galloway, 1990を改変）

岬，竜飛岬，小笠原，佐渡関岬，八方尾根，越前岬，潮岬，隠岐，樽原（ゆすはら），対馬，五島，えびの，辺戸岬）の9,020試料について，pHの値に対するヒストグラム作成した（図2.6）．最もよく出現したpHは4.8であり，個々のpHを単純に平均するとpH 4.76であった．pHの出現範囲は3.35〜8.18で，範囲幅は4.83であった．これは酸の原因となる水素イオンの濃度に換算すると68,000倍も異なっている．pH 4未満の試料は409試料あり，全体の4.5%を占めた．

(2) pH 4未満の降水が観測された地点と季節

pH 4未満である409試料の降水が観測された地点および季節を考える．

409試料の降水のうち240（59%）試料は14地点のうち，越前岬，潮岬，樽

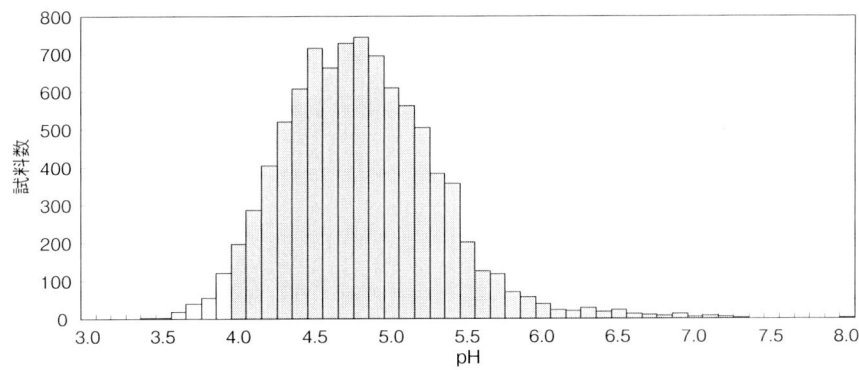

図2.6 日単位捕集試料のpH度数分布（大原，2008）

表2.1 pH 4未満の降水の発生数（大原，2008）

	通年			春			夏			秋			冬		
	n	N	$n/N(\%)$	n	N	$n/N(\%)$	n	N	$n/N(\%)$	n	N	$n/N(\%)$	n	N	$n/N(\%)$
利尻	8	670	1.2	2	149	1.3	5	123	4.1	0	178	0.0	1	220	0.5
落石岬	10	472	2.1	4	133	3.0	3	108	2.8	2	148	1.4	1	83	1.2
八方尾根	15	879	1.7	6	209	2.9	2	237	0.8	3	226	1.3	4	207	1.9
竜飛岬	22	494	4.5	5	109	4.6	9	132	6.8	3	143	2.1	5	110	4.5
佐渡関岬	16	562	2.8	7	116	6.0	3	162	1.9	4	143	2.8	2	141	1.4
越前岬	71	872	8.1	15	200	7.5	9	177	5.1	9	182	4.9	38	313	12.1
隠岐	29	669	4.3	8	156	5.1	2	152	1.3	3	148	2.0	16	213	7.5
対馬	25	450	5.6	3	115	2.6	8	166	4.8	1	103	1.0	13	66	19.7
五島	28	509	5.5	8	134	6.0	4	152	2.6	3	102	2.9	13	123	10.6
えびの	49	725	6.8	12	203	5.9	8	211	3.8	11	145	7.6	18	166	10.8
辺戸岬	13	674	1.9	2	183	1.1	0	150	0.0	4	171	2.3	7	170	4.1
小笠原	3	624	0.5	1	169	0.6	0	125	0.0	0	183	0.0	2	147	1.4
檮原	67	741	9.0	15	191	7.9	10	218	4.6	12	160	7.5	30	172	17.4
潮岬	53	679	7.8	10	188	5.3	14	196	7.1	15	172	8.7	14	123	11.4
合計	409	9,020	4.5	98	2,255	4.3	77	2,309	3.3	70	2,204	3.2	164	2,254	7.3

原，えびのの4地点でみられた（表2.1）．また，遠隔地点である小笠原でもpH 4未満の降水が3回観測されている．

pH 4未満の降水が観測された季節は冬（12月〜2月）の割合が40%で最も多く，以下，春：24%，夏：19%，秋：17%であった．全国的には季節に関わらずpH 4未満の降水が観測されている．

(3) pH 4未満の降水が観測されたときの気塊の起源

ある日時にある地点に存在する気塊がどこから来たのかを後方流跡線解析で評

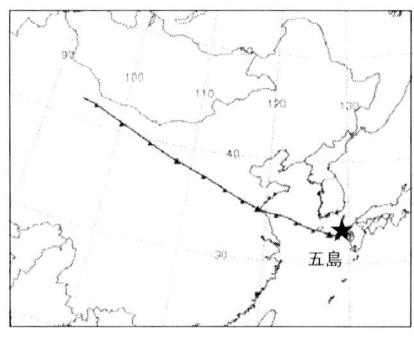

(a)：大陸からの空気塊
pH3.59, 五島, 2006 年 12 月 16 日観測

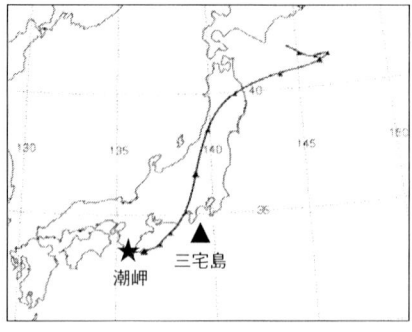

(b)：火山を通過した空気塊(1)
pH3.67, 潮岬, 2005 年 9 月 27 日観測

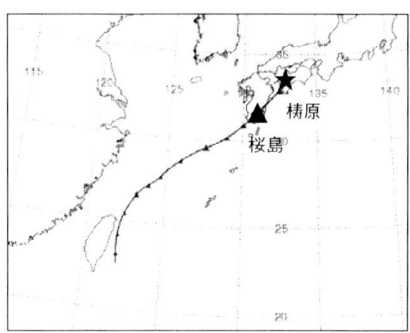

(c)：火山を通過した空気塊(2)
pH3.93, 檮原, 2005 年 8 月 2 日観測

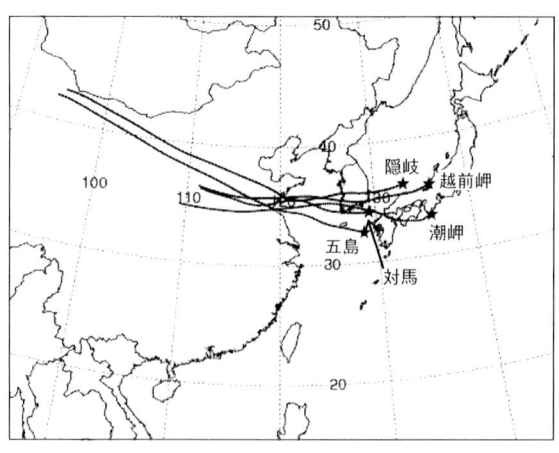

図 2.7
上：(a)大陸を経由した空気塊に伴う pH の低下，(b),(c)火山を経由した空気塊に伴う pH の低下．下：全国 5 地点に同じ日（2007 年 7 月 16 日）に降った pH 4 未満の雨に関わる流跡線．

価することができる．降水に関わる気塊の移動経路から関連する汚染物質の発生源を探る．

　pH 4 未満の降水に関わる気塊の移動経路は図 2.7 (a)～(c) の 3 パターンに分類することができた．1 つはアジア大陸からの気塊で，図 2.7 (a) に pH 3.59 の降水が五島で観測されたときの例を示す (2003 年 12 月 16 日)．このときの気塊は大陸中央部から東シナ海を渡って五島に到着している．他の 2 つは火山を通過した気塊で，図 2.7 (b), (c) はそれぞれ潮岬 (pH 3.67, 2005 年 9 月 27 日)，檮原 (pH 3.93, 2005 年 8 月 2 日) の降水で三宅島，桜島を通過した例である．

　これらの事例解析と化学組成などの考察から，低い pH の降水は大陸からの越境輸送や火山からの放出に起因する二酸化硫黄 (SO_2) の寄与によるものと推定された．

　また，2007 年 12 月 16 日には以下の 5 地点で pH 4 未満の降水が観測され，いずれの地点でも大陸からの気塊が関わっていると考えられた：越前岬 (pH 3.86)，五島 (pH 3.59)，潮岬 (pH 3.92)，隠岐 (pH 3.87)，対馬 (pH 3.83)．

5) 乾性沈着

　乾性沈着は評価方法そのものが開発途上にあり，研究，開発が重要課題となっている．ここでは東アジア酸性雨モニタリングネットワークの 8 ヵ国，19 サイトに対する硫黄酸化物の 2001 年における沈着量の推計を紹介する．乾性沈着量 F は当該物質の大気濃度 C と沈着速度 V_d の積 $V_d C$ で決まるとする，インファレンシャル法 (inferential 法) で推定した (図 2.8)．C は大気中の二酸化硫黄濃度やエアロゾル中の硫酸イオンの大気濃度で，観測から求められる．V_d は速度の次元をもち，風速，湿度，そしてサイトが森林，草地など，その土地利用状況などの情報から流体力学的に見積もる．

　乾性沈着量の 90% 程度は二酸化硫黄によるものであった．実測された湿性沈着量と比べるとほとんどの解析地点で湿性沈着量のほうが少なかった．例外はロシアの 1 地点，中国沿岸の 2 地点で，乾性沈着量のほうが多い傾向があった．さらに乾性および湿性を合わせた全沈着量と，硫黄酸化物の放出量を比べるとモンゴルの都市，中国内陸の 2 地点，東南アジアの 2 都市では放出量のほうが明らかに多く，中国沿岸の 1 都市では沈着量のほうが多かった．これは，当該地点において硫黄化合物のそれぞれ流出や流入が起こっていることを示唆している．

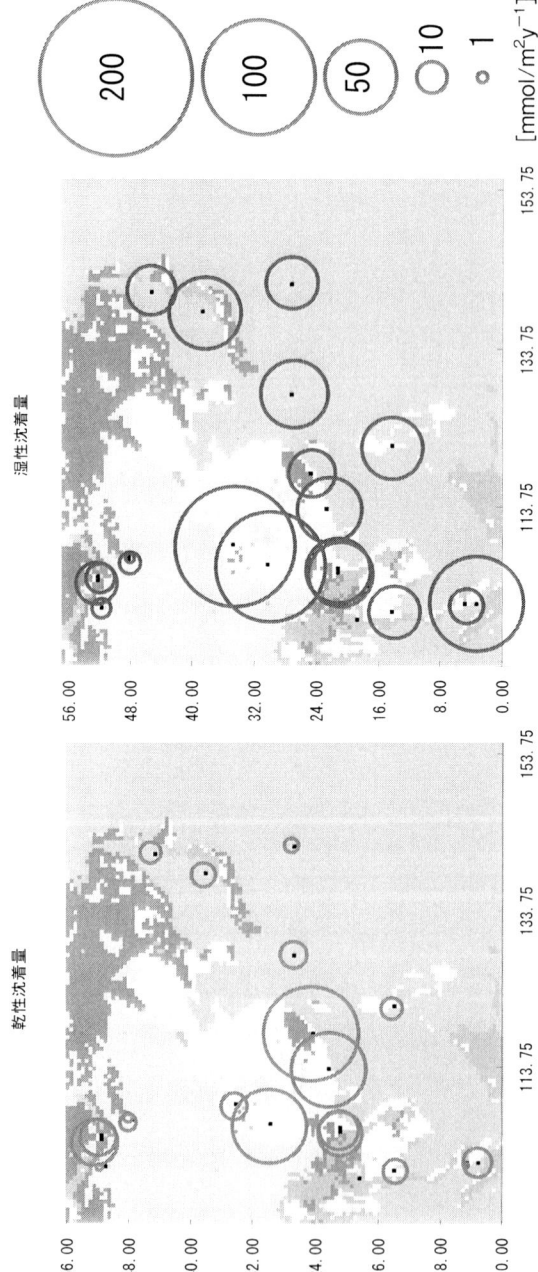

図 2.8 EANET 局における硫黄の湿性および乾性沈着量（2001 年）（小南ほか，2005）

■文　献

Galloway, J. N. (1990). The intercontinental transport of sulfur and nitrogen. *In* The Long-Range Atmospheric Transport of Natural and Contaminant Substances, Knap, A. H. ed., pp. 87-104, NATO ASI Series, Kluwer Academic Publishers.
Hara, H. (1999). *In* To Protect Our Common Earth: Acid Deposition and Environment, The Committee on Dissemination of Acid Deposition Problems, ed. p.2.
Hobbs, P. V. (2000) Introduction to Atmospheric Chemistry, pp. 262, Cambridge University Press.
環境省（2009）．酸性雨長期モニタリング報告書（平成15～19年度），191 pp.
小南朋美・松田和秀・大泉毅・原宏（2005）．EANETモニタリングサイトにおける2001年の硫黄化合物年間沈着量の推計．大気環境学会誌，**40**，104-111.
光化学二次生成物質検討会（湿性分科会）（1981）．湿性大気汚染調査総合報告書（総括編），280 pp.
大原信（2008）．日本の雨の酸性化要因―越境汚染と日本の火山．2007年度東京農工大学農学部卒業論文．

2.1.2　POPs，農薬など有機化合物

　POPs（persistent organic pollutants）とは，難分解性・生物蓄積性・毒性を有し，大気経由で地球上を長距離移動する人工有機化学物質である．2004年に発効した「ストックホルム条約」は，POPsの製造や使用等に関する規制および国際的管理の強化を目的としており，これまでに，ダイオキシンやポリ塩化ビフェニル（PCB），DDTなど，12種類の有機塩素化合物が登録されている．

　一般に，地球上の大気中POPs濃度は，測定した場所や地点間で大きな差がみられる．たとえば，有機塩素系農薬のHCH（ヘキサクロロシクロヘキサン）は，北極や高緯度域の大気で濃度が高く，PCBやDDTは中緯度域で高濃度を示す（Calamari et al., 1991；Iwata et al., 1993）．極域での人間活動は小規模であることから，この地域から検出される化学物質の大部分は，地球上のほかの場所から移動してきたといえる．こうした化学物質の地球規模での移動や拡散には，どのような法則性があるのだろうか．

　大気中の化学物質の分布・挙動を理解する有力な物理化学指標として，大気‐水分配平衡定数（K_{AW}：air-water partitioning coefficient）がある．K_{AW}とは，気相と水相間で平衡状態にある化学物質の濃度比C_A/C_W（C_A：気相の濃度，C_W：水相の濃度）のことで，値が大きい物質ほど大気で活発に移動すると予想される．また，K_{AW}は気体の状態方程式（ボイル‐シャルルの法則）をもとに，式(1)でも算出できる．つまり，化学物質の気相や水相の濃度値がわからない場

合でも，ヘンリー定数と温度のデータがあれば K_{AW} 値の概算が可能になる．

気体の状態方程式　　$pv=nRT$

（p：気体の圧力，v：体積，n：化学物質量，R：気体定数，T：絶対温度）

$p=\dfrac{nRT}{v}$　　　　　n/v：気体の濃度（C_A）より，

$p=C_A \cdot RT$　　　　　両辺を水の濃度（C_W）で割ると，

$\dfrac{p}{C_W}=\dfrac{C_A}{C_W}\cdot RT$　　　$p/C_W:H$（ヘンリー定数）より，

$$K_{AW}=\frac{H}{RT} \tag{1}$$

K_{AW} に加えて化学物質の大気移動性を知る指標として，オクタノール-大気分配平衡定数 K_{OA} がある．K_{OA} は，生物蓄積性を表す最も一般的な指標である水-オクタノール分配係数 K_{OW}（octanol-water partitioning coefficient；C_O/C_W [C_O：オクタノール相の濃度，C_W：水相の濃度]）を気相-水相間の分配係数（K_{AW}）で除して求めるため，値が小さい物質ほど大気中の移動性が高くなる（式(2)）．

$$K_{OA}=\frac{K_{OW}(C_O/C_W)}{K_{AW}(C_A/C_W)}$$

$$K_{OA}=\frac{C_O}{C_A} \tag{2}$$

Wania and Mackay（1996）は，化学物質の log K_{OA} 値を 6 以下，6~8，8~10，10 以上の 4 段階に分け，それぞれの環境移動性を「高い」，「比較的高い」，「比較的低い」，「低い」と定義した．有機塩素化合物の HCB，α-HCH，低塩素 PCB 成分（1~3 塩素異性体）の log K_{OA} 値は，それぞれ 6.9，7.3，7.0~7.55 であり，その移動性の高さは環境分析の結果から確認されている（Iwata et al., 1993）．一方，ベンゾ[e]ピレンやベンゾ[k]フルオランテンなど高分子の多環芳香族炭化水素や，六塩素以上の PCB 異性体の log K_{OA} 値はいずれも 9.0 を超え，相対的に大気中を移動しにくいと考えられている．

化学物質の K_{AW} や K_{OA} 値を知ることで，大気拡散性の概要を把握できるが，より深い環境動態を理解するには定量的な議論が必要になる．水相と気相間の化学物質の移動量の推定には，フラックス（flux，F 値）が用いられる．F 値とは，1 日の単位面積あたりの水相と気相間の物質移動量のことで（単位：ng/m^2/day，ng は任意），これは気液両層のそれぞれに存在する境界膜を通して物質移動が行われるとする二重境膜説（Whitman, 1923）をもとに，Liss and Slater

(1974) や Mackay and Yeun (1983) が完成させたモデルである．計算式には水相と大気試料の実測値のほか，水相と気相間の物質移動係数やヘンリー定数などの物理化学的性質に加え，試料採集時の気温や風速など気象条件が含まれる．F値は水相-気相間における化学物質の蒸散量から沈降量を引いた値であり，プラスの場合は水相から気相へ，マイナスの場合は気相から水相へ化学物質が移動したことを示している．

$$F = K_{ol}\left(C_W - C_A \cdot \frac{RT}{H}\right) \tag{3}$$

K_{ol}：気相-液相間の物質移動係数,　　C_W：水相の濃度
C_A：気相の濃度,　　R：気体定数
T：絶対温度,　　H：ヘンリー定数

Iwata et al. (1993) は，太平洋・インド洋・地中海・大西洋・南極海など外洋を中心に海水と大気を採集し，それぞれ有機塩素化合物の濃度を測定して，フラックスを計算した．その結果，北太平洋のベーリング海周辺では HCH の F 値が $-240 \sim -43 \, \text{ng/m}^2/\text{day}$ とマイナスを示し，高緯度域では HCH が大気から海水へ移行することが示された．同様の調査をロシアのバイカル湖で行ったところ，HCH の F 値は $-420 \sim -110 \, \text{ng/m}^2/\text{day}$ であり，シベリアのような寒冷地が HCH のたまり場になっている様子がうかがえた (Iwata et al., 1995)．一方，バイカル湖における PCB の F 値は $4.3 \sim 42 \, \text{ng/m}^2/\text{day}$ であり，この物質が湖水から大気へ移動している様子がうかがえた．季節による気温差が大きい場所では，F 値の正負が逆になることが多く，化学物質の移動量をより正確に把握するには，通年での試料採集と分析データの解析が不可欠である．

大気中の POPs の存在形態には，エアロゾルのような気相中の粒子に吸着した状態（粒子吸着体）と，非吸着の状態（ガス体）の2種類がある．多環芳香族炭化水素では，粒子吸着体とガス体の濃度比 K_p（粒子-ガス分配平衡定数）と K_{OA} 値との間に正の相関がみられ (Finizio et al., 1997)，K_{OA} 値が大きい物質ほど大気中の粒子に吸着しやすい．また，大気で起こるさまざまな化学変化に，化学物質の粒子吸着性が関係する可能性が指摘されており，これについては，2.3.2項で詳述する．

■文　献

Calamari, D., Bacci, E., Focardi, S. et al. (1991). Role of plant biomass in the global environmental partitioning of chlorinated hydrocarbons. *Environ. Sci. Technol.*, **25**, 1489-1495.

Finizio, A., Mackay, D., Bidleman, T. et al (1997). Octanol-air partition coefficient as a predictor of partitioning of semi-volatile organic chemicals to aerosols. *Atmos. Environ.*, **31**, 2289-2296.

Iwata, H., Tanabe, S., Sakai, N. et al. (1993). Distribution of persistent organochlorines in the oceanic air and surface water and the role of ocean on their global transport and fate. *Envioron. Sci. Technol.*, **27**, 1080-1098.

Iwata, H., Tanabe, S., Ueda, K. et al. (1995). Persistent organochlorines residues in air, water, sediments, and soils from the Lake Baikal Region, Russia. *Environ. Sci. Technol.*, **29**, 792-801.

Liss, P. S. and Slater, P. G. (1974). Flux of gases across the air-sea interface. *Nature*, **247**, 181-184.

Mackay, D. and Yeun, A.T.K. (1983). Mass transfer coefficient correlations for volatilization of organic solutes from water. *Environ. Sci. Technol.*, **17**, 211-217.

Wania, F. and Mackay, D. (1996). Tracking the distribution of persistent organic pollutants. *Envioron. Sci. Technol.*, **30**, 390A-396A.

Whiteman, W.G. (1923). The two-film theory of gas absorption. *Chem. Metal. Engng.*, **29**, 146-148.

2.1.3 重金属等

「重金属」は汚染物質の中できわめて重要なグループであるが，じつは微妙な表現ともいえ，環境科学の分野で，やはり類似のカテゴリーで使用される「(生体)微量元素」とともに，慣用句的に用いられている．つまり厳密には，元素は大きく金属元素と非金属元素，さらにメタロイド（半金属元素）に分けることができ，金属元素はその比重から，4～5以上のものが重金属，それ以下のものが軽金属に分けられる．現在の私たちの生活は種々の金属元素の利用の上に成り立っており，その使用量から汚染のポテンシャルは高い．また，元素は生体内で存在する濃度により多量元素（体内に1%以上で存在），少量元素（1～0.1%），微量元素（0.1～0.0001%，つまりppmレベル），そして超微量元素（0.0001%以下，つまりppb以下）に分けられる．環境毒性学的に重要ないくつかの重金属は微量元素であり，別のカテゴリーで比較的毒性が強い有害元素（強毒性元素）や生命の存在に不可欠な必須元素にも重金属が含まれる．一方で，有害元素といえるアンチモンやヒ素，セレンなどはメタロイドであり，植物毒性で問題となるアルミニウムは軽金属である．そのため，各種の環境汚染に関するレポートや環境法では，これらをまとめ「重金属等」や「重金属類 heavy metals」と表記されることが多い．シュレーダー（1976）は生物に有害な元素として鉛，カドミウム，ベリリウム，水銀，アンチモンをあげている．また，有害廃棄物の国境を越

える移動およびその処分の規制に関するバーゼル条約には，規制する廃棄物として，ベリリウム，六価クロム，銅，亜鉛，ヒ素，セレン，カドミウム，アンチモン，テルル，水銀，タリウム，鉛の金属および化合物をあげている．

一見，透明で無垢な印象を与える大気も，その中にはさまざまな「もの」が含まれている．近年の日本人にとって，春の花粉症やユーラシア大陸から飛んでくる黄砂を思い浮かべれば，理解は容易かもしれない．このことは，大気における3つの特徴を端的に表している．1つは，気体に含有される成分の特徴であり，固相（土壌圏），液相（水圏），気相（大気圏），生物相（生物圏）と，含まれる化学成分を比較したとき，いずれの媒体よりも大気中における濃度は低くなる点である．水や土壌における重金属類の濃度はパーセントオーダー（%, 1/100）や，‰（g/kg, 1/1,000），ppm（mg/kg, 1/1,000,000），ppb（μg/kg, 1/1,000,000,000）であることが多いが，大気中では$\mu g/m^3$やng/m^3以下のレベルとなる．2つ目の特徴は，大気中には目に見えない物質が確実に存在し，時に重篤な生体影響をもたらす点である（3.5.2項）．3つ目は，大気が人間の決めた境界など無視し移動する媒体であり，環境汚染の把握を試みるとき，長距離輸送・越境汚染が問題になる点である．これらの特徴を表す事例として，過去の環境問題の中で，とくに大気汚染が多くの事件として記録されていることがあげられる．戦前のわが国における4大鉱毒・煙害事件（日立鉱山煙害事件，別子銅山煙害事件，小坂煙害事件，足尾銅山鉱毒事件）や，ベルギーのミューズ渓谷事件（1930），アメリカのドノラ事件（1945），メキシコのポサリカ事件（1950）そしてイギリスのロンドン事件（1952）はいずれも大気汚染による健康被害である．また，人類が初めてもった環境に関する世界会議（ストックホルム会議）も，越境大気汚染に苦慮したスウェーデンの発議であった．

われわれをとりまく大気は，水や土壌と同様さまざまな成分によって構成されており，場所や，時には時間により，組成が変化する．重金属類を含めた化学物質の把握を行うとき，それらを適宜，目的に応じて分別することが必要となる．

一見，気体の印象が強い大気も，その組成は，ガス（純粋な気体）と固体，液体成分に分けられる．ガス成分以外の粒子状物質は，大きさによってエアロゾル（気体中に浮遊する微小な液体または固体の粒子），また法的に規制されるPM 10，PM 2.5（それぞれ直径10 μmおよび2.5 μm以下の粒子）といった分け方がされる．重金属類を含む微量元素は，元素それぞれの化学形態によって，大気のどの画分にどの程度存在するかが異なってくる．しかし，金属元素の多くは常

温で固体という特徴が反映され,ほとんどは粒子状物質(エアロゾル画分)に存在する.常温常圧下で気体として存在する元素は水銀だけであるが,岩石に含まれる放射性元素ラジウムは希ガス・ラドンを生む.さらに,塩化水銀(II)(昇こう)やジメチル水銀,ニッケルテトラカルボニル,四酸化オスミウムなど揮発性の金属化合物も存在する.これら揮発性の有機金属化合物は,一般に毒性が無機元素より高くなる.

エアロゾル中の微量元素の起源は,おもに地表面からの土壌の舞い上がり(ほこり)や海水の飛沫であるが,火山の噴火や岩石からの直接放出(地球化学プロセス),隕石や生物活動(微生物や植物からの再分配)によるものもある.しかし,近年は人為活動(各種産業や化石燃料の燃焼)によるものが無視できなくなっている.天然由来の具体例は,岩石・土壌由来でケイ素,アルミニウム,チタンや鉄(近年は産業由来によりマスクされることも多い),海塩由来でナトリウムやマグネシウム,煤煙由来としてヒ素,鉛,バナジウム,クロム,銅,亜鉛,産業由来でニッケルやコバルトなどが古くから認知されている(Bowen, 1979).

大気中の微量元素成分は,存在する浮遊粒子の大きさによって滞留時間が異なる.微小粒子(たとえば半径 $0.1\,\mu m$ 以下)は,それ自体が電荷を帯びやすく,激しく運動するため,数時間の寿命で粒子などに付着する.比較的大きな粒子($0.1 \sim 1\,\mu m$)は,粒子の凝集体として最も安定であり,自然落下による除去(乾性沈着)が無視でき,おもに降水によって除去される(湿性沈着).それ以上の巨大粒子($1\,\mu m$ 以上)の沈降速度は $1 \sim 10^{-4}\,m/s$ とされ(角皆, 1989),存在量は少なくなるが,移動量としては大きくなる.たとえば,鉛 Pb は $0.01\,\mu m$ 以下の微小な粒子の画分に存在しており,このサイズの粒子は鉛直方向の移動が乱流によってかき消されて,長い間大気にとどまる.Pb の汚染が歴史上早い時期に世界規模へと広がった根拠として,産業活動のない地域で採取された氷床コアの分析がある.つまり北極の氷床コアから,Pb が産業革命以後,急増して検出され,この理由は活発な産業活動と Pb の存在形態によって説明されている.

大気を介した微量元素動態の例として,カドミウム Cd と水銀 Hg を示す.

冶金処理過程における Cd の移動過程で,処理工程において非鉄原石の 1/3 程度が鉱滓に移行し,2/3 はダストとともに大気放出された.ダストの捕集を行う工場でも 20〜30% は大気に放出された.Cd を含むダストの粒経は $8\,\mu m$ 以下で変動するが,Cd が随伴する亜鉛 Zn に比べ揮発性が大きいため,Zn/Cd 比は 20〜88 となる.その結果,工場周辺の土壌汚染は,原石に比べ Cd が卓越し,

大気を経由することで元素組成が変化する「気体発生型の地球化学的異常」となる．また，石炭の燃焼は Cd を大気へ負荷し，都市部における明確な汚染源の 1 つとなる（ベウスほか，1980）．

Hg は，自然排出と人為由来の汚染源があるが，現在，大気における存在の大部分は長年にわたる人為的排出の結果と考えられている．人為的に大気中へ放出される Hg の発生源は，①化石燃料，とくに石炭からの放出や，その他鉱物，セメント工場，もしくは処理・リサイクル過程の不純物からの放出，②現行製品や製造工程からの放出や塩素アルカリ生産，使用済み製品からの漏出，廃棄・焼却に伴う放出，さらに③かつて汚染された土壌や底質，埋め立て地，尾鉱（選鉱して有用な鉱物を除いた残り．ズリともいう）からの再分配がある．大気への放出はおもにガス状元素 Hg で，残りはガス状 2 価化合物および粒子結合体と考えられている．粒子吸着態や 2 価水銀化合物の滞留時間は短く，乾湿過程で約 100〜1,000 km 以内に堆積するが，元素水銀蒸気は気団に乗って半球もしくは全地球的に拡散する．その一部は，無機水銀態に変化することもありうるが，多くは約数ヵ月から 1 年間滞留する（UNEP，2002）．

■文　献

ベウス，A. A.・ブラボフスカヤ，L. I・チホノバ，N. V.（1980）．環境の地球化学概論，223 pp，現代工学社．
Bowen, H. J. M.（1983）．環境無機化学，369 pp，博友社．
松久幸敬・赤木右（2005）．地球化学概論．267 pp，培風館．
小倉紀雄・一國雅巳（2001）．環境化学，151 pp，裳華房．
シュレーダー，H. A.（1976）．重金属汚染，磯野直秀訳，日本経済新聞社．
角皆静男（1989）．地球表層における物質循環．In 地球化学，松尾禎士監修，pp.107-128，講談社．
United Nations Environmental Program Chemicals（2002）．UNEP Global Mercury Assessment Summary of the Report.
山県登（1977）．微量元素―環境科学特論，286 pp，産業図書．

2.2　水　　　界

2.2.1　酸性沈着の動態・影響

大気から生態系内に沈着する酸性物質およびその関連物質の多くは水溶性であり，降水に含まれた湿性沈着成分はもちろん，無降雨期間にガス状・粒子状物質

として植物表面や土壌表面に沈着した乾性沈着成分も，水溶性成分はすべてイオンの形で，移動していく．水が林冠，根圏，土壌などの生態系内を流れていく間に受ける，植物による吸収・溶出，土壌による保持・溶出，微生物による化学変化などの生物地球化学的な過程を経た結果として，渓流・河川の化学性は決定される．よって，渓流・河川における酸性沈着の動態・影響を考えるには，地質，土壌，土地利用，植生など，その水が集まってくる流域（集水域）の特質とのバランスを考慮する必要がある．本節では，おもに流域と河川化学性に着目する．

1) 酸感受性地域における河川の長期的酸性化傾向

流域の酸中和能には，地質およびそれに由来する土壌が大きな役割を果たしている．一般に，花崗岩や流紋岩，チャートなどのSiO_2に富み，塩基成分が少ない岩石は，酸中和能が低い．実際，カナダ（Watt et al., 1983）やノルウェー（Wright et al., 1976）において，長期的な河川の酸性化がみられた地域は，中和能が低い花崗岩が分布する地域であった．わが国でも，比較的，酸性沈着が多いと考えられる中部日本において，長期的な河川の酸性化傾向と地質との関連性が

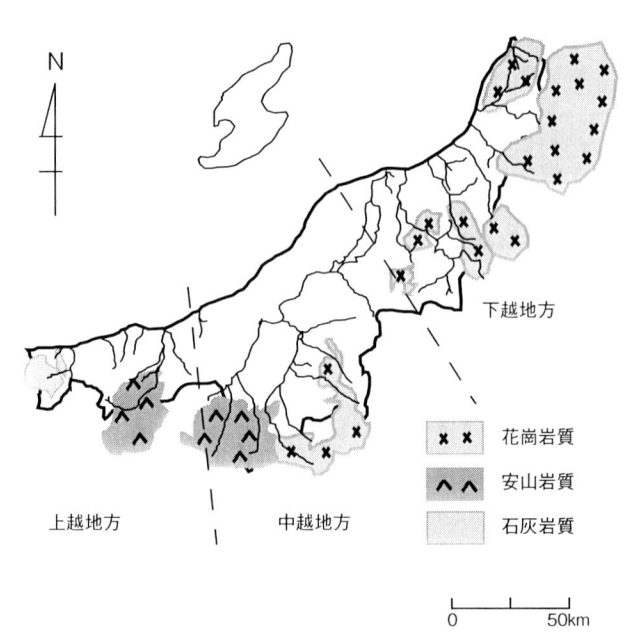

図2.9　新潟県山間部の表層地質分布イメージ（Matsubara et al., 2009をもとに和訳）

表 2.2 新潟県内の公共用水域調査地点における pH 長期的傾向
（Matsubara et al., 2009 をもとに作成）

地域	水系	河川	地点名	n	Z-score
下越	大川水系	小俣川	k01	213	-2.45*
	三面川水系	三面川	k02	213	-3.06**
	荒川水系	荒川	k03	211	-4.92***
			k04	215	-4.71***
			k05	213	-7.34***
			k06	215	-8.22***
	胎内川水系	胎内川	k07	205	-1.25
			k08	211	-2.27*
			k09	215	-1.42
	阿賀野川水系	阿賀野川	k10	213	-0.28
			k11	213	-0.95
			k12	214	-1.12
			k13	215	0.24
			k14	213	-3.53***
			k15	213	-3.58***
		新谷川	k16	214	-3.31***
		常浪川	k17	212	-3.78***
中越	信濃川水系	五十嵐川	c01	214	-1.29
		破間川	c02	213	0.13
		佐梨川	c03	213	-0.64
		三国川	c04	196	1.03
		魚野川	c05	212	0.11
		清津川	c06	215	2.65**
			c07	212	0.66
		中津川	c08	214	7.50***
			c09	209	3.54***
上越	関川水系	矢代川	j01	212	0.58
		渋江川	j02	215	2.90**
		関川	j03	215	1.49
			j04	214	5.50***
	能生川水系	能生川	j05	215	1.08
	早川水系	早川	j06	213	-0.95
	姫川水系	姫川	j07	212	0.65
			j08	214	0.38

*$p<0.05$, **$p<0.01$, ***$p<0.001$.

注) n は解析対象となったデータ数．Z-score は，Seasonal Mann-Kendall 法検定による傾向の向きと大きさを示し，正の場合は上昇傾向，負の場合は低下傾向を示し，絶対値が大きいほどその傾向が明確であることを示す．有意に低下した地点の Z-score を網掛けで表示した．各地点の位置は，Matsubara et al.(2009)を参照のこと．

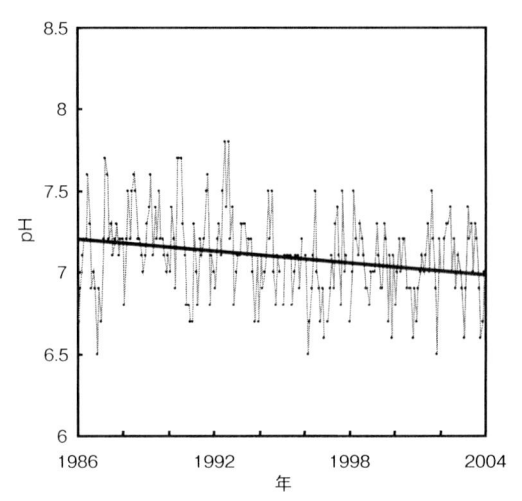

図 2.10 阿賀野川水系・常浪川（城山橋）における河川 pH 低下傾向（Matsubara et al., 2009）

認められている（栗田・植田, 2006；Matsubara et al., 2009）. ここでは, その関連性が顕著な新潟県の事例について述べる（Matsubara et al., 2009）. 新潟県山間部の表層地質の分布イメージを図 2.9 に示す. 新潟県は日本海沿岸に沿って長く, 南から, 上越, 中越, 下越の 3 地域に分けられる. 下越の山間部は酸中和能が低い花崗岩が分布するが, 上越には比較的酸中和能が高い石灰岩や安山岩が分布し, 地質分布が明確に分かれている.

新潟県では, 水質汚濁防止法にもとづく河川, 湖沼などの公共用水域調査が約 130 地点で行われ, 数十年のデータが蓄積されている. 酸性沈着に直接関連する項目はほとんどないが, pH が測定されており, 長期的な河川の酸性化傾向を評価できる. 生活排水などの人為的な影響が少ない地点として, BOD（生物化学的酸素要求量）が 1.0 mg/L 以下の河川をスクリーニングし, 抽出した 34 地点について, 1986～2003 年の 18 年間の pH データの時系列的傾向の統計解析を行った結果, 11 地点で長期的酸性化傾向が確認された（表 2.2）. これらの地点はすべて, 花崗岩が分布する下越地方に位置していた.

pH 低下傾向を示した地点を含む代表的地点における現地採水による化学性分析の結果は地質との関連性を明確に示していた. すなわち, 上流域の基岩地質が安山岩や石灰岩が支配的である上越・中越地方では, 酸中和能の指標であるアルカリ度や溶存イオン量の指標となる電気伝導度（EC）が高いのに対し, 上流域

の大部分が花崗岩地質である下越地方では,多くの地点でアルカリ度は200 $\mu mol_c/L$ 未満,EC は 10 mS/m と低く,酸に対する感受性が高かった.

河川水質は,集水域内における土地利用形態が大きく影響し,日本の場合は特に温泉・鉱泉の影響も考えられる.しかし,下越地方で pH 低下傾向を示した地点の多くは,集水域内の森林面積が 90% 以上で,田畑が占める割合も低く,温泉水の流入や鉱山などの影響も確認されなかった.下越地方における典型的な pH 低下傾向を図 2.10 に示す.長期的な低下傾向だけではなく,明瞭な季節変動もみられ,最も低い pH は山間部の融雪期である 4 月あるいは 5 月に記録されることから,アシッドショックと呼ばれる融雪による酸性物質の急激な流入の影響を反映していると考えられた.

上記の結果は河川水質への大気沈着の影響を示す直接的な証拠となるものではないが,酸性化傾向を,温泉・火山といった自然要因,土地利用変化・農業活動・鉱山といった人為的要因では説明できないことを明らかにした.中部日本や日本海側沿岸は,全国的にも湿性沈着量が多い地域であることから(環境省,2009),地質的に酸中和能が低い地域で,影響が出た可能性があった.

2) 河川酸性化と窒素流出

流域の特性を考慮し,酸性沈着の生態影響を定量的に評価するためには,小集水域を単位とした,大気,土壌,植生,河川を含む包括的な観測・解析が求められる.小集水域解析については,米国で 1960 年代から続く長期的な取り組みがあるが(ライケンス・ボーマン,1997),わが国においても環境庁および環境省による 1980 年代からの比較的長期にわたる集水域単位のモニタリングにより,酸性沈着による河川を含む集水域の酸性化と窒素流出が明らかにされている(Nakahara et al., 2010).

湿性沈着量が全国最大級といわれる岐阜県伊自良湖の流入河川である釜が谷川では,それまで緩やかに上昇していた河川 pH が,1996 年以降,急激に低下した(図 2.11).pH が低下に転じた原因の 1 つとして,硝酸態窒素の流出が考えられた.河川中の硝酸イオン濃度は,モニタリングが始まった 1988 年から継続して上昇していたが(図 2.11),pH が低下し始めた 1996 年頃から,植物による窒素吸収が盛んな夏季にも,高濃度で流出するようになった.上記の発現過程には,まだ十分に解明されていない部分もあるが,集水域内の表層地質としては酸中和能が低いチャートが分布し,河川水質は地質・土壌条件を反映した低いアル

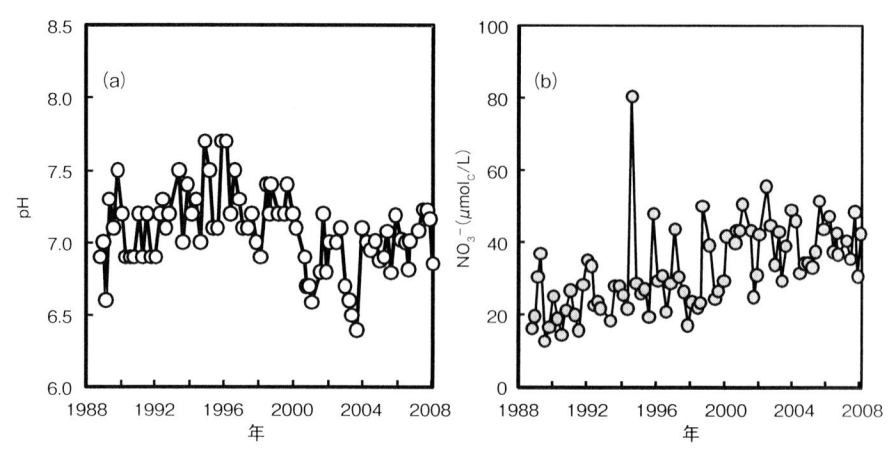

図2.11 (a)釜が谷川における河川 pH，(b)硝酸濃度の経年変化（環境省，2009 をもとに作図）

カリ度（120 $\mu mol_c/L$）を示す酸感受性の高い集水域であることが要因の1つと考えられた．さらに，窒素の主要な吸収源である樹木の成長が1993年の冷夏，1994年の干ばつ・酷暑などの気象イベントにより低下したことや，干ばつで土壌が乾燥化した後の降水で微生物活性が急激に高まり有機態窒素の分解が促進されたこと（いわゆる乾土効果）などが，90年代半ばからの硝酸イオンや水素イオンの急激な生成と河川への流出の引き金になったと考えられている（Nakahara et al., 2010）．また，pH が低下した時期に高濃度の流出がみられた硫黄について，環境省の重点調査（2005～2007年度）では，河川への硫黄の流出量は大気から集水域内への流入量（沈着量）を大きく上回っていたことから，高度経済成長期など，過去に沈着，蓄積された硫黄が，河川に流出している可能性が示された（環境省，2009）．

　渓流や河川の水質の評価にはその流域（集水域）の地質や植生を考慮する必要があり，酸性沈着の動態は，沈着量と酸感受性とのバランスで大きく変化する．上述の酸性沈着量が多く，酸感受性が高い地域は，影響の出やすいホットスポットと考えられ，このような地域を抽出し，監視していくことが重要であろう．

■文　献

栗田秀實・植田洋匡（2006）．中部山岳地域上流域における陸水 pH の長期的低下―過去30年間の pH の低下と酸性雨の状況．大気環境学会誌，41（2），45-64.
ライケンス，G. E., ボーマン，F. H.（1997）．森林生態系の生物地球化学，及川武久監訳，シュ

プリンガーフェアラーク東京.

Matsubara, M., Morimoto, S., Sase, H. et al. (2009). Long-term declining trends of river water pH in Central Japan. *Water Air Soil Pollut.*, 200, 253-265.

Nakahara, O., Takahashi, M., Sase, H. et al. (2010). Soil and stream water acidification in a forested catchment in central Japan. *Biogeochemistry*, 97, 141-158.

環境省 (2009). 酸性雨長期モニタリング報告書（平成15〜19年度）.

Watt, W. D., Scott, C. D. and White, W. J. (1983). Evidence of acidification of some Nova Scotia Rivers and its impact on Atlantic Salmon. *Can. J. Fish. Aquat. Sci.*, 40, 462-473.

Wright, R. F., Dale, T., Gjessing, E. R. et al. (1976). Impact of acid precipitation on freshwater ecosystems in Norway. *Water Air Soil Pollut.*, 6, 483-499.

2.2.2 POPs，農薬など有機化合物

人工化学物質の使用場所は陸域に集中しているが，使用中・廃棄後に環境排出された化学物質は，河川や地下水に流入し輸送され，最終的には海洋にたどり着く．よって水界（陸水〜海水）は化学物質の「輸送媒体」であり，かつ「たまり場」として機能する．そのため人工化学物質による汚染状況を把握するには，水質に関連する媒体を調べるのが有効なアプローチである．水質は，大気・生物・底質など，性質の異なるすべての環境媒体に接している．それら媒体と人工化学物質の関係は，各物質のもつ物理化学的性質（水溶解度，K_{ow}，pKa など）と，環境水の性状（水温，pH，懸濁粒子濃度，塩分濃度など）によって決定される（以下にくわしい：金澤，1992；川本，2006）．ここでは水圏における化学物質の環境挙動に関わるおもなパラメーターとして，「水溶解度」と「オクタノール-水分配係数」を紹介する．

1) 水溶解度 S_w

水溶解度 S_w とは，一定水温において，化学物質が水中で飽和した状態の濃度のことで，mg/L や mol/L などの単位で表す．この値が高いほど，その物質が水に溶けやすい．通常，カルボキシル基やアミノ基などを有するイオン性物質や，水酸基を有するような高極性物質は，高い水溶解度を示し，非イオン性（中性）物質や無極性物質は低い水溶解度を示す．POPs および代表的な農薬類の水溶解度を表2.3に示す．

環境水中における化学物質の存在形態は，水溶解度によりある程度把握できる．POPs はイオン性の官能基をもたず，また比較的低極性の物質であるため，水溶解度が低い（表2.3）．一般に，水溶解度の低い物質は土壌に吸着されやす

表2.3 POPsおよび農薬類の物理化学的特性 (Macky et al., 2006 ab)

物質名	用途	log S_w (S_w:mg/L)	log K_{ow}	log BCF
POPs				
アルドリン	殺虫剤	-2	6	3
クロルダン	殺虫剤	-2	5	4
p,p'-DDT	殺虫剤	-3	6	5
ディルドリン	殺虫剤	-1	4	3
エンドリン	殺虫剤	-1	4	3
ヘプタクロル	殺虫剤	-2	5	3
マイレックス	殺虫剤	-2	5	4
トキサフェン	殺虫剤	-1	5	3
HCB	殺菌剤・工業用途・不純物	-3	5	4
PCB 28(2,4,4')	工業用途	-1	5	3
PCB 153(2,2',4,4',5,5')	工業用途	-4	7	5
PCB 209(2,2',3,3',4,4',5,5',6,6')	工業用途	-6	8	3
近年使われている農薬類				
クロルピリフォス	殺虫剤	0	4	1
フェニトロチオン (MEP)	殺虫剤	1	3	1
ジクロルボス (DDVP)	殺虫剤	4	1	0
シペルメトリン	殺虫剤	-1	5	0
シマジン	除草剤	0	1	1
ジウロン	除草剤	1	2	1
グリフォサート	除草剤	4	-3	0
ベノミル	殺菌剤	0	2	1
クロロピクリン	殺菌剤	3	1	0

く，水環境に流入しにくい．また水圏に流入したPOPsの中で水に溶解するのは一部であり，大部分は懸濁粒子や底泥に吸着した状態で存在する．化学物質の粒子吸着性については2.3節で詳述する．

　近年使用されている農薬類は，比較的水溶解度が高く，環境残留性は低い（表2.3）．そのため使用した農薬類の土壌吸着は少なく，雨水によって溶解し，河川などの水圏に流出しやすい．また水圏に流入したこれら物質の粒子吸着は少なく，おもに水に溶解した溶存態で水中に存在する．Leonard et al.（1990）は，畑地に散布した農薬が降水によって流出する割合をまとめた．その結果，散布した農薬の流出割合は0.1～20%と幅があり，水溶性の高い農薬ほど流出割合が大きくなる傾向を示した．

　一般に，水溶解度が低い物質ほど脂溶性が高くなるため，生物に蓄積されやすくなる．Metcalf et al.（1975）は水溶解度にもとづき化学物質をグループ分けし，水溶解度が0.5 mg/L（log S_w：<-0.3）以下の物質は生物濃縮係数

（BCF，詳細は2.4節を参照のこと）が高くなりやすいため，生態系に与える影響を考慮する必要があると示唆した．POPsの場合，すべての物質の溶解度がそれ以下であり，log BCF も3以上と高くなっている（表2.3）．一方で，近年使われている農薬類の場合，ほとんどの物質の $\log S_w$ は -0.3 以上であり，log BCF も1以下と低くなっている．

2) オクタノール-水分配係数 K_{ow}

K_{ow} とは，2.1.2項のとおり，水相と有機相（オクタノール）に溶解した化学物質の平衡濃度のことである．K_{ow} は濃度の比であり，単位はない．化学物質の油性成分に対する溶けやすさ（脂溶性）の指標であり，この値が高いほど油に溶けやすく，水に溶けにくい物質であることを示す．

有機化学物質の水溶解度 S_w とオクタノール-水分配係数 K_{ow} の間には強い相関性がある．Kenaga（1980）は有機塩素系農薬や多環芳香族炭化水素など，90種の化学物質を対象に水溶解度と K_{ow} との関係を調べたところ，以下の相関式(1)を得た．

$$\log K_{ow} = 4.2 - 0.80 \log S_w \tag{1}$$

相関係数 r はやや低いものの（0.86），水溶解度，K_{ow} ともに相当な幅をもった化学物質の物性から求められた式であり，ほかの物質にも広く適用することができる．

もともと K_{ow} という概念は，生体組織による薬物の取り込みを考慮し考案された．当時，薬物取り込みの研究はおもに実験動物が使われていたが，それに代わる単純な試験系での指標が求められたことがきっかけである．薬物が水相から有機相へ移行・分配する割合は，実験動物に投与した薬物が生体内に取り込まれる割合と同等に利用できる関係が発見された．試行錯誤の結果，有機相としてはオリーブ油やオクタノールが生体組織の代替として適しており，現在では1-オクタノールが有機相として利用されている．

K_{ow} を化学物質の環境挙動パラメーターとしてとらえると，さまざまな意味をもつ．環境水とそこに存在する有機懸濁粒子や生物などの天然有機物に対する有機化合物の挙動は，単純化すると水相と有機相に対する有機化合物の分配とみたてられる．すなわち，実験室において水中の化学物質がオクタノールへ分配する割合 K_{ow} は，環境水中に流入した人工化学物質が懸濁粒子や生物体内へ取り込まれる割合として代替できる．化学物質が水中の粒子状有機物に吸着する場合の

性質については2.3節で詳述する.

ところでK_{ow}は生体による化学物質の取り込みを予測するために考案された経緯から，Kanazawa et al. (1981) は，K_{ow}を用いて生物濃縮係数（BCF）を予測する経験式の算出に取り組んだ．15種類の農薬を魚類に投与してBCFを算出した結果，K_{ow}とBCFの間に高い正の相関があることを確認し，式（2）の回帰直線を得た．

$$\log \text{BCF} = 1.53 \log K_{ow} - 3.03 \quad (r=0.85, p<0.01) \tag{2}$$

この回帰式により化学物質のK_{ow}からBCFを算出することができる．BCFが1,000（log BCF=3）以上の化合物は生物へ高濃度で蓄積し悪影響を及ぼすことが懸念され，詳細な毒性試験が必要となる．本回帰直線を用いて，BCFからlog K_{ow}を算出すると4になることから，Log K_{ow}が4以上の物質は環境への影響に配慮する必要がある.

具体例としてPOPsを取り上げると，POPsはイオン性がなく極性も弱いため水溶性が低く，すべての物質でK_{ow}が4を超えている（表2.3）．PCBに着目すると，PCBは塩素置換数が多くなるほどK_{ow}が高くなり，一般的にK_{ow}が高くなるほど生物濃縮係数が高くなる．しかし，その傾向はつねに一定ではなく，PCBのlog K_{ow}が7以上になると生物濃縮係数が逆に低くなっていくことが確認された．PCBの中でlog K_{ow}が7以上になるのは，塩素置換数が7個以上の同族体である．7個以上の塩素が置換したPCBは，その分子サイズが大きくなり生体膜を通過しづらくなることがその要因であると考えられている．生体膜を通過しにくくなる分子量は約500前後であると考えられているが，より大きな分子でも生体膜が能動的に取り込む物質も存在する．また近年使用されている農薬の場合，ほとんどのK_{ow}は4以下であるが，一部で4を超す物質もある（表2.3ではシペルメトリン）．しかしlog BCFは0であり，生物濃縮が起きない．シペルメトリンは脂溶性が高い物質であるが，生体内ですみやかに分解排泄されるため，生体内に蓄積しないことを示している．K_{ow}を生物濃縮の指標とする場合，生物には生体膜が存在し，また代謝・排泄の機構もあるため，単純な分配係数だけでは推測できないことを忘れてはならない．

■文　献

Kanazawa, J. (1981). Measurement of the bioconcentration factors of pesticides by freshwater fish and their correlation with physicochemical properties or acute toxicities. *Pestic. Sci.*, 12, 417-424.

金澤純 (1992). 農薬の環境科学. 合同出版.

川本克也 (2006). 環境有機化学物質論, 共立出版.

Kenaga, E. E. and Goring, C. A. I. (1980). Relationship between solubillity, soil sorption, octanol-water partitioning, and concentrations of chemicals in biota. *In* Aquatic Toxicology, Eaton, J. G., Parrish, P. R. and Hendrichs, A. C. ed., pp.78-115, American Society for Testing and Materials.

Leonard, R. A. (1990). Movement of pesticides into surface waters. *In* Pesticides in the Soil Environment, Cheng, H. H. ed., Science Society of America.

Mackay, D., Shiu, W. Y., Ma, K. C. et al. (2006). Handbook of Physical-chemical Properties and Environmental Fate for Organic Chemicals 2 nd Edition, Volume II, Halogenated hydrocarbons, CRC Rress.

Mackay, D., Shiu, W.Y., Ma, K. C. et al. (2006). Handbook of Physical-chemical Properties and Environmental Fate for Organic Chemicals 2 nd Edition, Volume IV, Nitrogen and sulfur containing compounds and pesticides, CRC Rress.

Metcalf, R. L. and Sanborn, J. R. (1975). Pesticides and environmental quality in Illinois. *Illinois Natural History Survey Bulletin*, 31, 381-436.

2.2.3 重 金 属 等

水界における重金属類の濃度は，一般にごく微量である．その存在は，元素自体の性質（物理化学的）や水環境の性質（pH，酸化還元電位，塩分濃度など）に依存する．

地球環境において，水界は大きく海水と淡水の2種類に分けられる．しかし，詳細をみれば，2種の混合である汽水や，淡水存在量の約90％を占める氷や地下水，気圏における雨水，そして陸水の中では地下水や，多種の性質をもつ湖沼（海水とは異なる元素組成をもつ塩湖を含む），河川など変化に富む．重金属類の分布や動態は，それら溶媒となる水の物理化学的性質に影響を受け，さらに，生息する生物が介在する複雑な作用によっても変化する．

水圏の化学を規定する要因として，重要なものに水素イオン指数（pH）や酸化還元電位（ORPまたはEh）そしてイオン強度がある．実際の環境水は，液体である水相と，そこに浮遊する固相によって成り立っており，2相（前者を溶存態，後者は粒子態）の識別は，水環境の評価に加え，生態影響の解析においても重要となる．つまり，水環境における重金属類の動態は，塩水から淡水までさまざまな変化を示す溶媒「水」の溶液化学のみに従ったルールでは解析できない．

以上の性質から，環境水中の微量元素（重金属類を含む）分析は困難を伴う．1970年代まで海水中の重金属濃度は，新しい報告が発表されるたびに低くなるという現象がみられた．この主因は，試料の採水から，分析前処理，そして定量

までの操作における2次汚染であった．このように，環境水中の重金属濃度は，近年まで信頼できるデータが得られなかった．

　水界に存在する重金属類の起源は，ほとんどが岩石圏に由来する．人間活動による汚染は，水環境における重金属類の負荷を高めたが，それらも，もともと岩石圏の深部に存在したものである．この点は，汚染物質の中でも重金属類がもつ特徴となる．そのため，汚染の評価には常に自然界値（バックグラウンド）を考慮する必要が生じる．

　重金属類の自然発生源は，岩石の風化と河川水・降水による溶解，内陸の乾燥地域から飛来する砂塵・黄砂，火山噴出物など大気経由による直接的導入（きわめてわずかであるが宇宙塵や隕石）に加え，海底からの火山活動による熱水活動などもある．これら諸プロセスは地球誕生以降，連続して進行しており，生命の誕生に水環境の重金属類が深く関与したと考えられている．現在の海洋生態系においても，バイオマスを制限する要因として鉄の存在が指摘されている（マーティンの鉄仮説）．

　鉱工業など人間活動によって水界にもたらされる重金属類の量は，元素によって異なるが，水圏の97％を占める海水における賦存量と比べると，比較的小さいと見積もられている．しかし，水銀などいくつかの元素がもつ毒性と，それらが導入される「場」を考慮すれば，重金属類の環境毒性はけっして過小評価できない．人間活動によってもたらされる重金属類は，ある特定の「場」に集中するという偏った分布を示す．たとえば，陸環境からの曝露は表面流去水や地下流出水によってもたらされる沿岸域，その中でも基本的に弱酸性である淡水河川が流入する河口域，さらにはアルカリ環境である海洋でも表面のごく薄層といった局所に集中する．これらは，不幸なことに，生物生産が活発な場所であり，地球上のバイオマスの大半が分布している．そのため，特定の水環境において生態系が受ける負の影響は，相乗的に発現する可能性が高い．

　淡水は，地球上の水の約3％程度であり，その68.7％が氷として，30.1％が地下水として存在している．ヒトを含めた陸上生物の生存に淡水は不可欠な存在であるが，利用できる量はきわめて限られる．そのわずかな淡水も，場所によって物理化学的な性質が多岐にわたる．大ざっぱに整理すれば，3つの要因（元素の性質，風化の様態，生物活動）によって化学組成は決まる．淡水に溶けている金属はおもにカルシウム，ナトリウム，マグネシウム，カリウムの4種であり，さらに地殻の組成と比較すると，アルミニウムと鉄の割合が極端に低いという特徴

を有する.

　陸水のイオン組成を決める要因は，①雨水と乾性降下物の成分，②大気由来の物質の蒸発散，③岩石と土壌で進行する風化反応と有機物の分解反応，そして④土壌の生物活動，がある．ここに，人間活動による酸性降下物（SO_x，NO_x など）のような物質が大気経由で負荷され，溶存物質の種類や濃度に影響を及ぼす．

　雨水は，陸水環境における淡水の出発点ととらえることができる．その化学組成は，大気に含まれる二酸化炭素など水溶性の気体が溶解し，場所に依存する微量の塩分が含まれる．たとえば，海岸部の雨水は塩化物イオン（Cl^-）の濃度が高く，内陸部では母岩を反映した陽イオン（アルカリ金属やアルカリ土類）濃度が高くなる．pH は大気中の CO_2 との溶解平衡で決定され，天然雨水では約 5.6 となる．人間活動の影響によって pH 5.6 を下回った雨水は酸性雨と呼ばれ，多くの重金属類を溶かすポテンシャルを有する．ここで，ヒ素は海水にも，母材となる岩石にも微量しか含まれていないにもかかわらず，石炭の燃焼や硫化鉱の精錬などによって雨水中に濃縮される．

　河川水の塩分および重金属類の濃度は，雨水と比較してかなり高くなる．蒸発による濃縮や，岩石・粘土粒子との接触が比較的すみやかにケイ酸塩や炭酸塩の酸加水分解を進める．多くの重金属類は河川に供給されると，その溶解度積が小さいため，凝集・沈殿を起こす．そのため，粒子に吸着したり，錯化合物となって水中に保持されるなど，複雑な挙動を示す．河川水中での存在形態としてはイオンや，硫化物，単純無機錯体，単純有機錯体，安定無機錯体，安定有機錯体，コロイドへの吸着形があり，錯化剤としてポリリン酸ナトリウムやフミン酸，フルボ酸などの存在がある．重金属類で汚染された河川水の重金属濃度は一般に汚染源から下流に向かって減少する．これは，重金属元素が凝集・沈殿を起こしやすい性質をもつことに加え，川の合流や拡散などにより希釈されることが原因である．また一般に pH が低くなる陸水において，そこに存在する重金属類の生態毒性は高くなる傾向がある．

　地下水は分布によって化学的性質が変化し，浅い地下水は有機物に富み，酸性を示し，酸化的条件であるが，深い地下水は還元的となり，有機物が少なく，pH は高くなる．そのため，鉄やマンガンなどの重金属類は，より水に溶解しやすいイオン態（Fe^{2+}，Mn^{2+}）になる．

　海水は，上述した淡水に比べると化学的性質がきわめて安定しており，重金属類を含む微量元素の平面分布は，基本的に均一である．海水のイオン組成の特徴

として,高濃度の塩分(約3.5%)を含み,イオン強度が強い(約0.7 mol/L).さらに,海水に溶けたイオンはナトリウム(Na^+)と塩素(Cl^-)が突出して高い(両者で塩分の約85重量%以上).つまり,これらのイオンが水分子を引きつけ,イオン間の反発や引力を弱めるため,多くの電解質が高濃度で溶解する.pHは河川水に比べ1程度高く,弱アルカリの8.1を示す.

海洋における重金属類の分布は,鉛直方向で異なる.つまり,①元素濃度が一定で保存される成分(ナトリウムやカルシウムなど),②リンや窒素と類似の,水深数kmで極大を示す栄養塩型(亜鉛,カドミウム,鉄など),③表層で高く,深くなるにつれ濃度が減少する除去型(アルミニウムやマンガンなど)などに分けられる.栄養塩型は,海水中で不安定,もしくは生物に取り込まれやすいため,特定の水深で高濃度となり,表層でプランクトンに取り込まれた後,死骸が沈降するにつれ分解し,再び海水に溶解する.除去型の元素は溶存態が不安定なため,すみやかに粒子に吸着し沈降する.

海洋環境において,とくに生物生産が高い河口域は,淡水と海水が混ざり合う特殊な環境である.河川水中で官能基が負に帯電している懸濁物質は,海水の高濃度の塩分と出会うことで,周囲を取り囲んでいた水分子に代わってナトリウム(Na^+)と結合することで電荷を失う.その結果,物質間の反発力が弱まり,互いが集まることで巨大な粒子を形成し,沈殿除去される(スキャンベンジング).重金属類には,この過程で生成した懸濁物質に吸着する元素もあれば,逆に溶出するものもある.溶存鉄やアルミニウムは,海水のアルカリ金属,アルカリ土類との置換によって溶脱するが,その後再び粒子態へ移行し除去される.また,銅のように有機物と錯体を形成しやすい金属は,有機物粒子の表面に吸着したまま沈降する.マンガンは比較的還元されやすいため,有機物の分解時に還元的になると2価イオン(Mn^{2+})となり一部は溶解する.

■文 献

ベウス,A. A. ほか (1980). 環境の地球化学概論, 223 pp, 現代工学社.
Bowen, H. J. M. (1983). 環境無機化学, 369 pp, 博友社.
藤永太一郎監修 (2005). 海と湖の化学, 560 pp, 京都大学学術出版会.
ホランド,H. D. (1979). 大気・河川・海洋の化学, 318 pp, 産業図書.
一国雅巳 (1972). 無機地球化学, 148 pp, 培風館.
松尾禎士 (1989). 地球化学, 266 pp, 講談社サイエンティフィク.
日本地球化学会 (2005). 地球化学概論, 267 pp, 培風館.
小倉紀雄・一国雅巳 (2001). 環境化学, 151 pp, 裳華房.

2.3 土壌,底質

2.3.1 酸性沈着の動態・影響

1) 土壌の種類と酸性沈着への緩衝能

わが国の森林土壌は全般的に酸性である.土壌化学性は各土壌の生成要因やその過程によって異なり,人為的影響がない自然環境下においても,酸性土壌は生成される.したがって,土壌化学性を評価する上で,経年的な変化の有無とその度合いが重要な判断基準となる.土壌はその母材と生成要因の違いから,化学性の異なるさまざまな種類に分類することができ,酸性物質に対する緩衝能も異なる.わが国におけるおもな土壌種の酸性沈着に対する緩衝能は,表2.4に示した順に弱いと考えられる(環境省地球環境局,2003).

土壌酸性化過程においては,pHによって異なる緩衝作用が働き,日本の森林土壌の多くが示すpH 4〜6では,おもに交換性塩基による緩衝が生じる(Ulrich, 1991)(図2.12).土壌溶液中のH$^+$は,粘土鉱物表面に保持されていた交換性塩基とイオン交換により土壌に吸着され,土壌が酸性化するとともに植物にとって有用な塩基が溶出する.土壌が酸性化したことにより,鉱物中に多く含まれるアルミニウムは土壌中でイオンとして動きやすくなり,土壌表面も交換性アルミニウムが占める割合が増加する.さらに酸性化が進みpHが4程度まで低下すると,アルミニウムの酸化物や水和酸化物などによる緩衝過程になり,土壌水中には植物にとって有毒なアルミニウムイオンも溶出する.この段階でpHは緩衝作用により,あまり変化しないが,やがてアルミニウムが枯渇すると,再びpHは低下し,次は鉄化合物による緩衝過程となる.このように,土壌pH

表2.4 わが国におけるおもな土壌種の酸性沈着に対する緩衝能

緩衝能	土壌種	性質
弱 ↓ 強	赤黄色土	化学的風化作用を強く受けた塩基が少ないAlに富む強酸性の土壌で,西南日本の丘陵地帯や洪積台地上に広く分布.
	ポドゾル性土	湿潤寒冷な亜寒帯針葉樹林下において生成された強酸性の土壌で,北海道北部および本州,四国,九州の山岳地帯に分布.
	褐色森林土	わが国の代表的な森林土壌で全国に分布.その多くは塩基飽和度が低い(50%未満)酸性の土壌である.
	黒ぼく土	火山灰を母材とする有機物に富んだ土壌で火山山麓に広く分布.

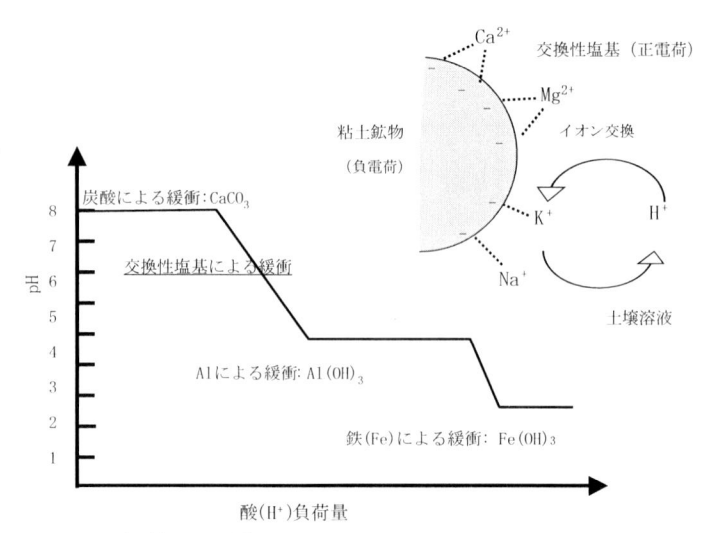

図 2.12　土壌の緩衝能と交換性塩基による緩衝機構（Ulrich, 1991 をもとに作図）

は，酸の負荷量に伴い直線的に低下するのではなく各々の pH レベルで働く緩衝作用により段階的に低下するため，酸性沈着による土壌酸性化は短期的には顕在化しにくく，長期にわたるモニタリングによって初めて認識されることが多い．

2）土壌酸性化の報告例

　土壌の酸性化は，酸性沈着のような外部からの負荷だけではなく，植物によるイオン吸収や落葉などによる植生からの還元などを含む系内の物質収支によって決定される．たとえば，植林地などでは若い樹木の栄養塩の吸収によって土壌が急激に酸性化する（Yamashita et al., 2008）．また，冷夏や干ばつなど気象害による落葉増加や樹木活性低下による栄養塩吸収量の低下は，一時的に土壌への塩基供給量を増やし，pH を上げる可能性もある（Nakahara et al., 2010）．さらに土壌の不均一性による空間変動もデータに影響する．そのため，3〜5 年程度のごく短期的にみると，土壌 pH や交換性陽イオンなどの化学性は，しばしば一時的な上下をみせ，一定の酸性化傾向を見出すことは困難な場合が多い．

　スウェーデンやドイツなど欧州では，かなり長期的な土壌酸性化傾向が報告されている．とくにスウェーデン南西部は，1927 年に調査されたトウヒ林とブナ林を 1982〜1984 年に再調査をすることで酸性化が明らかにされた（Hallbäcken and Tamm, 1986）．いずれの林分も表層土壌だけでなく，比較的深いところま

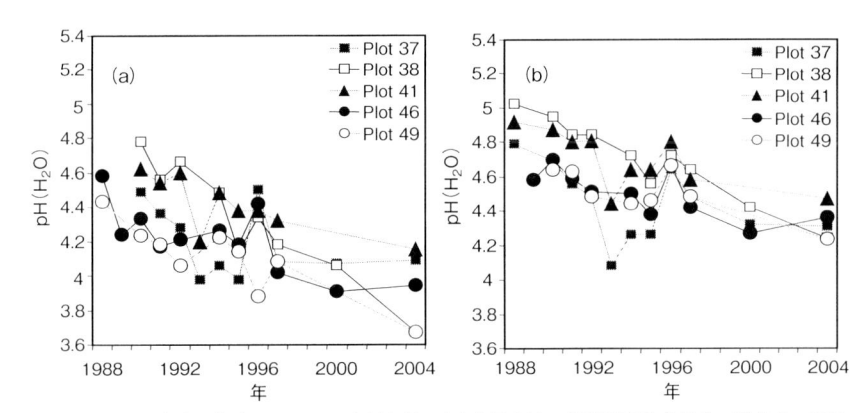

図 2.13 (a)伊自良湖集水域における表層土壌，(b)次層土壌の長期的酸性化傾向（環境省，2009 をもとに作成）
各プロットにおける5つのサブプロットの平均値を示す．

ですべての層位の pH が低下し，とくにトウヒ林でその低下幅は大きく，有機物層では 0.9 単位，表層（A2 層）では 0.7 単位も低下した．樹木成長による影響などの要因だけではその低下は説明できず，酸性沈着の寄与が示唆されている．

アジアでは，東アジア酸性雨モニタリングネットワーク（EANET）において 2001 年から土壌モニタリングを実施しているが，調査頻度が 3～5 年に 1 回であるため，2010 年時点で 1～2 回しか実施されていない地点が多く，土壌の長期的酸性化を論じる段階にはない．環境省の越境大気汚染・酸性雨長期モニタリング計画では，土壌種に着目したモニタリングを 5 地域（石川県，大阪府，島根県，山口県，福岡県）で実施しており，酸に対する緩衝能が最も低いと考えられる赤黄色土について対比される土壌とともに選定されている．2001 年に設定された調査地点で，2007 年までに，2～6 年の間隔をおいて 2 回目の調査が実施されたが，ほとんどの地点で明確な酸性化傾向はみられていない（環境省，2009）．

わが国では，EANET モニタリング地点としても登録されている伊自良湖において，環境省が 1988 年以来長期的なモニタリングを継続していたため，土壌の長期的酸性化傾向が示され，酸性沈着の影響によると考えられる長期的な土壌酸性化の東アジア地域で最初の例となった（Nakahara et al., 2010；環境省，2009）．伊自良湖集水域内で，10 年以上土壌調査が継続されているプロットについて，表層土壌（深さ 3～5 cm 程度）および次層土壌（深さ 10～15 cm 程度）の pH 変化を図 2.13 に示す．伊自良湖集水域内においては，1990 年以降設定さ

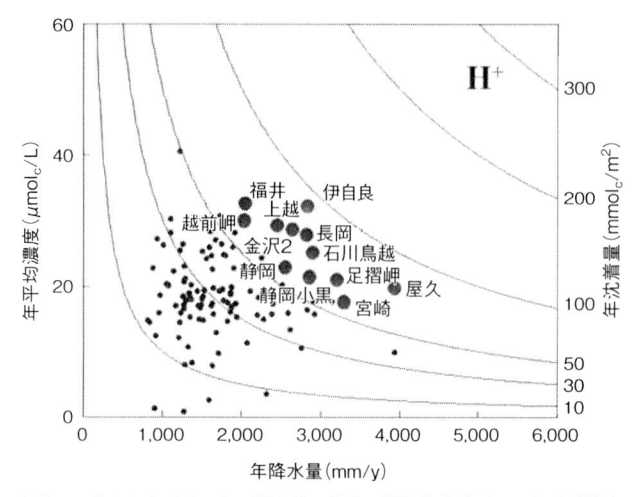

図 2.14 全国 120 地点における H^+ の降水量・濃度・湿性沈着量プロット（環境省，2009）
環境省（1998〜2004 年度）および全国環境研協議会による全国調査（1999〜2004 年度）による調査データによる．地名を表示した調査地点は，上位 10% 以内の沈着量が高い地点を示す．

れた5つのプロットすべてにおいて，2004年までの14年間に，表層および次層において pH(H_2O) が低下した．表層土壌の pH(H_2O) は，平均で3.9と低いレベルまで低下していた．なお，2006年にEANETモニタリングとして実施された土壌（深さ0〜10 cm）の pH も，2プロットの平均が4.3（3.9〜4.4）であり，継続調査地点と同程度に酸性化していた．酸度の指標である交換性アルミニウムは表層では多くのプロットで上昇傾向がみられ，次層でも上昇傾向がみられるプロットもあった．

伊自良湖集水域内は，降水量が多く，濃度も比較的高いことから，酸関連物質の湿性沈着量が多い地点とされている．とくに水素イオンの湿性沈着量は全国120の調査地点の中で最大値が記録されている（環境省，2009）（図2.14）．河川化学性にも一時的な硫酸イオンの流出と pH の低下，継続的な硝酸イオン濃度の増大傾向など（2.2.1項参照），集水域全体の酸性化徴候がみられることから，土壌化学性の変化も酸性化プロセスの一部として認識されている．土壌 pH は植物の成長期における急激な栄養塩吸収でも低下する可能性はあるが，調査された期間の樹木成長量はむしろ低下傾向にあり，急激な土壌 pH 低下を植物吸収だけで説明することは困難である．本集水域では近年まで間伐がほとんど行われていなかったため，森林管理条件などについても考慮する必要はあるが，酸性沈着の

影響が土壌化学性に発現した可能性が考えられた．

■文　献
Hallbäcken, L. and Tamm, C.O. (1986). Changes in soil acidity from 1927 to 1982-1984 in a forest area of south-west Sweden. *Scand. J. For. Res.*, **1**：219-232.
環境省（2009）．酸性雨長期モニタリング報告書（平成 15～19 年度）．
環境省地球環境局（2003）．酸性雨モニタリング（土壌・植生）手引書．
Nakahara, O., Takahashi, M., Sase, H. et al. (2010). Soil and stream water acidification in a forested catchment in central Japan. *Biogeochemistry*, **97**, 141-158.
Ulrich, B. (1991). An ecosystem approach to soil acidification. *In* Soil Acidity, Ulrich, B. and Sumner, M. E. eds., Springer-Verlag.
Yamashita, N., Ohta, S. and Hardjono, A. (2008). Soil changes induced by *Acacia mangium* plantation establishment: Comparison with secondary forest and *Imperata cylindrica* grassland soils in South Sumatra, Indonesia. *Forest Ecology and Management.*, **254**, 362-370.

2.3.2　POPs，農薬など有機化合物

1）POPs の土壌・底質への吸着メカニズム

POPs や農薬類は土壌や底質に残留するものが多く，これは化学物質の粒子吸着性が関与している．吸着とは 1 つ以上の分子性物質がある表面に付着した状態のことを指し，クーロン力，ファンデルワールス力，水素結合などが作用している．一般に水溶解度の低い物質ほど粒子への吸着性が強く，その程度は化学物質の吸着平衡定数（K_d 値または K_{oc} 値）から推測することができる．

K_d 値とは，水相と固相（土壌・底質）の間で化学物質の濃度が平衡状態にあるとき，フロイントリッヒの吸着等温式（1），（2）式より算出される．

$$\frac{x}{m} = K_d \cdot C_w^{1/n} \tag{1}$$

対数表記すると，

$$\log \frac{x}{m} = \frac{1}{n} \log C_w + \log K_d \tag{2}$$

　　x：固相の化学物質吸着量，　　　　　m：固相重量
　　C_w：平衡時の水相の化学物質濃度，　　$1/n$：化学物質の吸着指数

式（1）の左辺は，固相に含まれる化学物質量を固相重量で除した値であり，固相中の化学物質濃度を表している．対数表記した式（2）から，固相の化学物質濃度は水相の濃度の関数で示すことができ，K_d 値は関係式の切片であることがわかる．

化学物質の K_d 値は，次に示す実験手順で求められる．まず，適当な容量の遠沈管に土壌と化学物質の標準溶液を入れ，水相と固相の濃度が平衡に達するまで振とうした後，各相について化学物質の濃度を測定する．複数の濃度の標準溶液を用いて同様の実験を行い，固相と水相の化学物質濃度を測定し，その回帰式から目的物質の K_d 値を求める．

上記の実験を行う場合，試料の振とう時間や吸着平衡時の pH，分析機器の測定誤差などを事前に把握しておく必要がある．また，親水性や疎水性に大きな偏りがみられる化学物質では，固相または液相の濃度が低くなり，正確に定量することが難しくなる．このときは，他の物理化学的係数との関係から K_d 値を算出する方法もある．

一般に K_d 値の大きい化学物質ほど固相への吸着性は強いが，その程度は吸着される側，すなわち土壌や底質の種類にも左右される．POPs の多くは，土壌・底質中の濃度値と有機炭素量との間に有意な正の相関がみられ，このことは POPs が炭素に吸着されやすいことを示している．K_d 値だけで化学物質間の粒子吸着性を評価することは難しく，そこで重要になるのが，「固相中有機炭素吸着平衡定数（K_{oc}）」という指標である．

K_{oc} 値は，固相中の炭素含有割合と化学物質の K_d 値の回帰式の傾きで表され，K_d 値を試料中における炭素の単位重量あたりで表記したものである．K_{oc} 値は，土壌や底質の種類に関係なく，化学物質の粒子吸着性が比較可能な物理化学指標として知られる．ただし，化学物質の K_d や K_{oc} は実験で算出されたもので，文献により値が大きく異なる場合もある．たとえば，ある 3 つの研究機関が同一の土壌試料を用いて γ-HCH，2,4-D の K_{oc} 値を求めたところ，前者は 700，680，590 と比較的同じ値が得られたのに対し，後者は 48，160，290 と最大で 4 倍近い開きがみられた（化学物質の物理化学性状測定法，1987）．類似の結果は動物用医薬品のテトラサイクリン類でも報告されており（Toll, 2001），その要因として分析手順や定量法の違いなどが関係していると思われる．

環境試料の実測値から，暫定的な K_d 値（K'_d）や K_{oc} 値（K'_{oc}）を算出することもある．この場合，K'_d 値は固相中の化学物質濃度を水相の濃度で，K'_{oc} 値は K'_d 値を固相試料中の有機炭素含有量で除してそれぞれ求められる（式 (3)，(4)）．

$$K'_d = \frac{C_s}{C_w} \quad (\text{L/kg}) \tag{3}$$

$$K'_{oc} = \frac{K'_d}{C_{oc}} \tag{4}$$

(C_{oc}：土壌・底質中の有機炭素割合)

Isobe et al.（2001）は，東京湾周辺の河川水をろ過して粒子と水相に分け，プラスチック原料などに使用されるノニルフェノール（NP）とオクチルフェノール（OP）をそれぞれ分析した．その結果，K'_{oc} 値は NP が 5.22±0.40，OP が 4.65±0.42 であり，これらは過去の文献で報告された K_{oc} 値より 1 桁程度高いことがわかった．このことは，環境水中における NP，AP の粒子吸着性は当初の予想より強い可能性を示している．

2) 環境試料としての土壌・底質の特徴

土壌や底質は，大気や水質に比べて化学物質の濃度が変動しにくい環境媒体であり，比較的長期の汚染状況を調べる指標として適している．とくに，底質は水中の浮遊粒子などが年々沈着・堆積することから，これを柱状に採集して表層から等間隔に分けて分析することで，過去から現在に至る汚染の推移を知ることができる．さらに，底質中の鉛の同位体を測定すれば，底質の堆積速度が明らかになり，分析した試料が何年前のものであるかがわかる．

Yamashita et al.（2000）は，東京湾の柱状堆積物を対象にダイオキシン類を分析したところ，表層から 12～14 cm の底質が最も高濃度を示し，その堆積年代は 1980～1984 年であることを明らかにした．また，表層に近づくに連れて底質中ダイオキシン類の濃度減少がみられ，東京湾ではダイオキシン類の負荷が減少し，その汚染は収束する様子がうかがえた．一方，臭素系難燃剤のポリ臭素化ジフェニルエーテル（PBDEs）やヘキサブロモシクロドデカン（HBCD）における柱状底質の濃度値は，表層ほど高い傾向がみられ，これらの使用量増加と今後の環境負荷が懸念されている（Minh et al., 2007）．底質試料は数百年前の長期スケールの汚染傾向を知ることができるほぼ唯一の環境試料であるといえよう．

3) 粒子吸着係数とほかの物理化学的性状との関係

一般に，POPs の K_{oc} 値は，別の物理化学係数との関数で表すことが報告されている．たとえば，$\log K_{oc}$ と水溶解度の間には正の相関が得られており（式(5)），同様の報告が K_{oc} 値と水‐オクタノール分配係数（K_{ow}）の間でも報告されている（式(6)）．化学物質の水溶解度や $\log K_{ow}$ 値は，$\log K_{oc}$ 値に比べて多

く報告されているため,この種の回帰式は化学物質の K_{oc} を推定する際に有用である.

$$\log K_{oc} = -0.55 \log S_w + 4.04 \quad (r^2 = 0.988, n = 15)$$
Chiou et al. (1979) (5)

$$\log K_{oc} = 0.82 \log K_{ow} + 0.14$$
Schwarzenbach et al. (1993) (6)

■文　献

Chiou, C., Peters, L.J. and Freed, V.H. (1979). A physical concept of soil-water equillibria for nonionic organic compounds. *Science*, 206, 831-832.

Isobe, T., Nishiyama, H., Nakashima, A. et al. (2001). Distribution and behavior of nonylphenol, octylphenol, and nonylphenol monoethoxylate in Tokyo metropolitan area: Their association with aquatic particles and sedimentary distribution. *Environ. Sci. Technol.*, 35, 1041-1049.

Minh, N.H., Isobe, T., Ueno, D. et al. (2007). Spatial distribution and vertical profile of polybrominated diphenyl ethers and hexabromocyclododecanes in sediment core from Tokyo Bay, Japan. *Environ. Pollut.* 148, 409-417.

日本環境協会編 (1987). 化学物質の物理化学的性状測定法, 206 pp, 産業図書.

Schwarzenbach, R. P., Gschwend, P. M. and Imboden, D. M. (1993). Environmental Organic Chemistry, p. 275, John Wiley & Sons.

Toll, J. (2001). Sorption of veterinary pharmaceuticals in soils: A review. *Environ. Scie. Technol.*, 35, 3397-3406.

Yamashita, N., Kannan, K., Imagawa, T. et al. (2000). Vertical profile of polychlorinated dibenzo-*p*-dioxins, dibenzofurans, naphthalenes, biphenyls, polycyclic aromatic hydrocarbons, and alkylphenols in a sediment core from Tokyo Bay, Japan. *Environ. Sci. Technol.*, 34, 3560-3567.

2.3.3　重金属等

1)　重金属の利用

農用地の土壌の汚染防止等に関する法律(土壌汚染防止法)ではカドミウム,銅およびヒ素が特定有害物質と定められている.土壌汚染対策法(2002年)ではカドミウム,六価クロム,水銀,セレン,鉛,ヒ素などが特定有害物質に規定されている.表2.5にこれらの重金属等の用途を示す.重金属等は鉱石の採掘,製錬,加工などを経て利用されており,それぞれの過程で環境中へ放出され土壌へ負荷される.またこれらの製品の廃棄の過程で土壌に負荷される.土壌への負荷は大気を経由するもの,水を経由するもの,直接負荷されるものがある.大気

表 2.5 重金属等の用途（経済産業調査会，2001 より作成）

元素	用途	元素	用途
As	半導体 添加剤 鉛蓄電池	Pb	蓄電池 無機試薬 はんだ
Be	導電バネ材 ベリリウムミラー 中性子反射体	Sb	難燃助剤 塗料・顔料 蓄電池
Cd	ニカド電池 合金 顔料	Se	整流器・乾式複写機 ガラス 顔料
Cr	クロムターゲット 特殊鋼 耐火物	Te	太陽電池セル ペルチェ素子 DVD用ターゲット材
Cu	電線 伸銅	Tl	半導体 光学レンズ 殺鼠剤
Hg	電池材料 計量器 電気機器	Zn	亜鉛メッキ鋼板 その他のメッキ 伸銅品

経由は製錬，加工の過程や廃棄の過程で加熱することにより大気へ放出される．水経由は採掘，製錬，加工の過程で排出する水により放出される．直接の負荷は廃棄物，焼却灰などの投入などがある．このようにして土壌へ負荷した重金属等は土壌成分と結合，吸着などを生じる．それは土壌の酸化還元状態，土壌 pH など，種々の環境状態の影響を受ける．

2) 土壌の自然界値

土壌は岩石，気候，生物など種々の土壌生成因子の相互作用により生成したものである．土壌生成因子の1つである岩石を母材とし生成される土壌は，量の多

表 2.6 土壌中重金属等の自然界値（浅見，2001）

元素	mg/kg	元素	mg/kg
As	6.82	Pb	17.2
Be	1.17	Sb	0.37
Cd	0.295	Se	0.47
Cr	25.7	Te	0.041
Cu	19.0	Tl	0.31
Hg	0.06	Zn	59.9

少はあるが，あらゆる元素を含有している．表 2.6 にとくに汚染が考えられない土壌の重金属等の元素含有量を示す．人為的に重金属等が負荷されていない土壌でも重金属等を含有しており，この値は汚染を考える場合，目安の 1 つとなる．

3) 土壌汚染防止法

1970 年制定された土壌汚染防止法の施行令に特定有害物質（カドミウム，銅，ヒ素）の濃度が決められている．汚染対策地域の指定を受けるカドミウムの基準濃度は，その農用地で生産される米に含まれる量が米 1 kg につき 1 mg 以上の地域，銅は農用地（田に限る）の土壌に含まれる量が土壌 1 kg あたり 125 mg 以上の地域，ヒ素は農用地（田に限る）の土壌に含まれる量が土壌あたり 15 mg

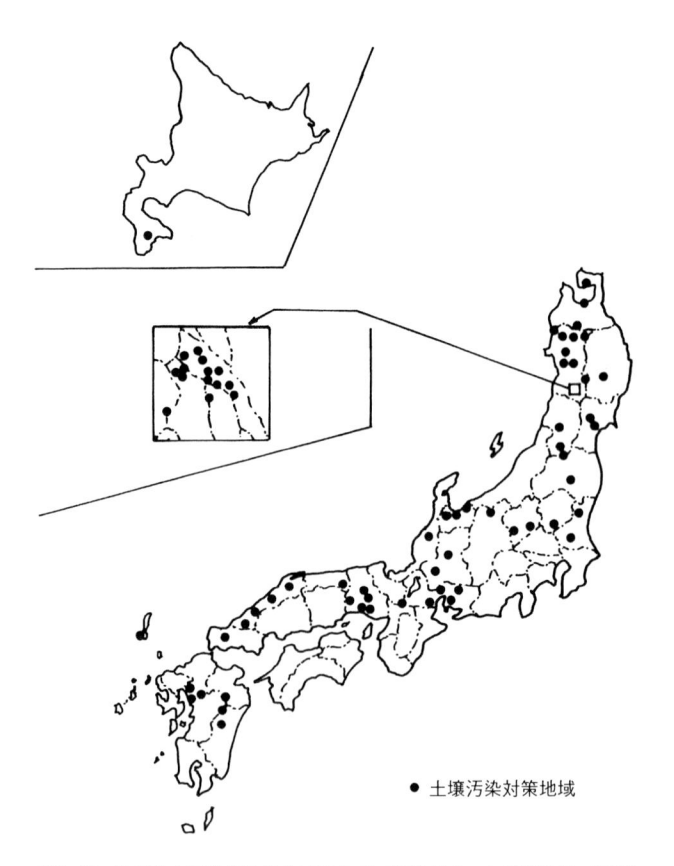

図 2.15　農用地土壌汚染対策地域の分布（環境省水・大気環境局，2008）

以上の地域であり，2008年までに72ヵ所，6,577 ha が対策地域に指定されている．図 2.15 にその地理的分布を示す．北海道から九州まで分布している．対策地域は対策計画が策定され，復元対策事業が行われ，数年の栽培試験の後，対策地域指定の解除が行われる．

この法律は特定有害元素を3元素に限定していること，金属含有量は全金属量ではないこと（銅は 0.1 M 塩酸抽出量，ヒ素は 1 M 塩酸抽出量），対象となる土地はすべての農用地ではなく田（カドミウムは米）に限定していること，指定された対策地域周辺にある準対策地域を考慮していないことなどの問題点がある．

食品中のカドミウム濃度の国際安全基準を作成するため，FAO と WHO の合同委員会であるコーデックス食品規格委員会の部会で検討され，精米中最大レベル 0.4 mg/kg が示された．厚生労働省は 2010 年 4 月，米中カドミウムの基準値を 0.4 mg/kg 以下と改正した．同年 6 月，土壌汚染防止法の施行令を改正する政令が閣議決定され，土壌汚染対策地域の指定要件は産米カドミウム濃度 1 mg/kg 以上から 0.4 mg/kg 以上へと変わった．

4) アンチモン

上記法律に規定された元素以外の汚染も進行している．その一例としてアンチモン（Sb）をあげる．現在日本ではアンチモン鉱石の採掘の記載は見当たらないが，アンチモン地金は日本精鉱と東湖産業が出荷しており，三酸化アンチモンは日本精鉱，住友金属鉱山，山中産業，東湖産業で出荷している．用途別にみる

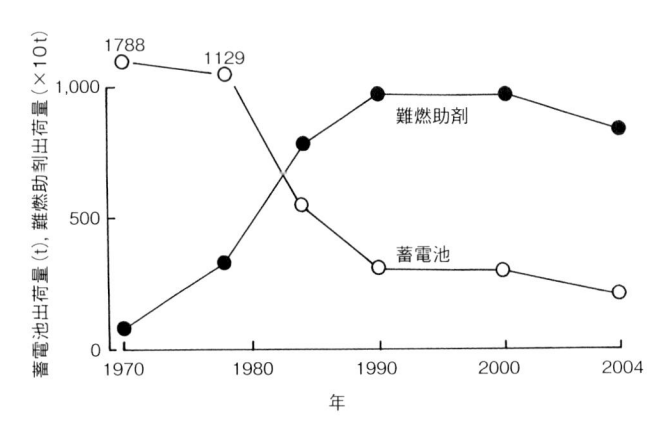

図 2.16 蓄電池，難燃助剤の出荷量の推移（久保田，1999；町田，2005）

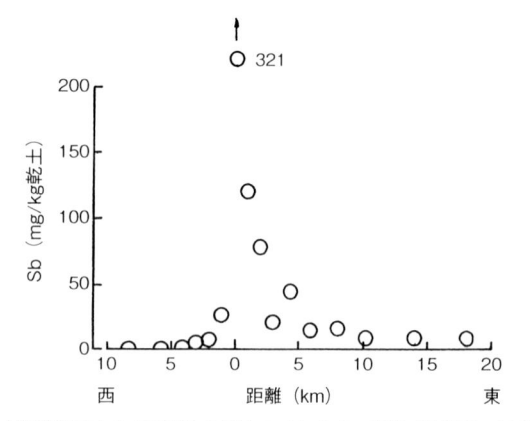

図2.17 中瀬製錬所からの距離と土壌中のアンチモン濃度（久保田, 1999）

と地金は蓄電池，硬鉛鋳物に，三酸化アンチモンは難燃助剤，塗料・顔料，ガラスに使用されている．難燃助剤の使用量は多く，三酸化アンチモン全出荷量 8,714 t の 93% に相当する．図 2.16 に蓄電池と難燃助剤出荷量の推移を示す．蓄電池の出荷量は 1970 年に 1,788 t であったがしだいに減少し 2004 年には 184 t となった．難燃助剤の出荷量は 1970 年におよそ 900 t であったがしだいに増加し，1990 年には 9,000 t を超えた．その後 8,000～9,000 t を維持している．これらの生産過程でアンチモンが環境へ放出され土壌に負荷する．

製錬所の 1 つである日本精鉱中瀬製錬所は兵庫県関宮町にありアンチモン地金と三酸化アンチモンの出荷をしている．中瀬製錬所は山間にあり，東西に八木川が流れ，川に沿って水田がある．八木川は八鹿町で円山川へ合流し日本海へ流出する．水田を中心に土壌を採取し，アンチモン含有量を測定した結果を図 2.17 に示す．横軸は製錬所を 0 m とし，東西の距離である．製錬所の前では乾土あたり 300 mg/kg を超える濃度であり，離れると減少した．製錬所より西の上流では大気経由の負荷があり，東の下流域では大気と水経由の負荷があったと考えられた．製錬所から離れるに従い，大気経由の負荷は水経由の負荷に比べ少なくなると考えられた．製錬所から 15～20 km 離れた地点でも数 mg/kg 含有し，土壌の自然界値よりも高かった．

アンチモンの出荷を行っている製錬所周辺土壌の最高値を表 2.7 に示す．いずれの地点でも 100 mg/kg 乾土以上含有していた．自然界値に比べ 250 倍以上の濃度であった．アンチモン以外の金属製錬所周辺の土壌の最高アンチモン濃度を

表2.7 アンチモン製錬所周辺土壌のアンチモン濃度の最大値
(久保田,1999；根目澤ほか,2001)

場所	mg/kg乾土	備考
中瀬	321	日本精鉱
大阪	277	三国製錬*
米原	136	東湖産業
佐賀関	339	日鉱金属

* 現在は山中産業.

表2.8 製錬所周辺土壌のアンチモン濃度の最大値(久保田,1999)

場所	mg/kg乾土	備考
共和	37.3	北海道
細倉	25.2	宮城県
安中	8.33	群馬県
別子	11.3	愛媛県
厳原	31.6	長崎県

表2.8に示した．アンチモン製錬所周辺より低いが自然界値の100倍近い土壌もあった．鉱石は主になる金属のほかに随伴する金属が混在しており，製錬の過程で大気や水を経由して土壌に負荷される．このように土壌へ有害金属等が負荷された場合，視覚的に確認できなくても土壌-植物生態系への影響が懸念される．

■文　献

浅見輝男 (2001). 日本土壌の有害金属汚染, アグネ技術センター.
環境省水・大気環境局 (2008). 農用地土壌汚染防止法の実施状況について.
経済産業調査会 (2001). 鉱業便覧平成13年版.
久保田正亜 (1999). 道路わき粉じんおよび土壌のアンチモン汚染. 金属, **69**, 623-627.
町田博治 (2005). アンチモン. 工業レアメタル, **121**, 48-52.
根目澤卓男・太田寛行・久保田正亜 (2001). 日鉱金属佐賀関製錬所周辺土壌のアンチモンなど金属元素による汚染. 人間と環境, **27**, 115-120.

2.4　生物濃縮

2.4.1　土壌から植物への生物濃縮

すべての陸上植物と陸上動物は人間も含め，究極的に無機栄養分を供給してくれる土壌に依存している．植物は動かないことにより，この関係が直接的である．動物は自由に動き回ることができ，無機栄養分をさまざまなタイプの土壌や植物から得ることができる．つまり，植物は動物の大部分に対し鉱物を与える源泉となる．植物は土壌中に利用できる元素が不足すると，それに応じ生長が制限されたり，体組織中の元素の濃度が減少したり，両者が同時に起こる．

1) 植物中の微量元素

植物の微量元素含有量に影響を及ぼす因子は，①植物の属，種あるいは品質，②生育している土壌のタイプ，③気候あるいは季節的な条件，および④生育段階，の4項目による．これら変数が相対的にもつ影響の大きさは問題とする元素いかんによる（Underwood, 1975）．また，肥料や土壌改良剤，除草剤，殺虫剤を使うことによって大きな変化を受ける．さらに，特定の植物種が土壌から微量元素を吸収し，保持することに関して先天的にもっている能力は，交配や植物の自発的な選択によって変えることができる．

2) 土壌による吸着

病害虫防除の目的で植物・作物に散布したり，雑草駆除のため雑草および土壌に施用する農薬は，土壌中の粘土鉱物と有機質（腐植）に吸着される．粘土の表面は負に帯電しており，カチオン（陽イオン）を交換吸着するのは粘土鉱物の種類により異なる．バーミキュライト，モンモリロナイトでは大きく，イライトは中位で，カオリナイトでは小さい．パラコート，ジクワット，シマジン，シメトリン，アトラジンなどの除草剤および殺虫剤は分子中にプラス荷電の塩基性官能基をもち，粘土にイオン吸着しやすい．BHC，DDT などの有機塩素殺虫剤は粘土にはほとんど吸着しないが，静電気による疎水結合により有機質に吸着される（農林水産省農業環境技術研究所，1990）．

一般に粘土含量，有機質含量の高い土壌ほど農薬の吸着能が高い．砂壌土よりも重粘土や腐食に富む有機質土壌のほうが農薬をよく吸着する．農薬の土壌への吸着は次に示す2式の係数で比較される（2.3.2項も参照）．

$$土壌の吸着平衡係数\ K_d = \frac{化合物(\mu g)/土壌(g)}{化合物(\mu g)/水(g)}$$

$$土壌の吸着平衡定数\ K_{oc} = \frac{K_d \times 100}{土壌の有機炭素含量(\%)}$$

K_d 値は土壌の種類によって変動するが，K_{oc} 値は変動が小さい．これは非解離性農薬の土壌吸着では有機物への吸着が主であることを示している．したがって農薬の土壌吸着性を比較するには K_{oc} 値が用いられる．一般に水に溶けやすい化合物ほど土壌吸着されにくく（小さい K_{oc} 値）地中へ浸透しやすい．農薬の濃度に依存した土壌吸着を扱う場合，各濃度の農薬溶液に土壌を懸濁振とう，平衡後農薬量を測定し，吸着等温式に従い吸着定数を求める（2.3.2項参照）．

多くの農薬のいろいろな土壌への吸着はラングミュア吸着等温式が適当であり，異なる農薬の種々の土壌への吸着を比較するのにはフロイントリッヒ吸着等温式が適当となる．農薬の登録にあたっては，OECD（経済協力機構）ガイドラインが汎用されている．これは，予備試験（土壌と溶液の比率，吸着平衡に達する時間，安定性などの検討），スクリーニング（予備実験条件で5土壌を用いた1濃度の時間に対する吸着率のプロットの吸着試験による K_d および K_{oc} の検討），フロイントリッヒ吸着等温式の作成（土壌の単位重量あたりの吸着量の濃度に対するプロットによるフロイントリッヒ吸着定数 K_F の算出），脱着-脱着等温式を含んだものである．

3) 農薬の土壌における残留

植物へのダイオキシン類の移行は，大気および降下煤塵，土壌を経由して生じる．ダイオキシン類は，吸着による結合の強さから，土壌から植物への移行はわずかであり，植物にとって重要な汚染経路は大気からのもので，葉の気孔による吸収と，浮遊粒子や土壌侵食による葉表面への沈積と見積もられている．なお，蓄積の程度は，周囲の汚染度や植物特有のパラメーター（表面積，脂溶性クチクラ層厚）によって決められる（テイツ・ザイガー，2004）．

上述のように植物が本来，微量元素に対してもっている遺伝的な相違による集積と，土壌の状態に対応する能力はヒトも含めた動物に対して重要な影響をもつことになる．

■文　献
農林水産省農業環境技術研究所編（1990）．微量元素・化学物質と農業生態系，養賢堂．
テイツ，L.・ザイガー，E. 編（2004）．植物生理学，西谷和彦・島崎研一郎監訳，培風館．
Underwood, E. J. (1975). Trace Elements in Human and Animal Nutrition, 3 rd Edition（微量元素—栄養と毒性），日本化学会訳編，丸善．

2.4.2　野生動物の生物濃縮，バイオモニタリング

環境毒性学の上位目的の1つに，生態系の異常を検知し，そのメカニズムを解明することで，予防へとつなげることがある．生態系異常の代表は種の絶滅であるが，その前段階となる個体群の絶滅，中でも海生哺乳類や鳥類などの大量死事件は，その最たる現象といえる．このような異常は，メカニズムが未解明なもの

が多いが，汚染物質の関与が疑われるケースもある．人為由来の化学物質が直接毒性をもたらしたり，間接的にも正常な代謝を撹乱した場合，それは環境毒性が最も先鋭化した現象と位置づけられる．

とくに記憶されるべき教訓として，前世紀を象徴する負の遺産・公害事件において，ヒトが甚大な被害を受ける直前に，必ずといってよいほど野生動物の大量変死事件が発生している事実がある．わが国における鉱毒事件の筆頭である足尾鉱毒事件の嚆矢(こうし)は，1885年のアユ大量死事件であった．4大公害事件においてもイタイイタイ病や水俣病は，その発見以前に漁業被害が問題になり，カネミ油症事件でもダーク油事件と呼ばれるニワトリの大量死が発生している．これらの事実は，環境中へ放出された汚染物質が最も迅速に，生態系の最も脆弱な部分に作用することを示している．大量死事件など生態系の異常は，軽視してはならないシグナルとして鋭敏に感受する必要がある．

異常の検知には，化学物質の運命および相互作用といった要素が重要となる．毒性学では，まず各物質が体内のどの部分へ分布・濃縮するか把握する作業がもとめられる．環境毒性学においても，人間活動によって放出された化学物質が「どこ」にどれだけ分布濃縮するかの把握が重要となる．

環境科学が発見した重要な認識として「化学物質は生態系において偏存する．さらにその感受性，蓄積性にも種特異性が存在する」という事実がある．生物は約40億年の進化の過程で，じつに多様な分化を遂げてきた．生物多様性というキーワードは，環境問題を論ずる場においても重要な概念となる．実際に地球上の生物は温度や圧力といった物理的条件，また塩分濃度やpHといった化学的条件が多様に変化する環境に適応し，多様に分化している．それら適応の過程で，有害化学物質に対しても野生生物は，多様な応答のバリエーションを獲得していった．分析化学は，比較的早い段階で，生物群がそれぞれのグループに特徴的な元素分布を示すことを明らかにした．同時に，数種の生物が特定の化学物質を高レベルで蓄積する超蓄積現象も明らかにした．

動物が生息環境から化学物質を濃縮する現象は，①吸収，②蓄積，③排泄，の3要素のバランスに支配される（図2.18）．また，吸収においては生物利用能が，蓄積では排泄とも関連し生物学的半減期が重要となる．生物濃縮は生物側の諸条件と化学物質側の物理・化学的条件が大きく作用する．これら2つの条件は，上述の3要素の関係から決定されるが，注意すべき点は，「時間」の要素が加わることである（後述の「バイオモニタリング」参照）．

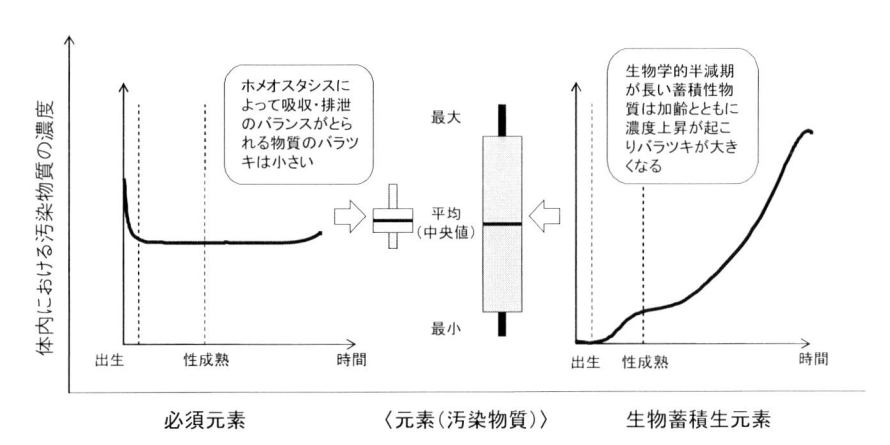

図 2.18 生物のライフサイクルと汚染物質レベルと変動（1）
野生生物が蓄積した汚染物質（微量元素）の濃度を評価するとき，生物学的半減期の長い蓄積性元素と必須元素でバラツキが異なる．それは，雌雄，成長段階にも影響される．

　一般に動物における化学物質の吸収は経口，経気，経皮の3ルートが考えられ，化学物質によって，取り込まれやすかったり，ほとんど吸収されないといった差異が生じる．この点を表す指標が生物利用能である．水銀は無機態であればヒトの消化管から7%程度が吸収されるが，メチル水銀ではほぼ100%となる．吸収経路による差異も生じ，金属水銀の経気摂取は肺で80%前後となる．しかし，職業的労働環境をもたない野生動物にとって，化学物質の吸収は，そのほとんどが経口摂取で行われる．

　上述した，特定の生物がある種の化学物質を高濃縮する現象は，吸収率が高い，排泄率が低い，もしくはその両方を有する，といった種特異性が考えられる．排泄率の低さは体内での保持時間で表され，ある物質が生体内から減少していくとき，最初の濃度が 1/2 になるまでの時間，つまり生物学的半減期が長いということになる．長期の滞留には特定の代謝系や，細胞内で結合するタンパク，受容体（レセプター）との親和性が影響する．生物濃縮を導く詳細なメカニズムは個々の化学物質や生物種によっても異なり未解明の現象が多いが，比較的寿命の短い野生動物で起きるとき，突出した生物利用能もしくは体内での保持能が高いことが考えられる．

バイオモニタリング

　野生生物を用いて環境をモニターする，もしくは野生生物自体やそれらが存在

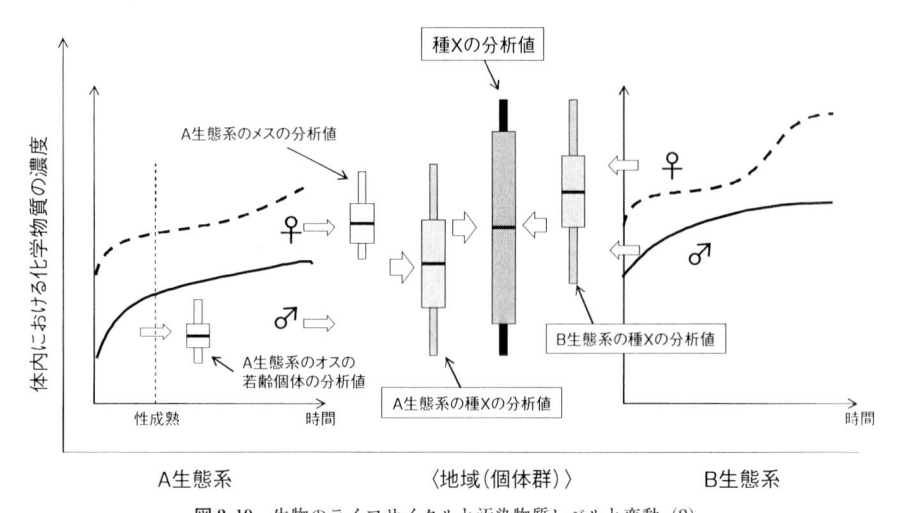

図 2.19 生物のライフサイクルと汚染物質レベルと変動（2）
野生生物（X）が蓄積した化学物質の濃度を評価するとき，種間差（蓄積特異性）の把握が重要となる．しかし，採取された環境試料はその一部となり，バラツキは成長段階＜（雌雄差がある場合＜）個体群＜種の順で大きくなるポテンシャルを有する．

する生態系の影響評価を行う際，バイオモニタリングはきわめて有効な手段となる．モニターする対象物質の生物蓄積性が高い場合，野生動物は生息環境や時間の積分器として機能するため，高精度の検出を容易にする．さらに，生物が有する緩衝能は，大きなバラツキを内包する生息環境の変動（大気の空間的・時間的変化や河川・潮流の影響，土壌のヘテロな分布など）を平均化する作用ももたらす．

しかし，野生動物を指標生物として使用する場合，得られた情報の解析には細心の注意を払う必要がある．第1には，上述の多様性を前提とした，種特異性（感受性と蓄積性）を把握することが必要となり，ついで同一種内における変動要因の把握が不可欠となる（図2.19）．ここで，とくに「時間」要因を考慮することが重要となる．生物はそのライフサイクルの中で，さまざまな生理・生態学的な変化を示す．中でも繁殖は全ての生物について最も影響を及ぼす要因の1つであり，化学物質のレベルに生育ステージによる変動や雌雄差を生じさせる．また，生態的な要因として，多くの高等動物にみられる渡りや移動，また気温と関係した食性の変化といった季節変動も留意する必要がある．毛や羽をもつ動物には換羽・換毛も影響を及ぼすことが知られ，水銀など硬組織に濃縮される物質の主要な排泄経路として機能する．同様に，体内の化学物質代謝に劇的な変化をも

たらす生理現象に脱皮や変態もあげられる．

　このような複雑さを考慮すると，野生動物を環境モニタリングの指標生物として用いることは，高精度のモニタリングを実施することと矛盾するようにとらえられるかもしれない．しかし，モニタリングを通じて守ろうとする生態系を正確に把握しなければ，効率的な対策も実施することができない．高次生物は，生物濃縮によってもたらされる現実の危機を，先鋭に被っている可能性が高い．一種の生命でもリスクから護ることは，生物多様性の保全において，食物網全体の保全につながることから，重要な意味をもちうる．

■文　献

Klaassen, C. D. 編 (2004). キャサレット＆ドール トキシコロジー第6版, 1374 pp, サイエンティスト社.

立川涼 (1995). 環境化学と私, 172 pp, 創風社.

立川涼 (2007). 21世紀を想う, 211 pp, 創風社.

田辺信介 (2000). 有機塩素化合物による海棲哺乳動物および鳥類の汚染. 環境科学会誌, 13, 239-247.

Tanabe, S. and Subramanian, A.(2006). Bioindiciatiors of POPs, 190 pp, Kyoto University Press.

渡邉泉・寳來佐和子・新井雄介ほか (2003). 2000年に栃木県で大量死したムクドリ *Sturnus cineraceus* の微量元素蓄積. 環境科学会誌, 16, 317-328.

渡邉泉・田辺信介 (2000). 野生動物を指標生物として用いた微量元素の環境モニタリング. ぶんせき, 2001, 9-13.

2.4.3　有機汚染物質の生物濃縮

　2009年まで人類が作り出した化学物質の総数は5,000万種を超える（CAS databases）．日々新たに作り出される化学物質の多くは，炭素を含む有機化合物である．私たちの体を構成するタンパク質や脂質，糖質なども生物起源の有機化合物（生体物質）であるが，人工の有機化合物の中には，生体物質とは特性の大きく異なる物質も存在する．とくにヒトや他の生物にとって問題となるのは，化学的に安定で環境中や生物体内において分解されにくく，一般に水よりも油脂に溶けやすい性質（脂溶性）をもつ物質群である．こうした物質は生体物質との親和性が高く，呼吸や摂餌（食事）などを通して容易に生物体内に取り込まれる．また，一度取り込まれると分解・排泄されにくいため長期にわたって生物に残留・蓄積する．さらに蓄積した物質が発がん性や変異原性，内分泌攪乱作用などを有する場合，生物に対する毒性影響が顕在化する可能性がある．近年そのよう

① bioconcentration

水中濃度 C_W — 呼吸による取込 → 生体中濃度 C_B

bioconcentration factor*
$$BCF = C_B/C_W$$

② biomagnification

餌中濃度 C_F — 摂餌による取込 → 生体中濃度 C_B

biomagnification factor*
$$BMF = C_B/C_F$$

③ bioaccumulation

水中濃度 C_W — 呼吸による取込
餌中濃度 — 摂餌による取込 → 生体中濃度 C_B

bioaccumulation factor*
$$BAF = C_B/C_W$$

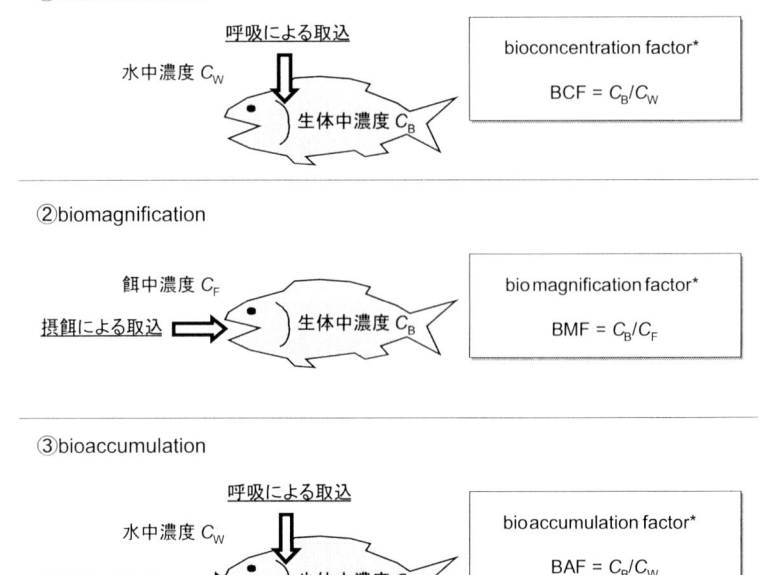

図 2.20 汚染物質の取込経路の違いによる生物濃縮の概念図
すべての濃縮係数（図内 *）は，平衡状態における生体中濃度と水中濃度あるいは餌中濃度の比に基づくものとする．

な物質の特性を，残留性（persistent）・生物蓄積性（bioaccumulative）・毒性（toxic）の頭文字をとって「PBT」と称し，同特性を有する物質の生産・使用の禁止・規制が進められている．2.1.2 項で述べられた PCBs や DDTs などの残留性有機汚染物質（POPs）は，PBT 特性を有する物質の代表であるが，最近では臭素系難燃剤のポリ臭素化ジフェニルエーテル類（PBDEs）なども新たな PBT 物質として注目されている．本項では有機汚染物質の生物濃縮に関する基本概念や定義を解説するとともに，代表的な POPs・PBT 物質について生物濃縮の具体例を紹介する．

「生物濃縮」という言葉は，対象物質の取込経路を意識せずに用いられることも多いが，厳密にはその取込経路によっていくつかの異なる概念・定義に分けられる．とくに水生生物への濃縮については，「呼吸による鰓・表皮経由での濃縮」と「摂餌による消化管経由での濃縮」に大別される．これらの濃縮は英語表記において，前者は① bioconcentration，後者は② biomagnification と区別される．

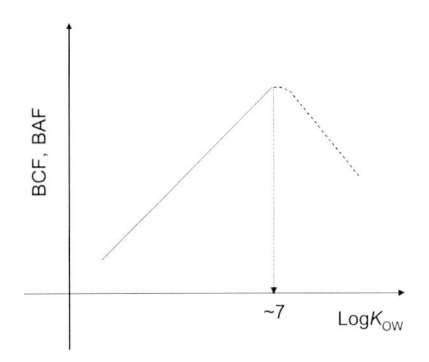

図 2.21 オクタノール−水分配係数 K_{ow} と生物濃縮係数（BCF, BAF）の相関概念図

一方，野外観測などでは生物への汚染物質の取込経路は厳密に特定できないことが多い．そのような場合の生物濃縮（取込経路が不明あるいは複数ある場合）は，③ bioaccumulation と定義される．図2.20 に①〜③の概念の違いを模式的に示す．さらに有機汚染物質の生体中濃度 C_B に対する水中濃度 C_W の比は，一般に「生物濃縮係数」と呼ばれるが，この値についても①の場合は bioconcentration factor（BCF），③の場合は bioaccumulation factor（BAF）と表記される．また，②の場合は，生体中濃度 C_B に対する餌中濃度 C_F の比（餌生物−捕食者間の濃度比）として biomagnification factor（BMF）が用いられる．

さらに有機汚染物質の生物蓄積性を理解・評価するためには，各物質のオクタノール−水分配係数 K_{ow} を把握することが重要である．K_{ow} は有機化合物の脂溶性の指標であり，POPs・PBT 物質の BCF や BAF は，各物質の $\log K_{ow}$ と正の相関を示す（図2.21）．ただし，K_{ow} の高い物質でも，分子サイズの大きなものは生体膜の通過が困難になる．したがって，生物濃縮係数と $\log K_{ow}$ が正の相関示すのは $\log K_{ow}$ でおおむね 7 以下の範囲であり，それ以上においては逆相関となることが指摘されている（Meylan et al., 1999）．

国連環境計画（UNEP）や日本，欧米の化学物質管理行政における生物蓄積性の基準は，$\log K_{ow}$ が 3.5〜5 以上，魚類における BCF，BAF が 1,000〜5,000 以上の物質とされている（Gobas et al., 2009）．代表的な POPs である PCBs は，その同族・異性体により $\log K_{ow}$ が異なるが，2 塩素化以上の同族・異性体の $\log K_{ow}$ は 5〜8 の範囲にある．また，DDTs（DDT およびその安定代謝物の DDE と DDD）の $\log K_{ow}$ は 6〜7 の範囲にあり，PCB 製剤中の主要同族・異性体もほぼ同様な値を示す．魚類における PCBs（PCB 製剤）や DDTs の生物濃

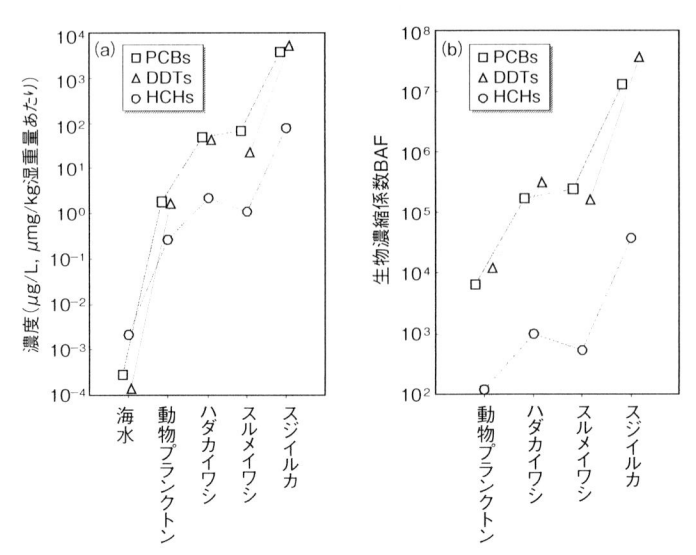

図 2.22 北太平洋西部の海洋食物網（海水-動物プランクトン-魚介類-スジイルカ）における PCBs, DDTs, HCHs の生物濃縮傾向 （Tanabe et al., 1984 の値をもとに筆者作図）

縮に関する研究から，それらの BCF, BAF はおおむね 10^5 前後であることが知られている．

　また PCBs や DDTs などは食物連鎖により，高次栄養段階の生物に高濃縮する．とくに海洋生態系の食物連鎖の頂点に位置する海生哺乳動物や大型海鳥類は，これら物質がきわめて高濃度に蓄積している (Tanabe et al., 1984；Fisk et al., 2001；Tanabe, 2002；Kelly et al., 2008)．たとえば，北太平洋西部に生息するスジイルカ体内の PCBs および DDTs の濃度は，それぞれ平均で 3,700 μg/kg および 5,200 μg/kg に達し，同海域の平均海水中濃度（PCBs：0.28 ng/L, DDTs：0.14 ng/L）の 1,300 万倍および 3,700 万倍まで濃縮されている (Tanabe et al., 1984)（図 2.22）．一方，PCBs や DDTs より脂溶性に乏しい HCHs（ヘキサクロロシクロヘキサン）のスジイルカにおける濃縮係数（BAF）は，4 万倍弱にとどまっている．また，スジイルカの餌生物であるハダカイワシやスルメイカに比べ，スジイルカ体内の PCBs や DDTs 濃度は 54〜231 倍に上昇している．一方，ハダカイワシやスルメイカ体内の PCBs や DDTs の濃度は，その餌生物と考えられる動物プランクトンに比べ，13〜48 倍の上昇にとどまっている．すなわち，食物連鎖を介したこれら物質の濃縮は，動物プランクトン-

魚介類間より，魚介類-イルカ間でより顕著に認められる（図2.22）．類似の傾向は，海生哺乳動物や海鳥類を含む北極圏の海洋食物網を対象とした調査研究においても観測されている（Fisk et al., 2001；Kelly et al., 2008）．その理由として，①魚介類は鰓を介した呼吸を行うため，餌から取り込まれた物質が鰓を通して海水に再分配されやすいこと，②哺乳動物や鳥類などの恒温動物は，魚介類などの変温動物に比べエネルギー消費が大きく，それゆえ餌の取込速度が大きいこと，などが指摘されている．

さらに食物連鎖によるPOPsなどの濃縮をより包括的に評価・解析するため，最近の研究ではtrophic magnification factor（TMF）やfood web magnification factor（FWMF）と呼ばれる濃縮係数が用いられている（Fisk et al., 2001；Kelly et al., 2008）．動物が摂食の際に取り込んだ窒素は，その同化過程において同位体分別が生じ，窒素の安定同位体比（$\delta^{15}N$）が規則的に上昇する．すなわち，食物網内の各生物種の$\delta^{15}N$を測定することでそれらの栄養段階（TL）を定量的に把握することができる．これまでの研究から$\delta^{15}N$値で3.4〜3.8‰の違いが，TLにして1の差に相当することが知られている．よって，動物プランクトン（1次捕食者）のTLを2と仮定することで，下記の式（1）より水圏食物網の捕食動物のTLを算出することができる．

$$TL_{捕食動物} = 2 + (\delta^{15}N_{捕食動物} - \delta^{15}N_{動物プランクトン})/3.4〜3.8 \quad (1)$$

また各生物種のTLが決まれば，対象物質の生体内濃度C_Bの観測データから，TLに対するLog C_Bの線形近似式（2）を求めることができる．

$$\text{Log } C_B = (m \times TL) + b \quad (2)$$

TMF（またはFWMF）は式（2）の傾きmの逆対数として求められる（TMF=10^m）．TMFが1より大きな値をとる場合，対象物質がその食物網において「濃縮」されると判断できる．図2.23に式（2）と観測データ，TMFの関係を示す．図2.23からTMFは，TLが1変化する場合にC_Bが何倍上昇（あるいは下降）するかを表す値であることがわかる．またBMFが餌生物-捕食者間の濃縮倍率を示すのに対し，TMFはある食物網の栄養段階全体に渡って平均的な濃縮倍率を示したものといえる．

Kelly et al.（2008）は，カナダ北極圏に生息する大型藻類，動物プランクトン，魚介類，鳥類，海生哺乳動物など計12種を対象に$\delta^{15}N$とPCBsおよびPBDEsを測定し，異性体ごとのTMFを算出している．その結果，PCBs（2.9〜11）に対し，PBDEs（0.7〜1.6）のTMFは全体的に低く，Log K_{ow}が

$$\log C_B = (m \times TL) + b$$

$$TMF = 10^m$$

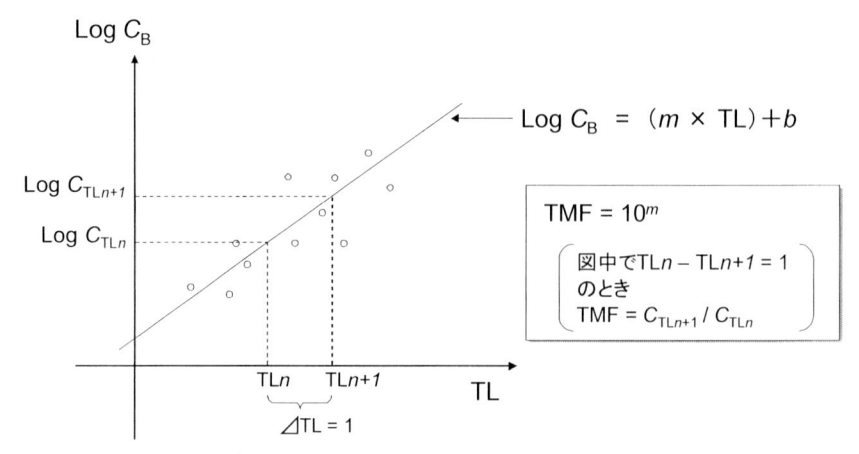

図中で $TL_n - TL_{n+1} = 1$ のとき
$TMF = C_{TL_{n+1}} / C_{TL_n}$

図 2.23 食物網を構成する各生物種の TL および CB の観測データ（図中の白丸）と式（2）および TMF の関係図

　近似した異性体間で比較しても，PBDE 異性体の TMF は PCB 異性体よりも概して低値であった．PBDEs は PCBs 同様，PBT 特性が認められるものの，PCBs に比べ生体内半減期が短く，代謝・分解されやすい物質であることが指摘されている．そのため，食物網全体でみると PBDEs は PCBs より濃縮されにくい傾向を示すと推察される．すなわち，食物網全体を通しての濃縮傾向は，各物質の物理化学的特性の違いだけではなく，生物体内での安定性や代謝特性によっても変化する．

　加えて POPs などに対する高等動物の代謝・分解能は種によって大きく異なることが指摘されている．とくに鯨類や海鳥類の一部は，他の高等動物に比べ PCBs やダイオキシン類を代謝する力が弱く，その毒性影響に関しても敏感である可能性が指摘されている（Tanabe, 2002）．生態系を構成する生物の種類や組成，食物網上の関係性などは，地域によって多様であるため，食物連鎖による汚染物質の濃縮傾向（や，その結果としての毒性影響の現れ方）も生態系ごとに異なると考えるべきである．今後より詳細に有機汚染物質の生態リスクを評価するには，物質側の要因だけではなく，生物による種特異的な代謝能の違いや生態系の種組成・食物網構造の特徴など，生理・生態学的な要因を考慮した動態解析が必要である．

■ 文　献

CAS databases. http://www.cas.org/
Fisk, A. T., Hobson, K. A. and Norstrom, R. J. (2001). Influence of chemical and biological factors on trophic transfer of persistent organic pollutants in the northwater polynya marine food web. *Environmental Science and Technology*, 35, 732-738.
Gobas, F. A. P. C., de Wolf, W., Burkhard, L. P., et al. (2009) Revisiting bioaccumulation criteria for POPs and PBT assessments. *Integrated Environmental Assessment and Management*, 5, 624-637.
Kelly, B., Ikonomou, M., Blair, J. et al. (2008). Bioaccumulation behaviour of polybrominated diphenyl ethers (PBDEs) in a Canadian Arctic marine food web. *The Science of the Total Environment*, 401, 60-72.
Meylan, W. M., Howard, P. H., Boethling, R. S. et al. (1999). Improved method for estimating bioconcentration/bioaccumulation factor from octanol/water partition coefficient. *Environmental Toxicology and Chemistry*, 18, 664-672.
Tanabe, S. (2002). Contamination and toxic effects of persistent endocrine disrupters in marine mammals and birds. *Marine Pollution Bulletin*, 45, 69-77.
Tanabe, S., Tanaka, H. and Tatsukawa, R. (1984). Polychlorobiphenyls, ΣDDT and hexachlorocyclohexane isomers in the Western North Pacific ecosystem. *Archives of Environmental Contamination and Toxicology*, 13, 731-738.

2.5　起源推定

2.5.1　分布パターン：汚染源と平面的・立体的分布の特徴

1）有機汚染物質

環境中から検出される有機汚染物質は数多いが，その中でとくに問題となる物質は，毒性が強く，体内に侵入しやすく，そこに長くとどまるような物質であろう．そのような性質をもつ化学物質の代表に残留性有機汚染物質（POPs）があげられる．それらは環境中で「分解されにくく」，「生物蓄積性が高く」，「強い毒性をもち」，加えて「長距離移動性がある」ことから，大きな社会的・学術的関心を集めてきた．

12種類あるPOPs（図2.24）の中で，ダイオキシン類とフラン類を除く10物質は，おもに農業用途や工業用途で利用された．陸上で利用されたこれら物質は直接（農業用途）または間接的（工業用途）に水圏へ流入し，最終的には沿岸域を汚染する．アジア地域沿岸部のPOPsによる水質汚染を，二枚貝イガイを指標生物とした調査が行われた．イガイとは，海岸の岩場や岸壁に付着している黒色

(a) おもに殺虫剤として使用

DDT　　アルドリン　　ディルドリン＆エンドリン

クロルデン　　ヘプタクロル　　マイレックス　　トキサフェン

(b) おもに工業用で使用

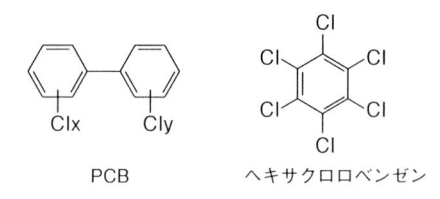

PCB　　ヘキサクロロベンゼン

(c) 非意図的な生成物（不純物）

PCDD　　PCDF

図 2.24　POPs の化学構造

の二枚貝である．イガイは世界中に分布しており，水中の汚染物質を濃縮蓄積する性質をもつため，沿岸の水質汚染の調査に利用される．イガイをアジア沿岸域からひろく採取し，体内に濃縮された POPs を定量した結果を図 2.25 に示す．アジア地域沿岸部におけるイガイの PCBs 汚染をみると，日本やロシアで高い濃度が検出され，熱帯・亜熱帯地域では低い値であった．1970 年代頃まで，POPs の生産と利用は先進諸国に集中しており，とくに PCB は工業用途（電気機器や熱媒体など）に利用されたため，日本やロシアのような工業国で汚染レベルが高い．日本では PCBs の使用が禁止されてから 40 年が経過しているにもかかわら

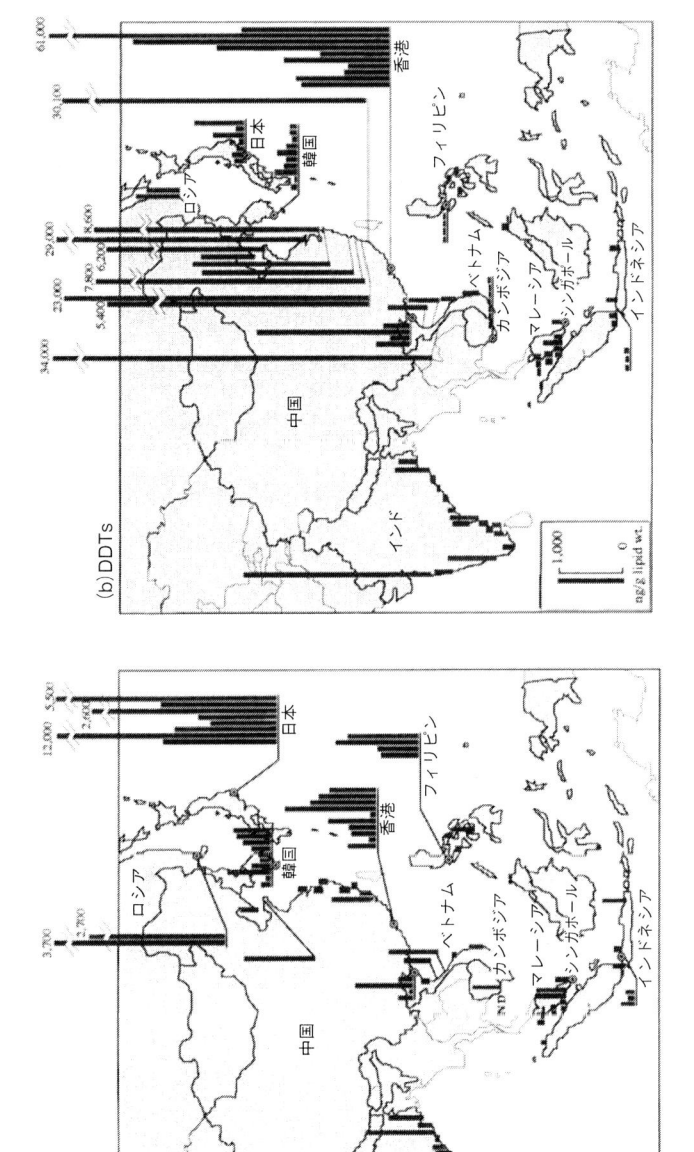

図 2.25 アジア地域沿岸部における二枚貝イガイの POPs 汚染（Monirith et al. 2003）

ず，環境中の汚染レベルの低下は緩やかであるが，PCB を使用した大型電気機（コンデンサーなど）が現在も処理できずに保管されており，それらから環境への流出が続いていることがその原因であると考えられている．一方で，イガイの DDTs 汚染の分布をみると PCBs とは異なり，熱帯・亜熱帯地域で高く，日本では低い．DDT は日本でも殺虫剤として多用されたが，1970 年代に製造・使用が禁止されている．一方で DDT は，現在も熱帯・亜熱帯地域のマラリア防除用として利用されている．それらが環境中に残留しているため，このようなパターンとなることが報告されている．

(1) 地球規模での拡散

POPs が環境中で分解されにくく，沿岸域を汚染していることを前述した．では，各国の沿岸域を汚染した POPs は，最終的にどうなるのだろうか？　その疑問に答えるためには，POPs のもつ 4 つの性質の中でも，とくにほかの化学物質と性質を異にしている「長距離輸送」という性質について考察する必要がある．POPs の環境挙動は，それらの使用を規制している先進諸国が多い寒帯〜温帯域と，現在も使用している途上国の多い熱帯域で異なる．例としてインドにおける農薬の環境挙動をあげる（図 2.26）．これはインドの水田に殺虫剤であるヘキサクロロシクロヘキサン（HCH）を散布し，それらがどのように大気や水へ移動していくかを調査したものである（Tanabe et al., 1991）．インドでは平均気温が

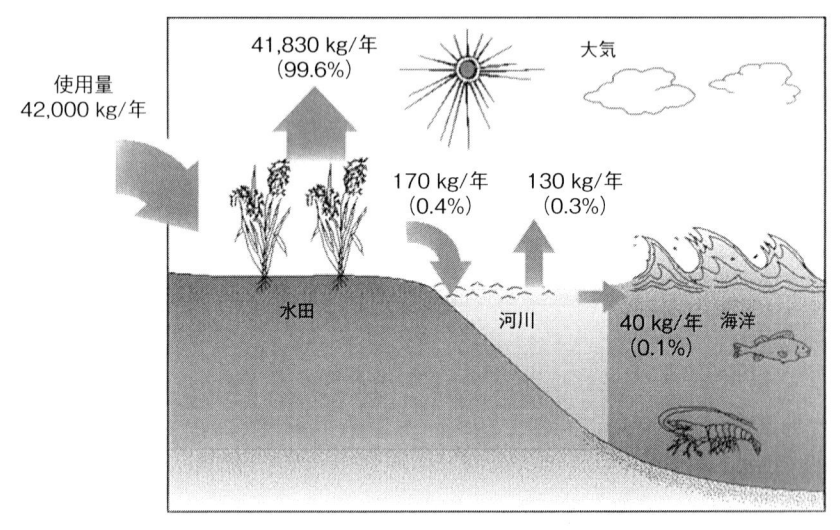

図 2.26　南インドの水田地帯における農薬 HCH のゆくえ（Tanabe et al., 1991）

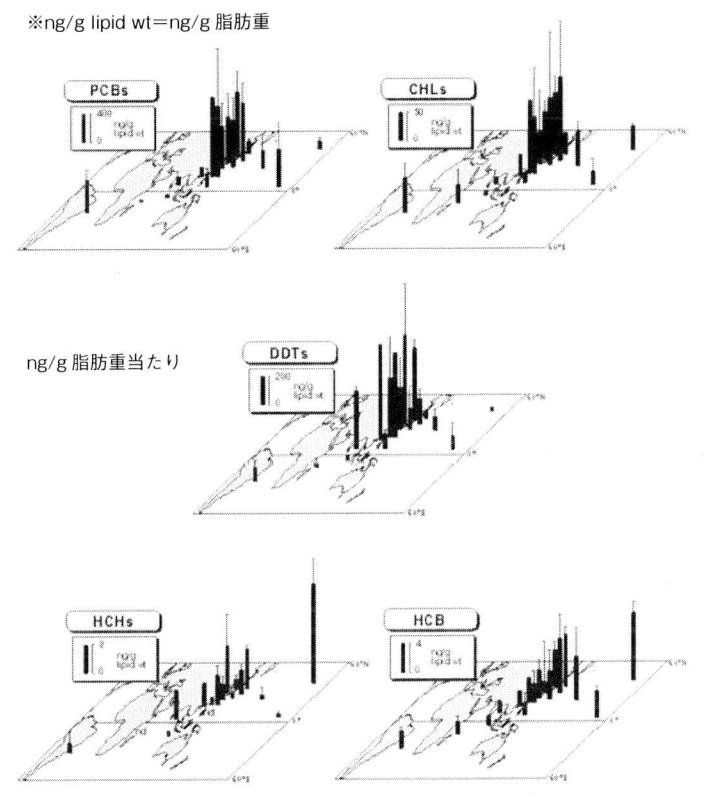

図 2.27 アジア海域におけるカツオの POPs 汚染分布と長距離輸送の様子（Ueno et al., 2003）

30℃くらいあるため，水田に散布した HCH の 99％は蒸発して大気に移行している．では大気に蒸発したこれら物質はどうなるのか？ 次に POPs の地球規模での拡散の例として，外洋域から採取されたカツオの調査を示す（図 2.27）．カツオは世界中の温帯〜寒帯の外洋域に分布する魚種であり，地球規模の海洋汚染を調査する際に有効な指標生物として利用される．世界中の外洋域からカツオを採取し，カツオに生物濃縮された POPs 濃度を定量した結果，POPs を使用したことのない太平洋中央部で採取されたカツオからも高い頻度で検出され，とくに PCB は 100％の検出率であった．また POPs の中で長距離輸送されやすいヘキサクロロシクロヘキサン（HCHs）やヘキサクロロベンゼン（HCB）は，現在も使用している低緯度〜中緯度地域よりこれら物質の使用履歴がない北方海域において高い濃度で検出された．大気による化学物質の拡散はきわめて速く，気流に乗

るとすみやかに地球規模で広がっていく．低緯度地域で使用されたPOPsは高い気温によりすみやかに蒸発し，それらは大気によって長距離輸送され，寒冷な北方海域に濃縮されたことを示している．このような大気輸送の結果，製造・使用したことがない地域でも汚染が検出されることになる．長距離移動されたPOPsは，その地域の食品を汚染し，食品を通じてヒトに蓄積する．アラスカでは，POPsを一度も使ったことがない地域に住むイヌイットの血液や母乳からPOPsが検出されている．また北極のシロクマや深海魚からも100％検出される．現在の地球上の生物でPOPsの汚染を受けていない生物はいない．

■文　献

Monirith, I., Ueno, D., Takahashi, S. et al. (2003). Asia-Pacific mussel watch：Monitoring contamination of persistent organochlorine compounds in coastal waters of Asian countries. *Marine Pollution Bulletin*, 46, 281-300.

Tanabe, S., Ramesha, A., Sakashita, D. et al. (1991). Fate of HCH (BHC) in tropical paddy field：Application test in South India. *International Journal of Environmental Analytical Chemistry*, 45, 45-53.

Ueno, D., Takahashi, S., Tanaka, H. et al. (2003). Global pollution monitoring of PCBs and organochlorine pesticides using skipjack tuna as a bioindicator. *Archives of Environmental Contamination and Toxicology*, 45, 378-389.

2）重金属等
(1) 重金属汚染の発生源

環境汚染・公害史をひもとくと，それは重金属汚染の歴史とさえいえる．ローマ帝国滅亡と鉛による健康被害，奈良の大仏建立と労働者の水銀中毒など，重金属汚染と人間活動の関係は古代から存在したと推測され，産業革命以後それはイタイイタイ病や水俣病に象徴される公害病で頂点に達した（飯村，1991）．この問題で典型的な有害元素には，クロムCr，ニッケルNi，銅Cu，亜鉛Zn，ヒ素As，銀Ag，カドミウムCd，アンチモンSb，水銀Hg，鉛Pb，ビスマスBiなどがあげられる（Asは非金属元素であるが，有害性や環境中挙動の観点から本書ではまとめて重金属等とする）．工業製品にあふれた現代生活は，これら重金属類に囲まれている．今，本稿を執筆するために使われているパソコンや，携帯電話など電気製品の基盤の多くはPbを含むハンダが用いられ，カーテンや絨毯，車のブレーキシューには難燃剤としてSbが含まれる．タイヤ，塗料，プラスチック製品なども，目的の性状を達成するためZn，Cd，Crなどが添加され

ている．したがってその摩耗や焼却，溶出など不適切な処理は汚染を招く．

重金属等は土壌粒子と強い吸着性を有し，微生物分解も受けないため，大気や水質の汚染とは異なり残留性の汚染を生ずる．したがって，その分布パターンは環境汚染の実態を強く特徴づける．土壌や底質における汚染組成や濃度分布を把握することは起源推定にもきわめて有効で，排出後の挙動評価に関して多くの情報を与えうる．一般に，汚染源周辺の土壌を分析すると，重金属濃度は大気経由の場合，起源周辺で高濃度を示し，水経由の場合は流下に従い低下する．また，土壌への高い吸着性を反映して，表層から10 cm程度までに汚染が集中する．逆にそれより深くまで汚染がある場合，より長期にわたる曝露，工事や埋め立てなどの人為的な上下混合，もしくは土壌pHや金属元素の形態の特異性などの因子が存在すると推測される．

重金属等の放出源は，工場や鉱山などの固定発生源と，自動車，鉄道，飛行機，船舶などの移動発生源のほか，家庭雑廃水，畜産排泄物，かつては農薬など広範囲・非特定の起源から放出される面的発生源に分けられる．固定発生源および移動発生源は重金属等の典型的な放出源である（2.5.2および2.5.3項）．畜産に伴う放出では，飼料にCuやZnを添加し発育を促進するために，豚糞・鶏糞堆肥の使用が農地土壌の汚染を招く（浜田，1990）．また1970年代ごろまでは，HgやAsを含む農薬が多量に使用されたため，現在も水田土壌でバックグラウンドレベル以上の濃度が認められる（浅見，2001）．茶畑などで多量に施肥される化学肥料に含まれるアンモニア態窒素は，地下水や湖沼の硝酸態窒素汚染と酸性化の要因であることが知られるが，それに伴い土壌中の金属の挙動に対する影響も懸念されている（田中ほか，2000）．

(2) 柱状堆積物中重金属濃度が示唆する汚染の歴史

沿岸から数km以内の海域堆積物（底質）には，陸地に由来したさまざまな物質が含まれる．重金属元素は，河口域で海水と触れると塩析作用によって沈降し（スキャベンジング効果，2.2.3項参照），堆積物中に蓄積されやすい．沿岸域で底質を柱状に採取し年代測定を行えば，含まれる重金属濃度が当時の汚染状況を再現する．東京湾底質中には高度成長期における濃度上昇が認められ（Sakata et al., 2008），大阪城外堀では旧日本軍の兵器工場が隣接したため，日露戦争（1904～1905）の頃よりCu，Pb濃度が急上昇し，太平洋戦争（～1945）期に最高濃度を示すという明瞭なトレンドが存在する（山崎，2002a）．琵琶湖の底質では，Hg濃度のピークが1960年頃にみられる一方で，ZnやPbは1970年頃に最

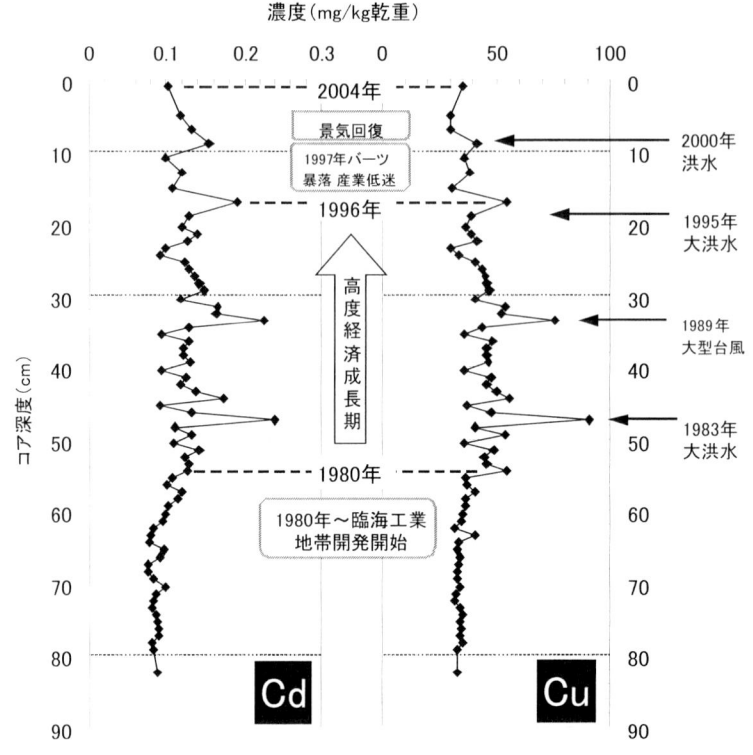

図2.28 タイ湾コアにおけるCd，Cu濃度の鉛直分布とタイ経済および洪水発生の関係（Ozaki et al., 2010）

高レベルを示す（山崎，2002b；山崎ほか，2005）．とくにHgは，イネのいもち病対策として多量に散布された酢酸フェニル水銀含有農薬の流入が考えられ，濃度のピークは生産量が最大となった1960年代に合致した．一方ZnやPbの濃度変遷は，高度成長期における汚染を反映したものと推測されている．

近年，急速な経済成長に伴う環境負荷の増大が懸念されるアジア地域でも，底質中重金属濃度と人間活動の関係が明らかとされつつある．タイ・バンコク湾沿岸では，臨海工業地帯の開発（1980年～）後，1990年代半ばまでの高度経済成長期に汚染が拡大したこと，台風や大規模な洪水に伴って多量の汚染物質が輸送されたことを示唆するデータが得られている（Ozaki et al., 2010；図2.28）．このことから，環境問題は人為活動の存在が自然生態系を撹乱するといった単純な構図でなく，政治・経済的背景が密接に関与することが示される．そして，汚染

の歴史変遷を明らかにすることは，将来の汚染状況を予測して，規制対象物質の選定や効果的な環境汚染対策の構築にあたって有効となる．

2.5.2 固定発生源：排水と大気

人間活動に伴う環境汚染物質の放出は，歴史的にみても，工場や鉱山など大規模な固定発生源（ポイントソース）が大きく寄与してきた．いわゆる4大公害病は，いずれも工場や鉱山が原因となり，富山，新潟，水俣では重金属汚染が深刻な環境破壊と健康被害をもたらした．

1）水域汚染による拡散

環境中に放出された汚染物質は，直接，または大気を経て間接的に水域へ入り，河川，湖沼，沿岸の底質に沈着する．固定発生源から河川に直接負荷が生じると，流下に伴い希釈が生じ，汚染レベルは距離に伴い指数関数的に低下する．沿岸海域に放出されると水の動きに従って，扇形状の濃度分布を示す．とくに重金属等は粒子吸着性が高いことから，距離減衰は顕著である．また，東南アジアでの最近の調査では，廃水沈殿物＞運河底質＞河川底質＞沿岸底質というように，人間活動とのかかわりが強いほど高濃度となる傾向が認められている（Ozaki et al., 2010）．

重金属等の輸送が河川を経由する場合，濃度の距離的減衰に加え，輸送媒体となる粒子が滞留する場所で再び汚染が現れやすいことにも注意を要する．そして，発生源からの遠隔性のゆえ要因解明は困難さを増す．足尾銅山鉱毒事件において，谷中村（現在の渡良瀬遊水地）で発生した被害はその一例といえよう．

2）大気経由の汚染輸送：その時空間的分布と起源推定

産業廃棄物の焼却処理場周辺にサンプラーを一定期間設置し，乾性および湿性大気降下物の重金属含有量を測定すると，人為汚染性元素の降下量（$kg/km^2/month$）はほぼ同心円状に分布した．いずれの元素も降下量は明瞭に距離減衰するが，CrやNiに比べ原子量の大きいAg, Cd, Pbは減衰率が大きいことから，処理場近傍で沈着しやすいと推測される．以上の傾向は降下量だけでなく，土壌中の濃度についても明確であった．同様に，亜鉛精錬所周辺で採取した道路脇粉塵中 Cu, Zn, Pb 濃度は距離に応じて指数関数的に減少した（図2.29）．加えて，これら汚染元素相互間では濃度に有意な正の相関が認められ（Spearmanの

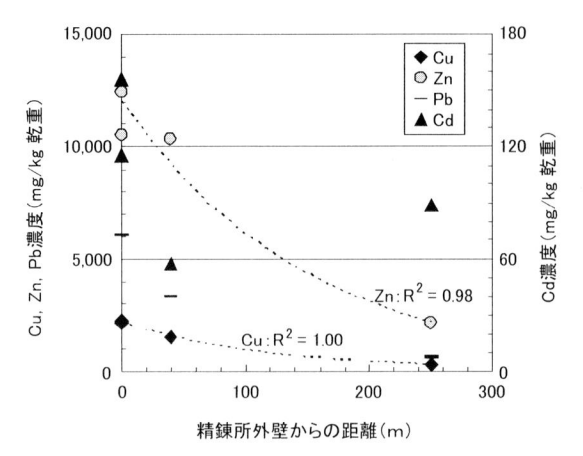

図 2.29 亜鉛精錬所周辺で採取した道路脇粉塵中 Cu, Zn, Cd, Pb 濃度の距離別分布（尾崎ほか，未発表）Cu と Zn については指数近似曲線と決定係数を示す．

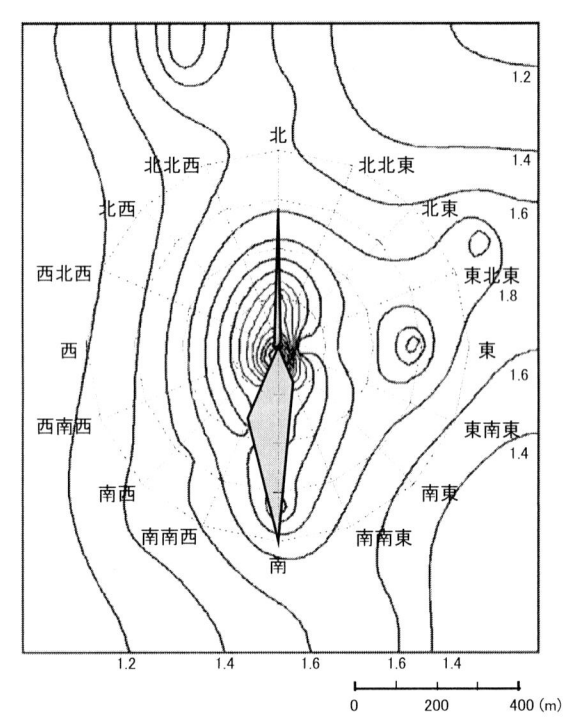

図 2.30 産業廃棄物焼却処理場周辺における全 Pb 降下量（曲線および数値：単位は kg/km^2/month）と最大風速の出現頻度（網掛多角形の突出方向が風下側を示し，同心正十六角形ごとに 10 回の頻度）の関係（尾崎ほか，2007）

順位相関検定，$p<0.05$），共通する特定起源の関与が裏づけられた（尾崎ほか，2007）．

大気経由の汚染拡散は，気象条件の関与が見逃せない．上述の産業廃棄物焼却場周辺で，重金属降下量は北風の多い冬季は南方で多く，降下量の距離減衰や相関もより明瞭となった（図 2.30）．最大風速の風向出現頻度も重要であり，上記において，"ほぼ"同心円状となったのはこのためである．また，平均風速より最大風速が降下分布に関与したことは，重金属類を吸着した微小粒子がある一定以上の風速で大気輸送されやすいという拡散メカニズムをうかがわせた．一方 Al, Mn, Fe, Co は，距離減衰や風向・風力との関係はみられなかったが，降水量が増加する時期に降下量が減少した．すなわち，これら土壌に多く含まれる元素は，巻き上がりによる寄与が大きく，人為汚染が存在してもその影響は現れにくいと考えられた（尾崎ほか，2007）．このように，各元素の性質の違いと負荷パターンの関連を検討することは，対策構築や汚染の未然防止のために有用となる．

2.5.3 移動発生源

人間活動の強度が増大し，その多様化と広範化が進んだ今日，交通機関すなわち「移動発生源」が汚染起源として大きく寄与している．固定発生源による環境汚染は，特定の場所における特定の要因を起源とするため比較的対策を立てやすい一方で，移動発生源はそれらが当てはまらないことから，対策手法の確立が容易でなく，現代社会における主要な課題のひとつとなっている．

1) 移動発生源の筆頭：自動車走行

所得の増大とそれに伴う社会構造の変化は自動車交通への依存度を上昇させ，今や自動車走行は移動発生源の筆頭である．自動車の排出ガスは，炭化水素類や窒素酸化物のほか温室効果ガス（CO_2 ほか）など多岐にわたるが，個別規制は進んでも総量規制による抜本対策には至っていない．

かつて，有鉛ガソリン（日本は 1980 年代後半まで使用，アジア諸国の多くは 2000 年頃まで）やスパイクタイヤ（日本の積雪地域で 1990 年頃まで）の使用に伴う大気汚染が社会問題化した．これらはいずれも金属元素が関与し，重金属汚染は自動車走行による典型的な問題といえた．現在でも，自動車走行による影響は街路植物の樹皮や葉面（白石ほか，2002），道路脇土壌，粉塵（道路塵埃），側溝中堆積物において見出され（浅見，2001），Cr, Ni, Cu, Zn, Cd, Sb, Pb な

どが非汚染地と比べて有意に高濃度を示す．さらに，その濃度は交通量と相関し，道路からの距離に対しては逆相関の分布を示す（浅見，2001）．この現象は，タイヤやブレーキシュー，道路表示（とくに黄色ペイント）の摩耗（Weckwerth et al., 2001；Davis et al., 2001；Ozaki et al., 2004a；Councell et al., 2004など），タイヤ軸からの鉛製ホイールバランスウェイトの脱落（Root, 2000）などが発生源であると疑われている．

2) 人気山域のオーバーユースと自動車走行による重金属汚染

近年，余暇の増大や中高年層の登山ブームに伴って，特定の時期かつ特定の有名山域に多数の利用者が集中し，植生の撹乱や河川水の汚濁などを引き起こす，過剰利用（オーバーユース）問題が顕在化している．中部山岳国立公園上高地や尾瀬国立公園など，この問題の多くは道路開設により容易なアプローチが可能となった景勝地で発生し，自動車の走行そのものによる環境汚染も認められる．

駐車場や交互通行の信号待ち地点，交差点など多数の自動車が停車・発車を繰り返す地点では，道路脇の土壌や堆積粉塵において重金属濃度が都市部と同レベ

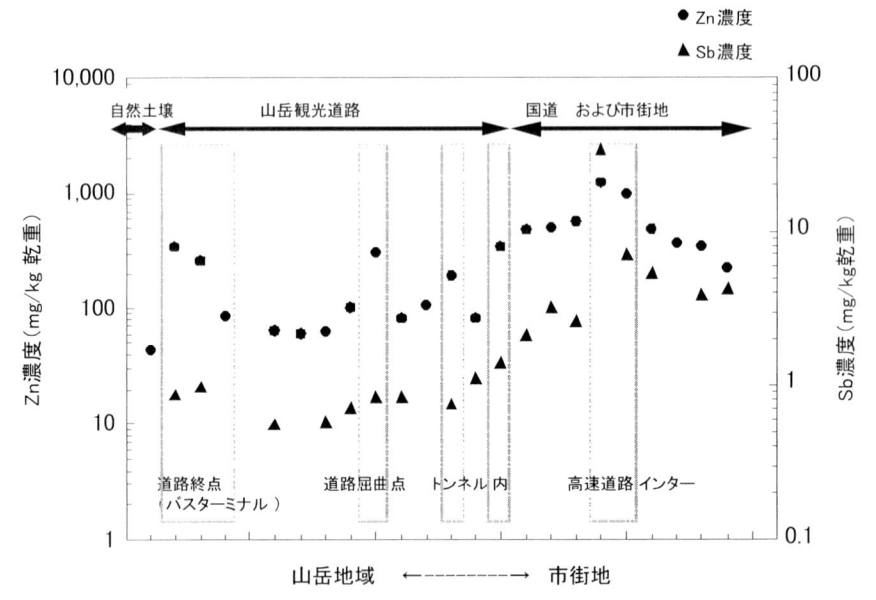

図 2.31　山岳地域から都市部において採取した道路脇土壌・堆積粉塵における Zn および Sb 濃度の地域分布（尾崎ほか，2002；Ozaki et al, 2004b から作成）

ル（自然界値の数〜数十倍）に達している．こうした地理的変動に加えて，観光シーズンの交通量増加と冬季の道路閉鎖に伴う汚染レベルの季節変動も認められる．

このように，移動発生源に起因する環境汚染は，起源自体が移動するという本質的特徴のゆえ，都市部に限らず発生する．一方で，固定発生源と比較して規模が小さい，それ自体が汚染を放出しながら移動するため拡散が生じる，同時に他の要因ともオーバーラップしやすいなどの特徴があるため，明確な影響を把握し起源を推定することが困難な場合も少なくない．しかし，山岳地域では都市部よりも発生源が限定されるため，特定起源の汚染がシャープに現れる（尾崎ほか，2002；渡邉ほか，2002；Ozaki et al., 2004b；図 2.31）．このことは，大気エアロゾルの山岳観測（土器屋ほか，2001）と同様に，山地をターゲットとしたモニタリングが環境科学研究の有力な手法となることを示唆している．

3) 鉄道，航空機による重金属汚染

鉄道は環境負荷の少ない公共交通機関といわれている．しかし文字通り，金属のレールと金属の車輪の摩耗や欠損による汚染が懸念される．波状摩耗やひび割れは代表的なレール劣化例であり，対策として表面の削正が行われる（石田，2008）．在来線車両は，約 25 万 km の走行でおおむね 1〜3 mm ほど車輪が摩耗するとの報告もされている（斉藤ほか，2006）．線路脇堆積粉塵の重金属測定例はきわめて少ないが，道路脇粉塵と同レベルの重金属の検出，列車運行本数に伴う濃度上昇や線路からの距離減衰が認められている（渡邉ほか，2010）．

航空機による重金属汚染の存在も疑われる．空港付近で採取した堆積粉塵の重金属濃度は一般の道路脇粉塵よりも数〜十数倍の高レベルに達し，とくに Pb で高い値が認められた（尾崎ほか，2009）．自動車と同じピストンエンジンを搭載する軽飛行機や小型ヘリコプターは，大型機のジェットエンジンとは異なって，現在も有鉛ガソリンを使用する．燃料のほかにも，航空機の離発着は強いエンジン負荷を有し，その際に車輪やブレーキ材の摩耗が強いことは容易に想像され，今後，汚染分布を詳細に解析していくことが求められる．

これまでの調査の結果，移動発生源であれ固定発生源であれ，重金属汚染問題において代表的な元素には Cr, Ni, Cu, Zn, Ag, Cd, Sb, Hg, Pb, Bi があげられ，とくに Cu 以降は汚染傾向が明瞭である．したがって，重金属汚染に関してはこれら元素の分布を把握することが，起源推定を行ううえでの基本となろう．

■文　献

浅見輝男（2001）．データで示す日本土壌の有害金属汚染，402 pp，アグネ技術センター．
Councell, T. B., Duckenfield, K. U., Landa, E. R. et al. (2004). Tire-wear particles as a source of zinc to the environment. *Environmental Science and Technology*, **38** (15), 4206-4214.
Davis, A. P., Shokouhian, M. and Ni, S. (2001). Loading estimates of lead, copper, cadmium, and zinc in urban runoff from specific sources. *Chemosphere*, **44**, 997-1009.
土器屋由紀子・岩坂泰信・長田和雄ほか編（2001）．山の大気環境科学，185 pp，養賢堂．
浜田龍夫（1990）．家畜系における微量要素（特に銅）の動態と意義．*In* 微量元素・化学物質と農業生態系，農林水産省農業環境技術研究所編，pp. 234-251，養賢堂．
飯村康二（1991）．重金属汚染の歴史．*In* 土壌の有害金属汚染，日本土壌肥料学会編，pp. 7-42，博友社．
石田誠（2008）．レールの疲労．*Railway Research Review*, **65** (4), 18-21.
尾崎宏和・前畑亜希子・稲田征治ほか（2009）．有害金属移動発生源としての自動車・鉄道・航空機．日本環境学会研究発表会予稿集，**35**，226-229．
Ozaki, H., Segawa, S., Hasebe, Y. et al. (2010). Heavy metal pollution and its long-term trends in Southeast Asian sediments. *In* Southeast Asian Water Environment, Fukushi, K., Kurisu, F., Oguma, K. et al. eds., pp.199-206, IWA Publishing.
尾崎宏和・渡邉泉・久野勝治（2002）．中部山岳国立公園上高地周辺における沿道土壌の重金属濃度の地理的分布および季節変動．環境化学，**12** (3), 571-583．
Ozaki, H., Watanabe, I. and Kuno, K. (2004a). Investigation of the heavy metal sources in relation to automobiles. *Water, Air, and Soil Pollution*, **157** (1), 209-223.
Ozaki, H., Watanabe, I. and Kuno, K. (2004b). As, Sb and Hg pollution in the roadside soils and dusts around Kamikochi, Chubu Sangaku National Park, Japan. *Geochemical Journal*, **38**, 473-484.
尾崎宏和・渡邉泉・依田昌晃ほか（2007）．所沢周辺地域における産業廃棄物焼却当時の重金属汚染実態．人間と環境，**33** (3), 103-114．
Root, R. A. (2000).Lead loading of urban streets by motor vehicle wheel weights. *Environmental Health Perspectives*, **108** (10), 937-940.
斉藤憲司・佐藤栄作・下村隆行ほか（2006）．新系列車両の車輪踏面摩耗特性．日本機械学会鉄道技術連合シンポジウム講演論文集，**13**，215-218．
Sakata, M., Tani, Y. and Takagi, T. (2008).Wet and dry deposition fluxes of trace elements in Tokyo Bay. *Atmospheric Environment*, **42**, 5913-5922.
白石さやか・渡邉泉・久野勝治（2002）．東京都内の主要道路における道路粉塵，街路土壌および街路樹葉の重金属蓄積．環境化学，**12** (4), 829-837．
田中豊朗・伊博行・平田健正ほか（2000）．茶畑への施肥と地下水の重金属汚染について．地下水・土壌汚染とその防止対策に関する研究集会講演集，**7**，293-294．
渡邉泉・前畑亜希子・尾崎宏和ほか（2002）．日光国立公園尾瀬周辺における道路粉塵の重金属濃度とその地理的分布および季節変動―1999年の調査．環境科学会誌，**15** (2), 113-125．
渡邉泉・義田真之・尾崎宏和ほか（2010）．日本の都市部における鉄道沿線の粉塵および表層土壌の微量元素レベル．人間と環境，**36**，19-29．
Weckwerth, G. (2001).Verification of traffic emitted aerosol components in the ambient air of Cologne. *Atmospheric Environment*, **35** (32), 5525-5536.
山崎秀夫（2002a）．大阪城濠堆積物に記録されていた江戸時代の水銀汚染の歴史．ぶんせき，

10, 589-590.

山崎秀夫・佐藤照吾・水野健ほか（2005）．湖沼の柱状堆積物試料から見た日本の重金属汚染トレンド．環境化学討論会講演要旨集，14, 156-157.

2.5.4 分子マーカー：分子組成と起源推定

化学物質の環境負荷を低減するには，汚染源と発生メカニズムを明らかにすることが重要である．本章では，PAH と PCB を対象に，環境試料の分析値から発生源の推定を試みた研究を紹介する．

1) PAH

PAH は 2～6 個程度の芳香環が結合した化学構造を基本とし，石油等の化石燃料に多く含まれ，直接，あるいはそれらの燃焼により間接的に環境中へ放出される．PAH の発生源が，石油（petrogenic）または燃焼（pyrogenic）のどちらかを推定するには，PAH 成分の組成割合に着目する手法が一般的である．たとえば，底質などからメチル基が付加した PAH 成分の濃度比率が高く検出された場所では，過去に原油やガソリン，ディーゼル油などの石油起源の汚染を受けた可能性がある．これは未燃焼の化石燃料にアルキル PAH が多く含まれているためで，逆にアルキル PAH の濃度が低い場所では，この種の影響は小規模といえる．

Zakaria et al.（2002）は，1996～2000 年に東京湾とマレーシア沿岸で採集した底質試料の PAH 濃度を測定した．その結果，アルキル PAH の一種であるメチルフェナントレン（MP）とフェナントレン（P）の濃度比（MP/P）は，東京湾試料が 0.85±0.24 であるのに対し，マレーシアの試料は 2.2±1.6 と 2 倍以上も異なることを報告した．同様の傾向は，フルオランテンやクリセンとそれらのアルキル化体の濃度比でも確認され，このことから東京湾は燃焼由来，マレーシア沿岸は石油由来の異なる発生源の影響を受けていると指摘した．

PAH 発生源の推定は，ほかの分子組成でも試みられている．たとえば，底質中のフルオランテンとピレン，インデノ［1,2,3-cd］ペリレンとベンゾ［ghi］ペリレンの濃度比がそれぞれ 1.0 以上あるとき，PAH の発生源は燃焼由来と考えられている（Sincre et al., 1987）．また，フェナントレンとアントラテンの濃度比が 10 以下の場合も，燃焼に由来した発生源の存在が指摘されている（Baumard et al., 1998）．ただし，環境試料中の PAH の組成は，有機物が燃焼す

る際の温度やそのときの空気比率で変化する．さらに大気中でPAHの存在形態が変化することも予想され，汚染源の推定は複数の評価指標による解析が不可欠である．

化学物質の汚染源推定の指標として，炭素の安定同位体比を用いる場合もある．安定同位体とは同一元素でありながら，原子核の中性子数が異なる，すなわち質量数が異なる物質のことである．炭素の場合，質量数が12と13の同位体が地球上にそれぞれ99：1で存在しており，その比率は国際的に定められた標準物質（米国産化石に含まれる炭酸カルシウム）に対する$^{13}C/^{12}C$の偏差として以下の式（1）で表される．なお，大部分の試料は^{13}Cが標準試料より少量であるため，同位体比はマイナスの値を示している．

$$\delta\ ^{13}C = \frac{R_{sample}}{R_{standard}-1} \times 10^3 \quad (‰) \qquad (1)$$

Okuda et al. (2002) は，中国の3都市（重慶・杭州・北京）の大気中PAHの炭素同位体を測定した．その結果，$\delta^{13}C$値は $-26.8 \sim -21.1$‰の範囲を示し，都市間で明瞭な差はみられなかった．ところが，重慶市と杭州市では高分子のPAH成分ほど$\delta^{13}C$値が低くなるのに対し，北京市ではその逆の結果が得られ，その傾向はインデノ[cd]ペリレン，ベンゾ[ghi]ペリレン，コロネンで顕著にみられた．PAHの分子量と炭素同位体比との関係は，石炭燃焼粒子（fluidized-bed coal combustion particles）で正の相関，自動車排ガス粒子で負の相関を示すことが報告されている．このため，大気中の主要なPAH発生源として，重慶市と杭州市は石炭燃焼，北京市は車の排気ガスである可能性が示された．類似の報告はサトウキビによるバイオ燃料の燃焼などの調査でも明らかになっており，炭素の安定同位体比がPAHの発生源推定に有用な手掛かりになる．

2) PCB

PCBはビフェニルに塩素が1～10個付加した人工化学物質で，209種類の異性体・同族体が存在する．日本では1950～1960年代を中心にカネクロール（Kanechlor：KC）という商標名でおもに4種類の製剤（KC-300，KC-400，KC-500，KC-600）が製造された．KCの後に続く数字が大きいものほど，製剤重量に占める塩素含有率が高く，たとえばKC-300は3～4塩素の異性体・同族体群で構成されるのに対し，KC-600は5～6塩素成分が卓越している．このため，PCBは製剤と環境試料中の成分組成を比較することで，汚染の原因が特定

される場合がある.

　中田ほか（2002）は，有明海と八代海沿岸の16地点から採取した底質中のPCBを分析した．全地点の試料からPCBが検出されたが，とくに有明海東部の河川周辺で高値を示し，重度の汚染が確認された．PCB成分を詳細に調べたところ，本河川の底質には3および4塩素の異性体・同族体が卓越することがわかった．そこで，本河川を含む有明海の3地点の底質試料と，各PCB製剤に含まれる異性体・同族体の含有比率をそれぞれ Ai, Bi とした場合の類似度（SI: similarity index, 式(2)）を計算した．SI はフィンガープリント解析ともいわれ以下の式で表される．算出される値は相関係数と同義であり，この値が1に近いほど試料と製剤成分の類似性は高く，該当製剤が汚染に強く関与している可能性が高い．

$$SI = \frac{\Sigma(A_i \cdot B_i)}{(\Sigma(A_i)^2 \cdot \Sigma(B_i)^2)^{1/2}} \quad (2)$$

　計算の結果，本河川の底質は KC-400 との類似性が高く，2，3，4，5塩素成分の SI 値はいずれも 0.92 以上を示した．とくに，KC-400 の主成分である4および5塩素成分の SI 値は本河川で高値を示し，いずれの SI 値も 0.8 台であった他地点とは異なっていた．このことは，本河川の PCB 汚染は KC-400 に由来している可能性が高いことを示している．

　化学物質の分子組成をもとに発生源を推定する試みは，ダイオキシン類（Morita et al., 1987），ポリ塩化ナフタレン（PCN）（今川ほか，1994）でも行われ，それぞれ有用な知見が得られている．

■文　献

Baumard, P., Marthy, J. C., Saliot, A. et al. (1987). Polycyclic aromatic hydrocarbons in sediments and mussels of the Western Mediterranean Sea. *Environ. Toxicol. Chem.*, 17, 767-776.

今川隆・山下信義・宮崎章（1994）．異性体分布の解析による底質中ポリ塩素化ナフタレンの発生起源の推定．環境化学, 4, 554-555.

Morita, M., Yasuhara, A. and Ito, H. (1987). Isomer specific determination of PCDD and PCDF in incinerator related samples. *Chemosphere*, 16, 1959-1964.

中田晴彦・宮脇崇・境泰史（2002）．有明海の干潟底質における PCBs 濃度および異性体組成とその発生起源ならびに分布挙動の推定．環境化学, 12, 127-134.

Okuda, T., Kumata, H., Naraoka, H. et al. (2002). Origin of atmospheric polycyclic aromatic hydrocarbons (PAHs) in Chinese cities solved by compound-specific stable carbon isotopic analyses. *Organic geochemistry*, 33, 1737-1745.

Sincre, M. A., Marthy, J. C., Saliot, A. et al. (1987). Aliphatic and aromatic hydrocarbons in different sized aerosols over the Mediterranean Sea: Occurrence and origin. *Atmos. Environ.*, **21**, 2247-2259.

Zakaria, M. P., Takada, H., Tsutsumi, S. et al. (2002). Distribution of polycyclic aromatic hydrocarbons (PAHs) in rivers and estuaries in Malaysia: A widespread input of petrogenic PAHs. *Environ. Sci. Technol.*, **36**, 1907-1918.

3. 毒性とその発現メカニズム

3.1 有害作用総論

「毒」は，生命を害するものと定義される．かつて，毒とはほぼ化学物質のことであった．近年，光（とくに短波長の紫外光）や電磁波，熱，または音（とくに高いエネルギーを有する高周波の短波長）など物理的各種エネルギーが生体に障害を及ぼすことが明らかにされつつある．さらに，ストレスなど精神的な要因も直接的に脳を障害することが報告され，「生命を害するもの」は化学物質にとどまらなくなってきた．これら，物理的環境や精神的環境がもたらす有害作用も，今後は広く環境毒性として扱っていく必要がある．しかし，本項ではおもに化学物質による有害作用に関して述べる．

毒性とは，化学物質が生体に及ぼす有害作用のことであり，そのため，毒は生命あっての概念といえる．毒性学が扱う範囲は，化学物質がヒトに及ぼす対健康作用と，環境に対する対環境作用とされる．それらの中で，毒性学がおもに取り上げる環境毒性は，「環境中に放出された化学物質（環境汚染物質）が，各種環境媒体を通じ，最終的にヒトへ及ぼす影響」である．しかしこれは，野生の植物や無脊椎動物までを含む，包括的な生態影響を直接カバーするものではない．そのため，医学・薬学分野を飛び出す，新たな環境毒性学がもとめられる．

「すべての化学物質は毒である．それが薬となるか，毒となるかは，量に依存する」と述べたのは毒性学の父パラケルスス（16世紀ルネッサンス初期のスイス人医師．本人は否定しているが周囲からは錬金術師とも）である．この法則は，用量-応答関係と呼ばれ，現在も毒性学の基礎となっている．2種類の用量応答曲線を示した図3.1は，応答のエンドポイント（評価項目）が示されていないが，化学物質の量に着目し，パラケルススの言葉を表せば，図3.2になる．図中のNOEL，ED_{50}，半数致死量などに関しては次節（3.2節）で解説する．化学物質が生命へ与える影響は基本的に量が多ければ大きく作用し，それがプラスの作用であれば薬となり，マイナスならば毒となる．そのため，薬理学と毒性学は

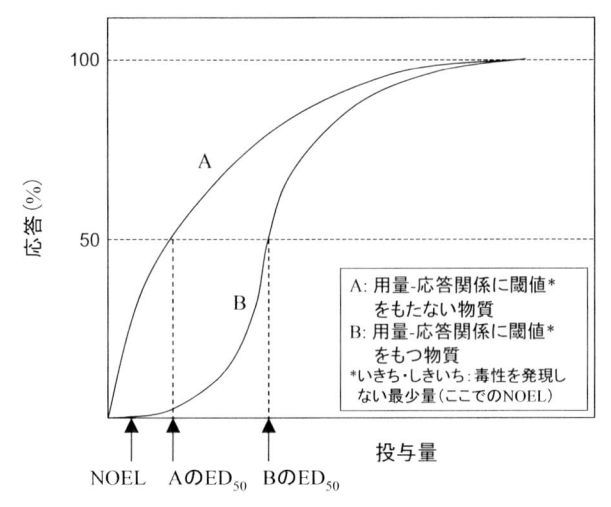

図 3.1 物質 A, B の用量-応答関係（藤田編，1999 を改変）
B では閾値以下の用量で応答がみられない NOEL（無影響量）が存在する．ED_{50} は供試個体の半数が影響を受ける用量．

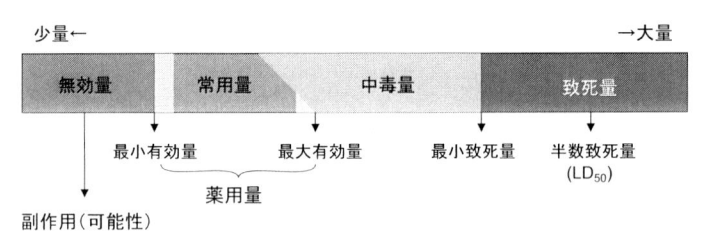

図 3.2 薬理作用を示す化学物質の量による変化

重複する分野となる．

　毒性には数種のグルーピングがある．いくつかの教科書では，実際の症状が現れる標的部位に着目した器官毒性と，障害を受ける運動や活動，機構によって分類する非器官毒性，つまり機能毒性で分け記述している（3.3.8 項参照）．この区別では，厳密には適用の難しいケースがあるが，前者は，肝毒性，腎毒性，皮膚毒性，骨・軟骨毒性など，また，数種の臓器をグルーピングした呼吸器毒性（鼻腔・肺など），消化器毒性（胃・腸など），循環器毒性（心臓・血管），感覚器毒性（視覚器・聴覚器），脳・神経系毒性などが該当し，後者には免疫毒性や内分泌，生殖毒性（遺伝・発生毒性）があてはまる．これらと異なる分類として，回復可能な可逆的毒性，回復不可能な不可逆的毒性，また発現部位を個体全体で

3.1 有害作用総論

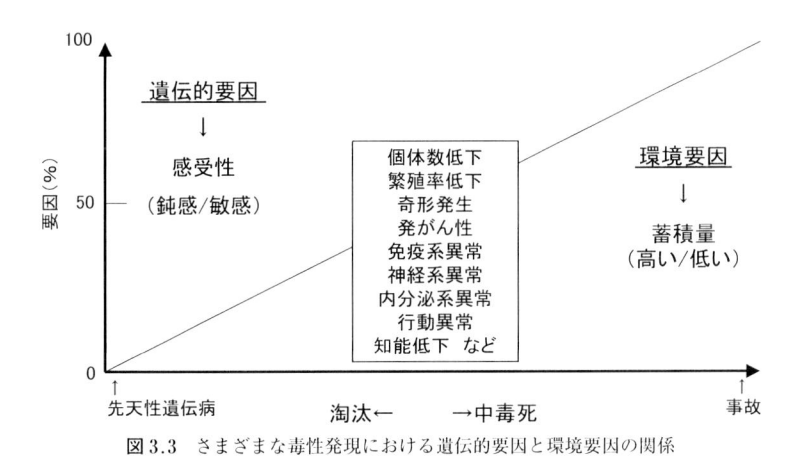

図3.3 さまざまな毒性発現における遺伝的要因と環境要因の関係

とらえた，全身毒性と局所毒性という分け方などもなされる．以上の分け方と並行して，従来から，一般毒性と特殊毒性という分類が行われており，その詳細は3.2および3.3節で解説する．

一般に化学物質の危険性は，以下の式によって決定される．

  危険性＝毒の強度（毒性）×摂取量（曝露濃度×メディア量）×曝露時間

このとき，毒性に影響する主要因子として曝露の経路，期間，頻度として種特異性がある．種特異性に与える要因には，①物質の化学的・物理学的特性や②曝露の状態に加え，③体内での代謝の受け方，そして④生体の総合的な感受性が関与する．ここで，すべての危険性を，最も単純化して表せば図3.3のように示される．つまり，さまざまな障害は，生物側の遺伝要因と環境要因によって支配され，そのリスク評価は以下の式によってなされる．

  リスク＝F（遺伝的要因×環境要因）　（Fは物質ごとの係数）

毒物も，さまざまな分類で整理されている．英語では大きく poison と toxin の単語が用いられる．前者は毒物一般を指し，毒性学 toxicology の語に使用される後者は生物由来の高分子「毒素」を指す．毒に，すべてが適用できる1種類の分類はないとされるが，物理的性状（ガス，液体など）や，化学的安定性・反応性（爆発性，可燃性，酸化剤など），化学構造（芳香族アミン，ハロゲン化炭化水素など），毒性の強さ，生化学的メカニズム（アルキル化剤，SH阻害剤，メトヘモグロビン生成物）などが用いられる．

法規では毒の種類が明確に定められている．わが国においては，とくに毒性が

表3.1 毒性学における化学物質の毒性区分

グループ	毒性の強度	ヒトでの推定経口致死量*
1	事実上無毒	15,000 mg/kg 以上
2	微弱毒性（毒性僅少）	5000〜15,000 mg/kg
3	中程度毒性（比較的強い）	500〜 5,000 mg/kg
4	強毒性（非常に強い）	50〜 500 mg/kg
5	甚毒性（猛毒）	5〜 50 mg/kg
6	猛毒性（超猛毒）	5 mg/kg 以下

*ラットの急性経口毒性 LD_{50} 値より算出.

　強い化学物質に関して，医薬品は日本薬局方で劇薬と毒薬に，医薬用外の化学物質に関しては，「毒物および劇物取締法」で特定毒物，毒物，劇物に分けられている．それらの決定は，ヒトおよび実験動物の知見に加え，社会的・産業的背景（使用形態や使用量など）が考慮され一律ではない．非常に大まかに表せば，毒薬は皮下注射による半数致死量が 20 mg/kg 以下，劇薬は1桁毒性が低い 200 mg/kg 以上の薬品となる．また，一般化学物質の毒物は，経口曝露による半数致死量で 50 mg/kg 以下，経皮曝露では 200 mg/kg 以下，劇物は約 1/10 となる経口摂取で 300 mg/kg 以下，経皮曝露で 1,000 mg/kg 以下という目安がある．

　毒性学では，化学物質の毒性の強さを，ラットで得られた急性経口毒性（半数致死量）を用い，ヒトでの経口致死量を予想し表3.1のように分類している．

　化学物質が具体的な毒性をもたらすメカニズムは，多様な物質の種類と関係して多岐にわたる．それぞれの詳述は膨大となるため，本論では一般的な，つまり共通するメカニズムをピックアップし示す．大ざっぱに把握すれば，化学物質は体内に侵入し，各種の生化学的作用を受けながら，それぞれの標的となる分子の特性に依存して細胞の機能障害を導く．その過程で生体内では，生体異物に対して修復を試みる適応反応が起こる．それらは，組織および細胞の修復といったレベルで対応されるが，化学物質の単位でみれば DNA や脂質，タンパク質の修復，さらにはフリーラジカルの消去など分子・原子レベルで行われる．障害が修復能を上回ったり，修復自体に異常が生じうまく機能しない場合，毒性が発現する．

　近年，分子生物学の発展に伴い，生命現象の解析技術は目覚しい進歩を遂げている．毒性学の分野においても，目的とする毒作用を分子・原子のレベルで理解する成果が著しい．毒作用自体が「化学物質と生命の関係」であり，生物自体が化学物質であるため，薬理・毒理ともに究極には化学反応に尽きる．図3.4は，毒性発現の概要を，ミクロの反応から，よりマクロな障害まで段階的にとらえた場合の概念図である．

3.1 有害作用総論

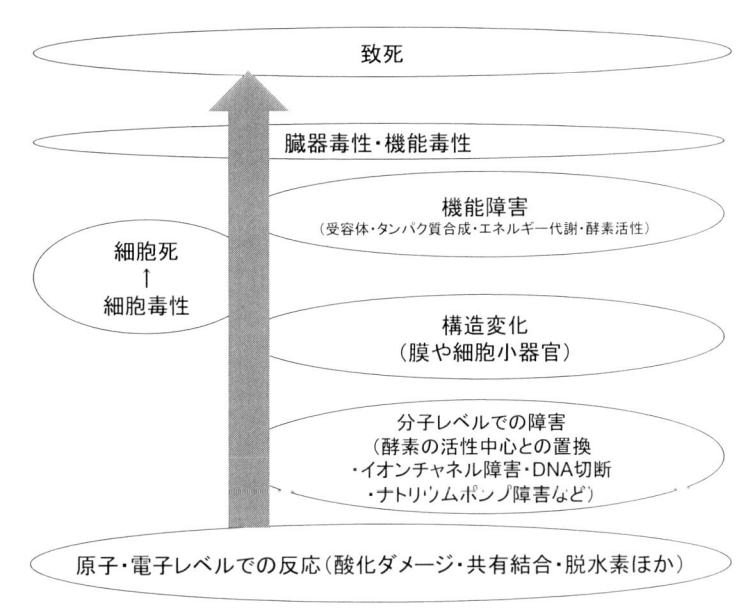

```
                    致死
                     ↑
              臓器毒性・機能毒性
                     
                 機能障害
      (受容体・タンパク質合成・エネルギー代謝・酵素活性)

  細胞死
   ↑              構造変化
  細胞毒性         (膜や細胞小器官)

                分子レベルでの障害
                (酵素の活性中心との置換
                ・イオンチャネル障害・DNA切断
                ・ナトリウムポンプ障害など)

    原子・電子レベルでの反応(酸化ダメージ・共有結合・脱水素ほか)
```

図3.4 動物における現象（階層）としての毒性発現メカニズムの概念図

化学物質が動物を死に至らしめる直接的な原因は，標的となる臓器や免疫系などシステムの機能不全や傷害，さらにはアレルギーなど全身のショック症状がある．化学物質の毒性は，それぞれ標的となる部位に特徴的な表現型を示す．しかし，各標的部位の細胞レベルで起きている現象や障害，つまり細胞障害のメカニズムは共通する点が多い．とくに，生体毒性は最終的に分子，原子（電子）レベルの化学反応に帰される．

毒性発現に至る階層構造（図3.4）で，最小レベルのメカニズムは酸化ストレスといえ，その次段階のレベルは，第2ステップに位置する共有結合，非共有結合や脱水素などの化学反応があげられる（後述，および3.5.2項参照）．これらは，動物体内における発がん物質などの主要な反応，つまり代謝的活性化の主要メカニズムである．生体異物は薬物代謝酵素などの働きによって活性型へと変化，もしくは生理活性を著しく上昇させ，活性代謝物となる．その後，活性代謝物は細胞内高分子であるタンパク質や核酸，もしくは生体内低分子であるATPやUTPと共有結合し，それらの機能が損なわれた結果，毒性が発現する．

よりマクロな分子レベルでの毒性は，受容体（リガンド）と結合することによる障害，タンパク質の合成阻害，膜機能の障害（細胞膜の構造変化），エネルギ

一産生系の障害，機能性タンパクとくに酵素の活性中心との結合，カルシウムの恒常性の障害（イオンチャネル），遺伝子への作用などを通じて現れる．その結果，核やミトコンドリア，小胞体などの細胞小器官に病的変化がもたらされる．

その他の細胞毒性を引き起こすメカニズムとして，低酸素症もある．血液の酸素含有量が低下したり機能赤血球が減少するなどにより，細胞に酸素供給が不十分となることから障害が発現する．低酸素症は，ミトコンドリアの酸化的リン酸化から始まり，ナトリウムポンプの機能低下へと進行する．

細胞毒性は，次の段階の臓器毒性へ進行する．これは毒性の第4ステップ，組織壊死や線維化，また発がんを伴う（3.5.2項）．細胞障害が進行すると組織壊死となる．線維化は，障害された組織の修復不全を示す特異的な徴候である．

以下からは，毒性発現の最小単位といえる酸化ストレス，共有結合，さらに細胞死へ至る細胞毒性に関し，いくつかの重要項目について触れる．

3.1.1 フリーラジカル（活性酸素種），酸化ストレス

フリーラジカルとは，最外殻電子軌道に不対電子（電子対をつくらない電子）をもつ化合物の総称であり，単にラジカルとも遊離基とも呼ばれる．ラジカルは通常，エネルギー的に不安定なため，生成するとすぐに他の原子や分子との間に酸化還元反応を起こし，安定な分子やイオンとなる．この反応性の高さがラジカル毒性の主体である．おもに生体で問題となるのは酸素原子そのもの，もしくは分子に不対電子がある活性酸素である．そのため，フリーラジカル＝活性酸素として用いられることが多い．ここで，過酸化水素（H_2O_2）や1重項酸素（$^1O_2$）はラジカルではないが，活性酸素を容易に生じるため活性酸素種（ROS）として扱われる．酸素呼吸を行う動物は食物から得た物質と酸素によってエネルギーを得ているが，その過程で，たとえばキサンチンオキシターゼ（XODやNAD(P)Hオキシターゼなど，いくつかの機序によってスーパーオキシドラジカル（O_2^-）を生成する．つまり，ミトコンドリアを有し酸素呼吸を行う動物は，その体内に絶えずラジカルが産生されることになる．それらは本来，殺菌作用や情報伝達，古いタンパク質の破壊などに用いられており，適量のROSはむしろ生体に必須である．しかし，過剰のROSは，直接，DNAやタンパク質など生体構成成分を変化させ，さらに脂肪酸の酸化を行うことで過酸化脂質を生成する．この過酸化脂質は比較的安定なため，長期にわたって生体に害を及ぼす．ラジカルの具体的な毒作用としてはDNAを切断したり，架橋構造をつくったり，点突

然変異，染色体異常などで，最終的には細胞死をもたらす．

3.1.2 共有結合（非共有結合，脱水素）

体内に侵入した毒物は，結合しやすい反応性や立体構造を有した標的分子と非共有結合あるいは共有結合し，さらに脱水素，電子伝達，酵素的反応によって標的分子を変化させる．

非共有結合は，無極性相互作用もしくは水素結合やイオン結合の形成により，標的となる膜および細胞内受容体，イオンチャネルやある種の酵素との相互作用に寄与する．また，比較的，結合エネルギーが低いため一般に可逆的である．

共有結合は理論的に不可逆的であり，生体成分を永久的に変化させるので非常に重要である．体内に侵入した毒物は活性代謝物などに変換された後，細胞内のタンパク質や核酸のような生体高分子中に存在する求核性の原子と共有結合し，付加体を形成する．そのため，タンパク質のもつ機能が損なわれ毒性が発現する．HO・や・NO_2といった中性のフリーラジカルも生体内分子と共有結合することができる．

体内で生成された中性のフリーラジカルは，生体構成成分から容易に水素原子を抜き取り，結果としてラジカルへ変換する．ラジカルは，遊離アミノ酸やタンパク質中のメチレン基，アミノ酸残基から水素を抜き取り，カルボニル類に変換する．また，脂肪酸からの脱水素は脂質ラジカルを生成し，脂質の過酸化を引き起こす．

3.1.3 細 胞 毒 性

細胞毒性として細胞核にみられる病変として核質の凝集があり，細胞障害の最も早期に観察される．ミトコンドリアでは腫大や巨大化など，小胞体ではリボソーム顆粒の脱落や内腔の拡張などがみられるが，細胞全体としては萎縮や肥大，化生，過形成などとなって現れる．細胞の肥大は毒物によって引き起こされる代表的な適応反応である．

細胞の変化は，生体異物の侵入などストレスに対する適応反応としてとらえられるが，その適応が困難な場合，可逆的な障害（変性：細胞死を引き起こさない程度の病変）や不可逆的な障害（細胞死）へ至る．

細胞死は2種類ある．アポトーシスとネクロシスである．ネクロシスは，化学物質の曝露などストレスに対して細胞が適応できなくなって生じる受動的な細胞

死であり，壊死のことである．アポトーシスは積極的な細胞死であり，生命の維持のため古い細胞を消滅させ生体の発達など生理的過程を促す必然から生じる．ネクロシスでは細胞の代謝が抑えられ，エネルギーの産出やタンパク質合成が低下し，漸次死に至る．一方，アポトーシスは代謝が抑制されることがなく，逆にエネルギーを利用して積極的に死への過程を進む，いわば遺伝的に仕組まれた細胞死である．しかし，細胞内での活性酸素の過剰発生や，毒物の侵入などによってアポトーシスが引き起こされる場合がある．

■文　献

土井邦雄（1993）．毒性学，172 pp，川島書店．
藤田正一編（1999）．毒性学—生体・環境・生態系，300 pp，朝倉書店．
Klaassen, C. D. 編（2004）．キャサレット＆ドール トキシコロジー第6版，1374 pp，サイエンティスト社．
佐藤哲男・上野芳夫編（1991）．毒性学（改訂第3版），359 pp，南江堂．
白須泰彦・吐山豊秋（1982）．毒性学概論，229 pp，朝倉書店．
Tu, A. T.（1999）．中毒学概論—毒の科学，372 pp，薬業時報社．
Zakrzewski, S. F.（1995）．入門環境汚染のトキシコロジー，古賀実・篠原亮太ほか訳，260 pp，化学同人．

3.2　一般毒性：急性毒性と慢性毒性

ヒトが手にした化学物質の数は，わずか100年で驚異的に増加した．そのさまざまな毒性に関して前世紀から多大な関心がもたれている．化学物質の毒性は，その種数だけ多様とも極言できるが，毒性学においては古くから，一般毒性と特殊毒性という分け方が行われている．

一般毒性と特殊毒性は，検出する毒性試験が異なる．被検物質の全体的な作用を把握する場合，一般毒性試験を行い，特殊な型の毒性を特殊な方法で検出する場合，特殊毒性試験を行う．一般毒性には，急性毒性，亜慢性毒性（亜急性毒性）と慢性毒性が含まれる．

急性毒性は，通常1回の投与（曝露）によって現れる毒性作用のことで，24時間以内であれば数回までの曝露を含めることもある．一方，24時間を超える反復曝露は亜急性，亜慢性，慢性毒性の3つのカテゴリーに分類される．つまり，長期にわたる反復投与によって現れる毒性作用および1回あるいは複数回の

投与後，数ヵ月以上の潜伏期を経た後に起きる毒性作用である．一般に，亜急性曝露は1ヵ月以下，亜慢性曝露は1～3ヵ月，慢性曝露は3ヵ月以上を指すが，ヒトにおいては曝露される状況が試験下と異なるため，急性，亜慢性，慢性毒性として記述される（Klaassen, 2004）．

　環境毒性学では，慢性毒性と区別される遅延毒性も無視できない．慢性毒性では，症状が現れた時点でまだ毒と接触しているが，遅延毒性は化学物質との接触がなくなってから何年か経過して中毒症状が現れる．たとえば，ケイ酸成分を含む粉塵による珪肺や，アスベストによる中皮種がこのケースの代表例である．

　古典的にも毒性学は，化学物質による生体影響の強度を「実験的に計測」し，その結果からヒトの生存に対する危険性を予測することを目的としているため，毒性試験と不可分である．毒性試験は，被験物質について予想される作用を，適切な生物を用いた試験系で計測する作業である．影響を評価したい化学物質を，各種経路によって個体に曝露し，示す反応を計測する．このとき，効果を判断するための評価項目（たとえば，酵素活性とか，異常細胞の発生頻度，生まれた仔の数など，目的に応じて選択する反応変数）を「エンドポイント」と呼ぶ．

　同一物質の試験によって得られた結果は，つねに同一であることが前提条件となる．この「再現性」は，客観性であり科学の基礎となる．厳密な再現性のチェックによって，はじめて他の知見と比較することが可能となる．

　実験はGLP（good laboratory practice, 試験実施規範）に従って計画され，実施されている．GLPはOECD（経済協力開発機構）やFDA（米国食品医薬品局），EPA（米国環境庁）によって作成され，日本においても1983（昭和58）年4月1日から適用された．対象となる物質は医薬品だけでなく農薬や食品添加物，飼料添加物などについても，基準が設けられている．

　化学物質の，とくにヒトに対する安全性を評価する場合，①非臨床試験，②臨床試験，③副作用モニタリング，の順に進行する．非臨床試験は，ヒトを対象とした試験以前に実験動物を用いて行うもので，毒性試験が主体となる．近年は動物愛護の観点から代替試験の方法も模索されている．臨床試験は，まず健康なボランティアを対象に実施する第1相試験，少数の患者を対象とし臨床用量を決定する第2相試験，そして多数の患者を対象に行われる第3相試験よりなる．副作用モニタリングは，医薬品の発売後に，予期せぬ有害作用（副作用）をモニタリングするシステムである．

　一般毒性の評価に使用される毒作用の評価項目（エンドポイント）は，各用量

群での異常の有無，程度と頻度，異常発現における用量依存性，異常の生物学的意義などを基準に選択する．当然，1つの化学物質でさえ，予想される毒性は多岐にわたる．そのため，毒性試験項目は必然的に多くなる．

以下に各毒性試験の概略を示す．

急性毒性試験の最大の目的は，被験物質の示す毒性の性質を明らかにし，50%致死量（50% lethal dose：LD_{50}）を求めることである．亜急性や亜慢性毒性は，短期毒性試験で求められる．この試験の目的は，2週間〜6ヵ月間に化学物質を反復投与したときの最大無作用量（NOEL，対照群との間に有意差が認められない最高用量）を求めることである．同時に，毒性の再現性と可逆毒性，薬物代謝酵素系への影響，体内動態などもあわせて検索する．

長期毒性試験は試験動物の生涯に近い期間にわたって被験物質を投与し，NOEL を検出することを目的としている．ここで，亜急性毒性試験以降の反復投与での化学物質による障害の検出には，病理組織変化が高感度となるエンドポイントの選択が必要となる．

環境毒性学において，これら毒性試験から得られる情報は，実際の公害事件や野生動物の大量変死など生態系の異常が発生したとき，原因や発生メカニズム究明の決め手となる．それに加え，生態毒性の機序解明には，考慮すべき重要なパラメーターが存在する．たとえば，環境に由来した地域特性や，蓄積・耐性の生物種間差などである．それらには疫学的アプローチが有効となる．近年の環境汚染によってもたらされる生態毒性は，ほとんどのケースで，多数の化学物質による複合汚染である．そのため単純な外挿は不適なケースが多くなるが，残念ながら複合影響の正確な把握に関しては，いまだ情報が乏しい．

以下からは，毒性学を理解するうえで基礎となる，いくつかの項目について解説する．

1) 対照（コントロール）

毒性試験は試験群で得られた結果を，対照群のデータと比較し，毒性の強度を判定する必要がある．無処置対照，適合対照，陽性対照，文献対照などがあるが，無処置対照とは，被験物質やその投与溶媒を処理せず，その他の条件を同一にした実験である．適合対照は無処置対照に近いが，被験物質が投与されていない点を除けば，すべての実験条件（たとえば溶媒や賦形剤を使用した投与の場合，プラセボを用い投与条件を同一にする）を試験群と一致させた対照群であ

る．陽性対象（ポジティブ・コントロール）は，使用する試験系に作用させると，設定した反応を起こすことが明確な物資を作用させ，比較に用いる．文献対照は，過去に報告された同様のデータを用いることである．

環境毒性を検出する場合，実験系で再現した曝露条件で得られる結果を用いることもあるが，完全なバックグラウンド（非汚染環境）データが存在し得ないことと同様に，対照の設定は厳密には困難となる．そのため適切な対照の選択には細心の注意を払う必要がある．

2) 相互作用

2種の化学物質が体内に侵入し，エンドポイントとなる生体影響を示すとき，物質の吸収性や，タンパク結合性，また代謝および排泄の変化などに影響され，「相加」「相乗」「拮抗」の作用を示す．前2者を総称して協力作用ともいう．相加作用は，たとえば2＋3＝5といった，単純な代数和に相当する作用であり，相乗は「5」より大きくなる作用を示す．相乗作用には「増強」が含まれ，たとえば0＋2＝10となるように，もともと毒性がない物質が，片方の毒性を増強させる作用である．

拮抗は化学物質の作用を減弱させる作用で，解毒薬の基礎であり，いくつかの種類がある．2つの物質が同一の作用点で逆方向の作用を示し，打ち消し合う薬理的拮抗や，相反する効果のため，結果的に拮抗を示す生理的拮抗，一方の薬物が他方の薬物に化学的に競合し不活性化する化学的拮抗（不活性化），薬物動態（吸収，代謝，排泄）が変化し，標的器官の濃度や滞留性が減少する動態を介した拮抗，さらに同一受容体（レセプター）に結合する受容体遮断（ブロッカー）などがある．

3) レセプター

強酸や塩基による障害は，単にタンパク質の変性など非特異的な毒性であるが，ほとんどの毒物は組織の生体成分と特異的に関与し合い，代謝機能を乱す．この結合タンパクがレセプターである．この概念は，Ehrlich が 1913 年に「ある標的領域に到達し，補完場所に収まる必要がある」と提案した．

4) 毒性判定に使用される単位

「半数〇〇量」とは，実験により用量-応答率のグラフを作成し，応答率50％

の値を算出し求められる値である．これらの値が小さい方が，毒性は大きくなる．このとき，50％値が用いられる理由は，統計学的に10％や90％よりばらつきが小さく信頼性が優っているためである．以下に例をあげる．

①ED_{50}，TD_{50}（50％有効量）：　用量-応答関係において，薬理効果（TD_{50}は毒性効果に限定）を応答として算出される値．50% effective (toxic) dose. 試験動物の半数が影響を受ける値となる．

②LD_{50}（半数致死量）：　急性毒性試験によって求められ，用量-応答関係における応答を「死」とする．50% lethal dose.

かつて，化学物質の毒性の強さは最小致死量（MLD，テスト動物が100％死亡する最低濃度）で表されていたが，1950年代以降はLD_{50}で表されるようになった．それは，LD_{50}のほうがMLDより再現性が高かったためである．近年，LD_{50}は動物倫理上の問題などから必ずしも算出することが要求されなくなってきている．

③EC_{50}（半数影響濃度）：　試験で個体の50％が影響を受ける濃度．50% effective concentration. EC_{50}では，用量が濃度となる．環境（たとえば目的としたい生物が生息する水環境）の汚染レベルは濃度で求められることが多い．指標は，遊泳阻害などが用いられる．生態毒性の試験生物であるミジンコなど小型生物は，死亡判定が困難なためEC_{50}が採用される．

LC_{50}（半数致死濃度）：　半数が試験期間内に死亡する濃度．50% lethal concentration. ガス体または水に溶解した化学物質の曝露で使用される．

5) NOEL（最大無作用量・無影響量），NOAEL（最大無有害作用量・無毒性量）

影響が認められない最高の曝露量．no-effect level. 用量-応答曲線では，とくに低用量の領域で，ある一定の量を超えるまで応答が観察されない閾値が存在することが多い．この閾値より小さい用量のこと．

NOAELは類似の概念で，無毒性量・無副作用量（no observable adverse effect level）のこと．つまり，応答として「有害」である反応や副作用をとる．

6) LOEL（最小作用量）

化学物質の毒性試験では，複数の用量段階を設定するが，そのうち，なんらかの影響がみられた最小用量．lowest observed effect level. 観察された影響が悪

影響であれば LOAEL（lowest observed adverse effect level）となる．一般に LOEL は NOEL の数〜10 倍を示す．

7) ADI，PTWI と安全係数

ADI はヒトが「一生涯にわたって毎日食べ続けてもなんら影響を受けないと判断される量」体重 1 kg あたりの mg 数で表される．NOAEL に，十分な安全性（安全係数 SF）を勘案し算出される．ADI＝NOAEL/SF．

もともと理論的根拠をもとに算出されたものではなく，永年の経験的・実証的な毒性学的知見から判断される．しかし近年はより現実の生活に即した 1 週間での量となる PTWI（耐用週間摂取量）や 1 ヵ月での PTMI が用いられはじめている．

安全係数は通常，100 を用いる．つまり種差（実験動物とヒトの感受性の違いによる安全性）を 10 倍，個体差（ヒトの性別，年齢，健康状態などの違いによる安全性）を 10 倍としている．データが不十分であったり，さらに多くの安全性を見込んだほうがよいと判断される場合，1,000 までの任意の値が採用される．

8) 選択毒性

多様な種の毒性（感受性・耐性）評価に種間差を考慮したもの．たとえば，体サイズが小さい種（虫）ほど少量の殺虫剤で殺傷できる．また，重量と体表面では逆相関（小さくなれば，体重 g あたりの体表面積は大きくなる）を示すため，害虫駆除における農薬散布の量を決める際などに利用される．とくに生態系を評価する環境毒性学では重要となる．

9) バリアーシステム

生体にとって最も重要な機能を有する臓器を，異物の侵入から守るメカニズムである．たとえば，皮膚は生体最大のバリアーであり，脳には血液-脳関門（BBB），胎盤には（血液）胎盤関門（BPB），精巣には血液-精巣関門がある．そのメカニズムは近年トランスポーター（輸送体タンパク質）の発見により解明が進んでいるが，関門を形成する細胞どうしの密着結合により，血液がこれらの器官に容易に移動できないことにより，物質の移動を防ぐ機能である．

■文　献

土井邦雄（1993）．毒性学，172 pp，川島書店．
藤田正一編（1999）．毒性学—生体・環境・生態系，300 pp，朝倉書店．
Klaassen, C. D. 編（2004）．キャサレット＆ドール トキシコロジー第6版，1374 pp，サイエンティスト社．
佐藤哲男・上野芳夫編（1991）．毒性学（改訂第3版），359 pp，南江堂．
白須泰彦・吐山豊秋（1982）．毒性学概論，229 pp，朝倉書店．
Tu, A. T.（1999）．中毒学概論—毒の科学，372 pp，薬業時報社．

3.3 特殊毒性

現代の生活環境においては，自然界由来の化学物質に加えて，快適な生活維持を目的とした合成医薬品，食品添加物，農薬，化粧品などに満ちあふれている．さらに，工場の煤煙や廃水などに含まれる環境汚染物質に起因する生活環境の悪化も懸念されている．従来から，一般毒性試験と特殊毒性試験によってこれら化学物質の毒性が調べられている．ここでは発がん性，催奇形性，内分泌毒性，免疫毒性，皮膚毒性，神経毒性および血液・造血器毒性など，特殊毒性に関連する事項について述べる．

3.3.1 発がん性

化学物質の中には，ヒトや動物の体内でシトクロム P450（CYP）（3.6節参照）などの薬物代謝酵素により代謝され発がん性を示す活性中間体（reactive intermediate）を生成する，いわゆるがん原性物質と呼ばれるものがある．活性中間体は，DNAなどの生体高分子と反応することにより発がんの原因となる．

1）多環芳香族炭化水素類

排気ガス，煤煙，タバコ，コールタールなどに含まれる多環芳香族炭化水素類は，代表的ながん原性物質である．多環芳香族炭化水素類は，シトクロム P450 の分子種である CYP1A1 などによりエポキシドに変換され発がん性を発揮する．このような多環芳香族炭化水素類としては，ベンゾ[a]アントラセン，ベンゾ[a]ピレン，ベンゾ[a,h]アントラセン，さらに芳香環にメチル基を有する3-メチルコラントレン，7,12-ジメチルベンゾ[a]アントラセンなどがある．ベンゾ[a]ピレンは，図3.5に示すように，さまざまな位置でエポキシ化を受ける．エポキシドの一部は，エポキシドヒドロラーゼにより加水分解された後，隣接する

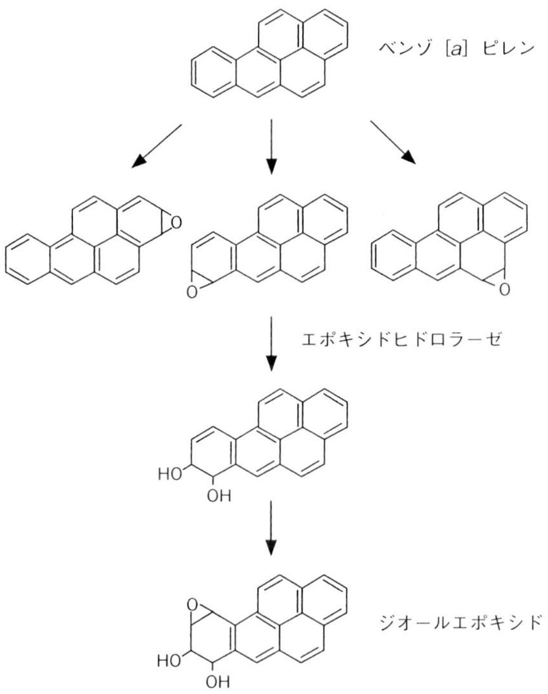

図 3.5 ベンゾ [*a*] ピレンの代謝的活性化

位置がエポキシ化され，さらに強力な発がん性を示すジオールエポキシドを生成する（4.3 節参照）．

2) ニトロソアミン類

ジメチルニトロソアミンなどのニトロソアミン類は広く環境中に分布するがん原性物質である．さらに食品や医薬品などに含まれるアミン類と唾液中の亜硝酸との反応により生体内（胃内）でも生成される．タバコによる肺がんの誘発物質として知られている 4-(methylnitrosoamine)-1-(3-pyridyl)-1-butanone（NNK）もニトロソアミン類の1つである．NNK はいくつかの経路で代謝される．たとえば，シトクロム P450 により α 位炭素が水酸化されるが，この代謝物は不安定であり非酵素的に分解され，DNA やタンパク質をメチル化することにより肺がんを誘発する（Jalas et al., 2003）（図 3.6）．

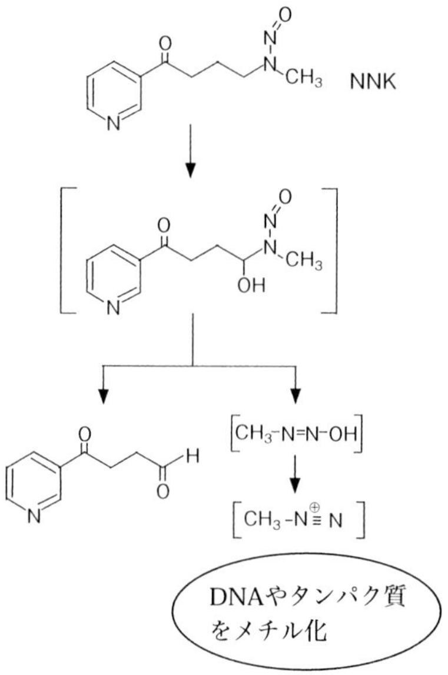

図 3.6 タバコのがん原性物質 NNK の代謝的活性化 (Jalas et al., 2003 を改変)

3) その他のがん原性物質および発がん性物質

カビ毒素（マイコトキシン）の一種であるアフラトキシン B_1 は，ベンゾ $[a]$ ピレンと同様に，エポキシ化されることにより肝細胞がんを誘発する（4.3 節参照）．魚や肉の焼け焦げに含まれるトリプトファン，グルタミン酸あるいはタンパク質の加熱生成物の中には発がん性を示すものがある．植物成分中にもガン原性物質が存在する．たとえば，ソテツの実に含まれる配糖体サイカシンは，腸内細菌 β-グルコシダーゼにより加水分解され強い毒性や発がん性を示す．石油化学，その他の製造工業で広く用いられているベンゼンは，動物に対して発がん性を示し，またヒトの白血病の原因物質といわれている．

3.3.2 催奇形性

遺伝的な因子に加えて多くの環境因子が胎児（仔）期における個体や臓器の奇形を含む先天異常を誘発する．このような胎児（仔）に対する毒性を催奇形性と呼ぶ．催奇形性を引き起こす環境因子は，化学的（医薬品，植物成分など），物理学的（放射線）および生物学的（感染症）な因子に分けられる．一般に胎児（仔）は，これら環境因子から胎盤によって守られている．しかし化学物質の中

には，胎盤を経由して胎児（仔）の体内に入り，催奇形性を引き起こすものがある．ヒトにおける催奇形性の例としては，かつて催眠薬あるいは妊婦の悪阻（つわり）に対する鎮吐薬として用いられたサリドマイドによるアザラシ肢症がよく知られている．また妊娠早期における風疹ウイルスの感染は，胎児にさまざまな異常を誘発する．

さらに家畜や野生動物における催奇形性も無視することができない．草食家畜において野草中に含まれるアルカロイドなどの成分が，胎仔の四肢の奇形を引き起こすことがある．最近では野生動物においても奇形が発見されているが，その原因については不明な点が多い．

3.3.3 内分泌毒性，生殖毒性

内分泌腺で産生され血中に分泌されたホルモンは，血流を介して標的細胞に達し，さまざまな生体機能調節に重要な役割を担っている．内分泌腺の中で甲状腺や副腎皮質は，脂溶性に富む化合物が分布・蓄積されやすいため，毒性をもつ化学物質に対して感受性が高いことが知られている．

生殖機能は，ヒトを含むすべての動物にとって種を保存するうえで最も重要な機能である．化学物質の中には，生殖腺（精巣，卵巣）に対して直接あるいはホルモンを介して間接的に毒性を示すものがあり，このような生殖機能に対する毒性は生殖毒性と呼ばれる．

1) 甲状腺に対して毒性を示す化学物質

プロピルチオウラシルやメチマゾールなどの硫化アミド類は，甲状腺ホルモンの生合成過程において，ヨード化に関与する甲状腺ペルオキシダーゼ（ヨードの酸化を触媒する酵素）を阻害し，甲状腺機能低下を誘発する．

2) 副腎皮質に対して毒性を示す化学物質

副腎皮質はいくつかのシトクロム P450 分子種の働きにより種々のホルモンを合成している．工業溶剤として用いられる四塩化炭素は，副腎皮質に特異的なシトクロム P450 分子種 CYP2D16 によって代謝されるが，その結果として生じた塩化炭素ラジカルは副腎皮質に障害を引き起こす．

3) 生殖腺に対して毒性を示す化学物質

精巣に対して直接毒性を示す化学物質としては，1,3-ジニトロベンゼン，ニトロベンゼン，エチレングリコールアルキルエーテル類，エチルメタンスルホン酸，抗がん薬（シクロホスファミド）などがある．卵巣に対しては，ホルモンの調節障害を介して2次的に起こることが多い．強力な合成エストロゲン製剤であるジエチルスチルベストロールは，母体において視床下部-下垂体-卵巣系に作用するだけでなく，子宮内曝露によって胎児の生殖能力にも影響を及ぼすことが明らかにされている．

4) 環境ホルモン

化学物質の中には，エストロゲンあるいはアンドロゲン様作用を示すものがある．これらの物質は体内に入ると内因性のホルモンの作用を撹乱する性質をもつことから，環境ホルモンあるいは内分泌撹乱化学物質と呼ばれている．環境ホルモンには，農薬，プラスチック可塑剤・原料，金属類，洗剤などさまざまな化学物質が含まれる．またポリ塩化ビフェニル類，ゴミ焼却の際に発生するダイオキシン類もまた環境ホルモンとして知られている．なお環境ホルモンの作用機序などの詳細については，3.4.2項で述べられている．

3.3.4 免疫毒性

免疫毒性の発現様式は，免疫機能が抑制される場合と亢進される場合に分けられる．化学物質により免疫機能が抑制されると感染症にかかりやすくなり，またがんが発生しやすくなる．一方，免疫機能の亢進はアレルギーや自己免疫疾患を引き起こす原因となる．

1) 免疫抑制作用を示す化学物質

シクロスポリンAなどの免疫抑制剤は，臓器移植の際の免疫抑制効果を期待して投与されるが，感染症やがんの誘発につながることがあり注意が必要である．麻薬であるヘロインには，免疫反応を抑制する作用がある．

2) 免疫亢進作用を示す化学物質

医薬品の中には薬物自身あるいはその代謝物がハプテン（不完全抗原）となり薬物アレルギーを誘発するものがある．薬物アレルギーによる最も重篤な症状

は，全身症状であるアナフィラキシーショックである．薬物アレルギーはほとんどすべての臓器に発症するが，大部分は皮膚を発症の場としている（アレルギー性皮膚炎）．

降圧薬である α-メチルドパの長期投与は溶血性貧血を発症する例が知られているが，これは抗赤血球自己抗体の出現によるものである．また抗不整脈薬プロカインアミドは，自己免疫反応によりループス様症候群（全身性エリテマトーデス）を引き起こす．薬物により誘発されるループス様症候群は，薬物の投与により臨床症状（発熱，筋肉痛，関節痛，胸膜炎）の出現をきたすが，中止とともに症状は急速に消失する．

3.3.5 皮膚毒性

皮膚は生体を防御するバリアーとしての役割をもっているが，毒性の強い化学物質の曝露を受けると障害を生じる．このような皮膚毒性を引き起こす機構には，免疫の関与しない直接的な障害（刺激性皮膚炎），前述したアレルギー性皮膚炎および強酸類や強アルカリ類による化学熱傷がある．さらに化学物質（サルファ剤，クロルプロマジンなど）には太陽光線との複合作用により皮膚炎を引き起こすものがあり，光過敏症と呼ばれる．光過敏症にはその機序から，光毒性皮膚炎と光アレルギー性接触皮膚炎に分けられる．光毒性皮膚炎は，光に対して感受性をもつ化学物質が光のエネルギーを吸収することにより，化学物質ではみられない毒性を引き起こす反応である．一方，光アレルギー性接触皮膚炎は，光に対して感受性をもつ化学物質が光のエネルギーにより皮膚のタンパク質と結合しアレルゲンとなり毒性を引き起こす反応である．

3.3.6 神経毒性

神経系は中枢神経系と末梢神経系に分けられるが，これらの神経系の機能が化学物質により侵されることを神経毒性という．神経毒性を示す代表的な化学物質は，農薬として使用されている有機リン剤である．有機リン剤（パラチオン，フェニトロチオン，マラチオン）は，アセチルコリンエステラーゼを阻害する．その結果，神経伝達物質アセチルコリンが体内に過剰蓄積され縮瞳，流涎，呼吸困難など多様な神経症状が誘発される．なお多くの犠牲者を出した松本および東京地下鉄サリン事件に使われたサリンは，アセチルコリンエステラーゼに対して強力な阻害作用を示す神経毒ガスである．

水俣病は，熊本県水俣湾沿岸で 1950 年代に起きたメチル水銀（有機水銀）による中毒である．メチル水銀は血液-脳関門を容易に通過するため，水俣病の臨床症状として観察される運動失調，歩行異常，視野狭窄などは中枢神経症状を誘発する．

3.3.7 血液・造血器毒性

化学物質の中には，血液中の血球成分（赤血球，白血球，血小板）を損傷したり造血器に障害を引き起こすものがある．たとえば，ある種の医薬品（フェナセチン，パマキン，プリマキン，サルファ剤），アセトアニリドなどのアニリン誘導体あるいはベンゼンやトルエンなどの有機溶媒は，メトヘモグロビン血症や溶血性貧血の原因物質として知られている．またクロラムフェニコールは，骨髄障害を誘発する代表的な医薬品であり，とくに過敏症の患者では重篤な再生不良性貧血を発現する．

3.3.8 肝臓，腎臓，肺および心臓に対する毒性

生体の主要な臓器である肝臓，腎臓，肺および心臓もまた，毒性をもつ化学物質の標的臓器である．しかし化学物質による毒性発現には，臓器特異性が認められる．

1) 肝 毒 性

四塩化炭素や麻酔薬ハロタンは，肝臓でそれぞれ代謝されラジカルを生成し，肝障害を誘発する．解熱鎮痛薬として広く用いられているアセトアミノフェンは，過剰に摂取すると肝細胞壊死を誘発する．これはアセトアミノフェンが薬物代謝酵素（シトクロム P450）により N-水酸化を受け，さらに反応性に富む不安定な活性中間体を生成することによる（図 3.7）．すなわちこの活性中間体はグルタチオン抱合を受け解毒されるが，それに伴い肝細胞内グルタチオン量が減少し，また活性中間体とタンパク質との共有結合体の生成量が増加し肝細胞壊死を引き起こす．

2) 腎 毒 性

化学物質やそれらの代謝物の大部分は腎臓によって排泄される．そのため腎臓は毒性をもつ化学物質の標的臓器になりやすい．糸球体に対して障害を引き起こ

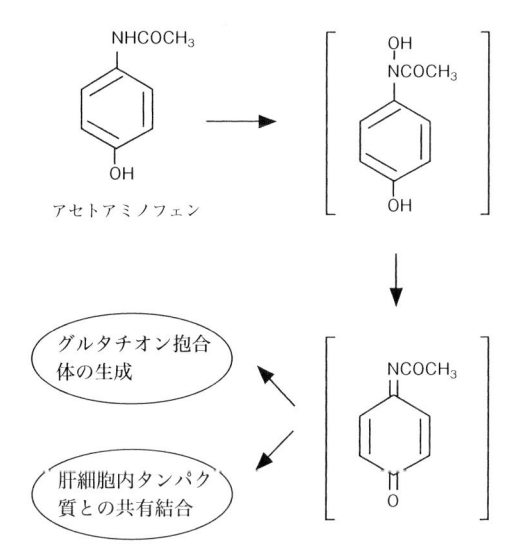

図 3.7 アセトアミノフェンの代謝的活性化

すものとしては抗リウマチ薬であるペニシラミンが，尿細管に対して障害を引き起こすものとしては水銀や抗がん薬シスプラチンなどがある．

3) 肺 毒 性

パラコート（除草剤）は，生体内で NADPH シトクロム P450 還元酵素により 1 電子還元され，それが再びもとのパラコートへと自動酸化される，いわゆるレドックスサイクルを介してスーパーオキシドやヒドロキシラジカルを生成し肺毒性を示す．アスベスト（石綿）は耐熱性，耐薬品性，絶縁性などに優れているため，建設資材，電気製品，家庭用品などに利用されている．しかし，その肺毒性が問題となっている．空気中に飛散され肺から吸入されたアスベストは，気管支や肺胞に炎症を起こし，さらには肺胞を線維化し，肺機能障害，肺がん，あるいは胸膜腔のがんである悪性中皮腫の原因となる．

4) 心 毒 性

モノフルオロ酢酸（殺鼠剤），ジニトロフェノール（殺虫剤，除草剤），ジギタリス（強心配糖体）などが心臓に対して毒性を示す代表的な化学物質である．ディーゼル排気ガス微粒子に含まれるキノン類の1つである 9,10-フェナントレン

キノンは，心筋においてスーパーオキシドを生成することから，心毒性を誘発する可能性が指摘されている．アントラサイクリン系抗がん薬であるドキソルビシン（アドリアマイシン）やダウノルビシンは臨床的に用いられているが，これらの抗がん薬のアルコール性代謝物は，急性あるいは慢性の心毒性を引き起こす（Minotti et al., 2004）．

3.3.9 感覚器（視覚・聴覚）毒性

化学物質が視覚や聴覚などの感覚器に障害を引き起こすことがある．たとえば，第2次世界大戦直後に酒類に混入されて問題となったメチルアルコール（メタノール）は視覚障害を，またストレプトマイシン，カナマイシンなどのアミノ配糖体抗生物質は聴覚障害を発現する．さらに，抗マラリア薬クロロキンが適応症拡大されリウマチの治療に大量投与された結果，クロロキン網膜症を多発した事例が知られている．

■文　献
藤田正一編（1999）．毒性学—生体・環境・生態系，朝倉書店．
Jalas, J. R., McIntee, E. J., Kenney, P. M. J. et al. (2003). Stereospecific deuterium substitution attenuates the tumorigenicity and metabolism of the tabacco-specific nitrosamine 4-(methylnitrosoamino)-1-(3-pyridyl)-1-butanone (NNK). Chem. Res. Toxicol., 16, 794-806.
加藤隆一・鎌滝哲也編（2000）．薬物代謝学—医療薬学・毒性学の基礎として（第2版），東京化学同人．
Minotti, G., Menna, P., Salvatorelli, E. et al. (2004). Anthracyclines : Molecular advances and pharmacologic development in antitumor activity and cardiotoxicity. Pharmacol. Rev., 56, 185-229.

3.4 毒性発現メカニズム

3.4.1 放射性物質による毒性

放射線は，放射線発生装置や放射性核種の放射壊変に伴って放出されるエネルギーを有する電磁波や粒子で，分子や原子を電離する能力をもつことから，電離放射線と呼ばれる．放射性物質は，物質を構成する原子に放射性核種が含まれている場合の呼び名で，放射性核種の放射壊変により物質中および物質外に放射線

が放出される．環境中の物質は多かれ少なかれ天然放射性核種を含んでいるので，その意味では，環境中に存在する物質はすべて放射性物質である．しかし，一般的には，物質に含まれる放射性核種の量が，自然レベルより明らかに高い場合を放射性物質と呼ぶことが多い．

放射性物質による毒性は，電離放射線が当たった物質に放射線がもつエネルギーが付与されることが始まりである．この過程は，純然たる物理過程で，放射線を照射された無機物質や有機物質に関わらず，すべての物質で起こる．環境中で見出される電離放射線には，アルファ線，ベータ線，ガンマ線と中性子線がある．物質と放射線の相互作用は，放射線の種類に依存し，そして放射線が物質中を通過する単位長さあたりに付与するエネルギーの量が，放射線の影響を考える1つのポイントとなる．アルファ線はもっているエネルギーのすべてを短い距離に付与するので，放射線が通った道筋にエネルギーが集中することになる．放射線と物質の相互作用で起こる物理現象は，電離と励起であり，その後，電離や励起で生じたイオンやラジカルにより化学過程が引き起こされる．生物の場合，放射線による直接的な損傷より，付与されたエネルギーで生じるさまざまな化学種，とくに水分子から生成する化学種による寄与が大きいとされている．直接的なダメージとしてのDNAの2重鎖切断は放射線に特徴的な損傷過程とされている．DNAの損傷，有機結合の切断，有機物の変質などの結果として生じる生物的過程を通して，放射性物質は毒性を示すことになる．

電離放射線に照射された単位質量の物質が吸収するエネルギーは吸収線量と呼ばれ，単位はジュール毎キログラム（J/kg）で，グレイ（Gy）と特別の名称で呼ばれる（日本保健物理学会・日本アイソトープ協会編，2002）．これまで，電離放射線の生物影響については，ヒトの放射線防護を目的とした研究が行われてきた．吸収線量が同じでも，種類が異なる電離放射線が人体に与える影響は必ずしも同じではないので，放射線防護の立場からは，同一の吸収線量が同一の影響を与えるように，放射線にある係数を乗じて補正を行う．この係数は放射線荷重係数と呼ばれるが，現状では，吸収線量に線質係数を掛けて補正した値である等価線量が用いられる．グレイで表した吸収線量に線質係数を乗じた値はシーベルト（Sv）と呼ばれる．ヒトの組織の放射線感受性は部位によって異なるので，全身に対する影響を表す場合は，組織の相対的な感受性を表す係数である組織荷重係数を等価線量に乗じて，全身で和をとった実効線量が用いられる．実効線量の単位もまたSvである．放射能の単位として使用されるベクレル（Bq）は毎秒

の壊変数であり，電離放射線の種類やそのエネルギーに関する情報はない．

　放射性物質の環境毒性は，電離放射線が物質に付与するエネルギーに起因することから，他の化学物質の環境毒性の場合と比べると，さまざまな放射性核種から放出される放射線の影響を統一的に表すことができることになる．しかし，先にも述べたように，これまでの電離放射線の生物影響研究は，ヒトの放射線防護を目的として進められてきたことから，一般環境に生育する生物種への影響評価を目的としたものはきわめて少ない．また，環境中の放射性物質の分布もヒトの放射線防護に利用するために調べられてきている．この背景には，哺乳類の放射線感受性が他の生物種と比べると高いことがある．すなわち，ヒトの放射線防護を確保するために設定された諸条件は，ヒト以外の生物種の個々の生物体は必ずしも防護しないとしても，種を保護するには十分妥当であると考えられてきたからである（ICPR, 1977）．しかし，近年，環境防護に対する国際的な要求の高まりに伴い，国際放射線防護委員会（ICRP）はヒト以外の生物種に対する電離放射線のインパクト評価の枠組みの必要性に言及している（日本アイソトープ協会，2005）．電離放射線の影響は，まず生物の1個体に現れ，それが種全体に及び，さらに環境を構成する他の生物種集団との相互作用として生態系に現れると考えられる．電離放射線の環境防護として何を指標とすべきか，まだ議論は煮詰まっていないが，1つの考え方として，生物種の個体数の減少，寿命の短縮や遺伝的影響が生物学的エンドポイントとして考えられている．これまで行われてきたヒトを対象とした生物影響の研究において，低線量の放射線による生物影響は確認されていない．がん発生率の増加などの生物影響は，高線量を被曝したときに顕著にみられるもので一般環境の放射線レベルでは起こらない．このことは，自然放射線が高い地域に居住する人々の疫学調査でも確認されていることであり，放射性物質の毒性を考えるときに忘れてはならない．

　マイクロコズムを用いて電離放射線の環境毒性を他の環境毒性因子と比較した研究がある（武田，1998）．ここで用いられたマイクロコズムは，生産者である鞭毛虫ユーグレナ，消費者である繊毛虫テトラヒメナと分解者である大腸菌の3種で構成されている．この水生培養系に外部から与えられるものは光エネルギーだけである．ユーグレナは葉緑素をもち光合成で増殖するが，そのとき大腸菌によって供給される無機物を利用する．テトラヒメナは大腸菌を捕食し代謝産物を排出し，大腸菌は代謝産物や死骸を分解して無機化する．培養開始40～50日で，それぞれの生物種の個体数は安定し，1年以上にわたり安定な共存関係が維持さ

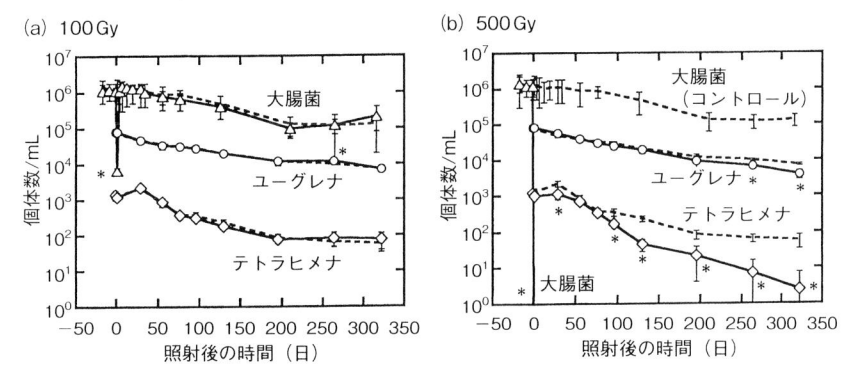

図3.8 ガンマ線を照射したマイクロコズムの大腸菌，ユーグレナ，テトラヒメナの個体数の変化（Fuma et al., 1998）

れる．安定状態にあるこの水生マイクロコズムに，放射線，紫外線（UV-C），酸性化，重金属などの環境毒性を負荷し個体数の変化が調べられた．コバルト-60のガンマ線を，吸収線量で0，50，100，500，1,000，5,000 Gy照射したとき，吸収線量に依存した影響がマイクロコズムに個体数の変化として観察された．100 Gyと500 Gyの結果を図3.8に示す（Fuma et al., 1998）．

50 Gyではいかなる変化も観察されなかった．100 Gyで大腸菌の個体数は照射直後に一時的に減少し，500 Gyの吸収線量で死滅した．100 Gyで観察された大腸菌の一時的な個体数の減少はすぐ回復し，その後はコントロールと同様な個体数の変化を示している．ユーグレナとテトラヒメナの個体数もコントロールと同じ変化を示していることから，100 Gyの照射のマイクロコズムへの影響は一時的で小さなものといえる．一方，500 Gyの線量で死滅した大腸菌の個体数は回復せず，テトラヒメナの個体数は100日を過ぎると大きく減少した．テトラヒメナの放射線に対する半致死線量（LD_{50}）は約4,000 Gyであることから，500 Gyの照射でテトラヒメナの個体数に減少がみられたのは，放射線による直接的な影響ではなく，被捕食者である大腸菌が死滅したことによる間接的な影響と説明している．5,000 Gyの照射ではすべての生物種が照射直後に死滅した．ちなみに，照射後60日以内に50％のヒトが死亡する可能性のある線量（$LD_{50/60}$）は2.5～5 Gyであり，100％のヒトが死亡する可能性のある線量（$LD_{100/60}$）は7 Gy程度であることから，これらの生物種は非常に高い放射線抵抗性をもつ．

環境毒として銅をマイクロコズムに添加したときの影響を図3.9に示す（Fuma et al., 2003）．銅濃度は1 μM，10 μM，100 μMである．銅濃度10 μMま

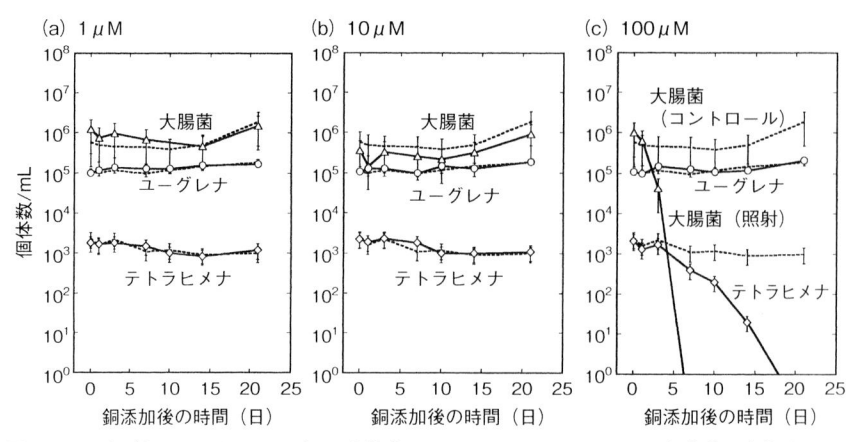

図 3.9 Cu を添加したマイクロコズムの大腸菌，ユーグレナ，テトラヒメナの個体数の変化 (Fuma et al., 2003)

表 3.2 マイクロコズムに対するさまざまな環境毒性の影響の比較 (Fuma et al., 2003)

	γ線 (Gy)	UV-C (J/m^2)	酸性化	金属 (μM)				
				Al	Mn	Ni	Cu	Gd
無影響	—	100	—	10	—	10	10	50
低影響	50〜100	1,000	pH 4	100〜500	100〜1,000	—	—	100
中影響	500〜1,000	5,000	pH 3.5	—	10,000	100	100	300
高影響	5,000	10,000	—	1,000	—	1,000	—	1,000

注）無影響：どの種にも個体数の変化はみられない，低影響：1つの種に個体数の増減がみられる，中影響：1つあるいは2つ種が死滅する，高影響：すべての種が死滅する．

では影響はほとんどみられていないが，100 μM で大腸菌の個体数はすぐに減少し，テトラヒメナの個体数は5日を過ぎると急激に減少した．図 3.8 に示した 500 Gy のガンマ線照射と銅濃度 100 μM は同程度の影響を与えることがわかる．さまざまな環境毒性の影響をまとめたものを表 3.2 に示す (Fuma et al., 2003)．電離放射線がマイクロコズムに与える影響のレベルを，他の環境毒性と比較することができる．このマイクロコズムに対する電離放射線の影響を個体数を指標としてみた場合，影響を与える最低線量の 50 Gy はヒトの致死線量をはるかに超える線量である．

国際放射線防護委員会はヒト以外の生物種に対する電離放射線のインパクト評価の枠組みの必要性に言及している（日本アイソトープ協会，2005）．これまで国際放射線防護委員会から出されてきた勧告は，ヒトの放射線防護体系の基本原

則として，放射線防護のための国内法の基準として各国で採用されている．今後，ヒト以外の生物種に対する防護体系の構築が国際的に進められることになるが，現状では，まだ国際的に合意された枠組みはない．しかし，米国，カナダ，スウェーデンなどの国では，すでに電離放射線による環境生物保護の取り組みが進んでいる．米国のエネルギー省は，水生生物，陸生植物，陸生動物への電離放射線の影響をスクリーニングするための基準を示している（Higley et al., 2003）．吸収線量として水生生物および水辺に生育する生物に 10 mGy/日，陸生植物に 10 mGy/日，そして陸生動物に 1 mGy/日を提案している．電離放射線の環境防護の基準として吸収線量が提案はされているが，実際に環境生物が受ける吸収線量を測定することは困難であることから，以下に示す手法による評価が行われる．環境生物の放射線被曝は，体内に取り込まれた放射性物質に起因する体内被曝と環境媒体中の放射性物質に起因する体外被曝に分けられる．被曝をもたらす放射性物質は，水，土壌および堆積物の環境媒体に均一に分布して存在すると考える．空気中の放射性核種の被曝線量への寄与は少ないことから考慮しない．体内被曝は，環境媒体中の放射性核種濃度，濃縮係数，線量換算係数の積として計算される．濃縮係数は，ある放射性核種の生物中濃度と環境媒体中濃度の比であり，生物種と放射性核種の種類に依存し，この値が大きいほど生物はその放射性核種を環境から取り込むことになる．線量換算係数は，生物中の放射性核種濃度を吸収線量に換算するための係数である．体外被曝は，一定濃度の環境媒体中に生物が存在していると仮定して計算されるが，界面（たとえば，湖底や海底表面）にいる生物については，各媒体からそれぞれ 50％の外部被曝を受けるとしている．23 種類の放射性核種について，環境防護の基準として定めた吸収線量を与える環境媒体中濃度が，水生生物，陸生植物，および陸生動物について求められている．環境媒体中の放射性核種濃度が，環境防護基準を超えた場合，詳細な環境調査を行うとしている．

■文　献

Fuma, S., Ishii, N., Takeda, H. et al. (2003). Ecological effects of various toxic agents on the aquatic microcosm in comparison with acute ionizing radiation. *J. Environ. Radioactivity*, **67**, 1-14.

Fuma, S., Takeda, H., Miyamoto, K. et al. (1998). Effects of γ-rays on the populations of the steady-state ecological microcosm. *Int. J. Radiat. Biol.*, **74**, 145-150.

Higley, K. A., Domotor, S. L., Antonio, E. J. et al. (2003). Derivation of a screening methodology

for evaluating radiation dose to aquatic and terrestrial biota. *J. Environ. Radioactivity*, 66, 41-59.
ICPR (1977). Recommendations of the International Commission on Radiological Protection, ICRP Publication 26, Ann. ICRP 1(3).
日本アイソトープ協会 (2005). ICRP Publ. 91 ヒト以外の生物種に対する電離放射線のインパクト評価の枠組み, 丸善.
日本保健物理学会・日本アイソトープ協会編 (2002). 新・放射線の人体への影響 (改訂版), 丸善.
武田洋 (1998). 制御実験生態系の構築に向けて. 月刊地球, No. 22, 158-167.

3.4.2 環境ホルモン, ダイオキシン

1) はじめに

環境問題の古典といわれる『沈黙の春』(*Silent Spring*, 1962) において, R. カーソンは, DDT (有機塩素系殺虫剤) などの農薬が大量に環境中に放出されて, それが生物蓄積[*1]により生態系に深刻な影響を及ぼすことを指摘し,「春になっても鳥は鳴かない」と化学物質[*2]による環境破壊に警鐘を鳴らした. この告発を受け, 1970年代以降, アメリカをはじめとする先進諸国では, DDTなど農薬の製造や使用が禁止された. ところが, シーア・コルボーン (WWF (世界自然保護基金) 上席研究員) が,『沈黙の春』の舞台となった米国の五大湖周辺を調査したところ, DDTの散布を中止してから20年以上も経っているのに, 多くの鳥や魚で性器の異常や生殖異常がみられた. さらに, 多くの地域のさまざまな野生生物種で, 生殖器官や繁殖能力の異常, 免疫不全などの報告がなされていた. コルボーンは, その原因と思われる化学物質が, 野生生物の生殖異常などを引き起こすメカニズムを明らかにするため, 1991年7月, ウィングスプレッド会議センター (米国ウィスコンシン州) に異なる分野の研究者たちを集め, 化学物質によるホルモン作用の撹乱について検討し, 次のような「ウィングスプレッド宣言」を公表した (コルボーンほか, 1997).

[*1] 化学物質が水中から鰓などを通して直接体内に取り込まれることによる生物への濃縮 (bioconcentration) と食物連鎖による蓄積 (biomagnification) を合わせて生物蓄積 (bioaccumulation) と呼ぶ (2.4.3項参照).
[*2] 「化学物質」は, もともと化審法 (1973) の第2条 (定義) に「元素 (正しくは単体) 又は化合物に化学反応を起こさせることにより得られる化合物」と定義された法律用語であるが, 化学工業でつくられる人工の物質, あるいは外因性の物質で, (合成) 有機化合物がその大部分を占め, その多くは生体異物質 (xenobiotics) である.

①これらの化学物質は，生体内で女性ホルモン（エストロゲン）と類似の作用，あるいは抗男性ホルモン（抗アンドロゲン）作用など内分泌を撹乱させる作用（内分泌撹乱性）をもつ．

②多くの野生生物種は，すでにこれらの化学物質の影響を受けている．

③これらの化学物質は，人体にも蓄積されている．

会議を主催したコルボーンは，5年後の1996年，ダイアン・ダマノスキ，ジョン・ピーターソン・マイヤーズと共著で，『奪われし未来』（Our Stolen Future）を出版し，この問題は急速に世界に広がっていった．

内分泌撹乱性をもつ外因性の物質，すなわち内分泌撹乱化学物質，いわゆる「環境ホルモン」は，一般に「正常ホルモンの産生，分泌，輸送，代謝，排出，レセプター（後述）への結合，作用などを阻害し，それを通じて生体に健康障害をもたらす外因性の物質」と定義されている（環境庁，1998）．内分泌撹乱性が試験生物によって調べられている化学物質の多くは，DDTをはじめとする農薬であるが，ビスフェノールAなどの樹脂の原料，プラスチックの製造に関連して（プラスチックの可塑剤に）用いられるフタル酸エステル類，ノニルフェノールなどの界面活性剤の原料，トランスオイルや熱媒体などの用途に使われたPCB（有機塩素化合物），船底塗料などに含まれた有機スズ化合物など，これら意図的合成物以外にもダイオキシン類[*3]（非意図的生成物）や鉛，カドミウム，水銀などの重金属が知られている．

2) 毒性発現メカニズム

内分泌系は，神経系および免疫系とともに体内における動的平衡（ホメオスタシス）の維持に欠くべからざる制御機構であり，さらに内分泌のホルモンは，エネルギー代謝と発育・成長，性の分化，生殖の4つの生体機能を調節している．ホルモンは，必要な時々や場面に産生臓器から分泌され，血液によって標的臓器に運ばれ，ごく微量で組織や器官の働きを調節する．標的臓器の細胞はそのよう

[*3] ダイオキシンの正式名称は「ポリ塩化ジベンゾ・パラ・ジオキシン（PCDD）」で，いくつかの塩素がついた（ポリ塩化）2つのベンゼン環（ジベンゾ）と，対面する（パラ）2つの酸素（ジオキシン）からなる物質を意味している．2つのベンゼン環への塩素のつく位置によって75種類の異性体があるが，2,3,7,8-四塩化ダイオキシン（TCDD）が最も強い毒性をもつ．他に135種類の異性体のあるポリ塩化ジベンゾフラン（PCDF）および十数種類の異性体のあるコプラナーPCB（Co-PCB）はダイオキシンと構造が似ており，毒性も強く，これらを合わせて「ダイオキシン類」という．

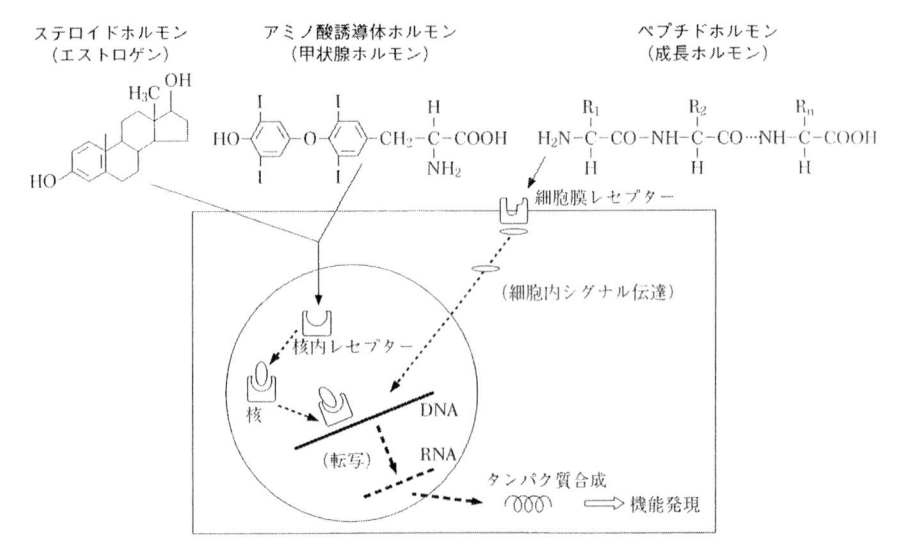

図3.10 代表的なホルモンの標的細胞における作用発現メカニズム（環境庁，1998）

な情報を受け取るために，まず，「レセプター（受容体）」と呼ばれるタンパク質分子と結合して作用を発揮する．

生体内に存在するホルモンは，化学構造の類似性からステロイドホルモン（エストロゲンなど），アミノ酸誘導体ホルモン，チロシン誘導体ホルモン（甲状腺ホルモン），ペプチドホルモン（成長ホルモンなど）などに分類される（図3.10）．ペプチドホルモンのような水溶性ホルモンは細胞膜を通過できないため，細胞膜にレセプターを必要とする．これに対してステロイドホルモン，アミノ酸誘導体ホルモンや甲状腺ホルモンなど脂溶性と水溶性の両方の性質をもつホルモンは，細胞膜を透過するためそのレセプターはおもに細胞内に存在する[*4]．その多くは核内にて機能することから「核内レセプター」と呼ばれている．核内レセプターは，標的遺伝子の発現制御に関わり，ホルモンなどのリガンド（ligand：レセプターに結合する配位子，分子構造の配位結合している原子や原子団）依存的に転写を制御するリガンド誘導性転写制御因子である．すなわち核内レセプタ

[*4] 最近，エストロゲンレセプターは細胞膜上にも存在し，細胞内情報伝達系に影響することが報告されている．エストロゲンが核内で遺伝子発現に変動をもたらす作用は genomic 作用と呼ばれるのに対して，細胞膜上で働く場合は，直接には遺伝子発現に影響しないことから non-genomic 作用と呼ばれる（分子予防環境医学研究会編，2003）．

ーは，リガンドのもつ信号を遺伝情報に伝える信号変換器である．核内レセプターとして，エストロゲンレセプター，甲状腺ホルモンレセプター，ビタミンAレセプターなど，さらにはリガンドの明らかでない多くの孤児レセプター（orphan receptor）がある．

化学物質と核内レセプターとの結合をその作用発現の面から2つに分類することができる．すなわち①アゴニスト（ホルモン様物質，類似作用するもの，たとえばエストロゲン作用）としてレセプターに結合し，種々の生理作用を示すもの，②アンタゴニスト（ホルモン作用阻害物質，作用を抑えるもの，たとえば抗アンドロゲン作用）として，レセプターに結合し，アゴニスト（正常なホルモンを含む）の効果を阻害するものである．現在，内分泌撹乱化学物質としてあげられているものを性ホルモンレセプターとの結合様式からみると次のようになる．

①エストロゲン作用： DDT，ジエチルスチルベストロール（DES：合成エストロゲン，流産防止剤），エチニルエストラジオール，水酸化PCB，ビスフェノールA，4-t-オクチルフェノール，ノニルフェノール，フタル酸エステル，植物エストロゲンなど

②抗アンドロゲン作用： DDE（DDTの代謝物），ビンクロゾリン（殺菌剤）など

一例として，標的細胞におけるステロイドホルモンの作用発現（遺伝子発現）に関して図3.10で説明する．すなわち，標的臓器に到達したホルモン（エストロゲン）は，細胞内に取り込まれ細胞質を移動し，核に達する．核内には各種ホルモンなどに対する多くのレセプターが存在し，その中の1つの核内レセプター（エストロゲンレセプター）にエストロゲンが結合する．結合したレセプターは2量体となり，DNA上のホルモン応答配列に結合する．これによって転写装置群が活性化されて，mRNA（図中ではRNA）がつくられる．さらにmRNAに対応するタンパク質が生合成される．これら一連の遺伝子発現によって生合成されたタンパク質が，機能発現を示す生理活性物質の本体である．エストロゲンレセプターとの結合の強さからみると，典型的な17β-エストラジオール（女性ホルモン）に比較して，上述のDESを除くエストロゲン作用をもつ各化合物の結合の強さは，その1/1,000～1/10,000程度である．これに対しDESは，17β-エストラジオールとほぼ同じかやや強いレセプター結合作用をもっている．ある外因性の化合物がアゴニストとして作用する場合，本来のホルモンの作用とどう違うのか，また，アゴニストとアンタゴニストを区別する分子レベルのメカニズム

はどうなのか，などについては現在のところ確定的になっていない．

　これら外因性の化合物は生体異物質（xenobiotics）であるため，体内に取り込まれると異物代謝酵素により代謝され化学構造の変化をもたらされる．そのことで，もとの作用が弱くなる場合（代謝的不活性化）が多いが，まれにもとの作用よりも強くなる場合，あるいはもとの作用とは異なるホルモン作用を示すようになる場合（代謝的活性化）がある．たとえば，わが国でも害虫の防除などに1960年代の後半まで大量に消費された代表的な有機塩素系農薬のDDTは，化学的には純品ではなくp,p'-DDT（約85%）とo,p'-DDT（約15%）の混合物であり，主成分のp,p'-DDTそのものには直接的なエストロゲン作用はほとんど認められないのに対して，副成分のo,p'-DDTにはエストロゲン作用が認められる．しかし，主成分のp,p'-DDTには異物代謝の代表的な酵素である肝チトクロームP-450（CYP2Bなど）の量を増やす作用（酵素誘導現象）があることが，ラットなどの動物実験で確かめられており，この肝チトクロームP450は，内因性のアンドロゲンやエストロゲンをはじめ，各種のステロイドホルモンの分解的代謝にも関与することが知られている．そこで，p,p'-DDTによる肝チトクロームP-450の誘導は，各種ステロイドホルモンの血中レベルの恒常性を乱すことを通して，間接的に内分泌撹乱に関与している可能性も考えられる．そして，p,p'-DDTは代謝変換により新たにエストロゲン作用を有する副代謝物のDDDが生成される（代謝的活性化）．さらに主代謝物DDEには抗アンドロゲン作用が認められ，性ホルモンであるエストロゲンとアンドロゲンは互いに拮抗し合う関係にあることを考慮すれば，抗アンドロゲン作用は結果的にエストロゲンの作用を増強することになるとも考えられる．なお，DDTはわれわれ日本人にほぼ例外なくDDTおよびその代謝物（残留量：DDE＞DDD＞DDT）を総量として10 ppm（体脂肪1 gあたり10 μg）前後，体脂肪中に蓄積しているのが現状である（松井ほか，2002）．

　一方，ダイオキシン（TCDD）は，エストロゲン存在下でアンタゴニスト様（抗エストロゲン）作用を示すが，これはTCDDによりエストロゲンレセプターの分解が促進されることが，また，エストロゲン非存在下では，TCDDはアゴニスト様の作用を示すことが報告され，細胞質に存在する芳香族炭化水素レセプター（arylhydrocarbon receptor：AhR）と高い親和性をもち，そのおもな毒性はAhRの活性化を介して誘導されることが明らかになっている（分子予防環境医学研究会編，2003）．AhRを介した作用メカニズムは，ホルモン，成長因子な

どに特徴的なものであり，ダイオキシンは酵素の誘導，成長因子，ホルモンおよびそれらのレセプターの構造を変化させ，通常のホメオスタシスとホルモンバランスを変化させ，細胞の増殖，分化に影響を与える．TCDD の毒性は，試験生物種により大きく異なることが特徴で，たとえば，半数致死量（LD_{50}）で表される急性毒性は，最も感受性の高いモルモットと，最も感受性の低いハムスターの間では数千倍の開きがあると報告されている．また，LD_{50} でみると，TCDD は，青酸カリの 1,000 倍以上強い毒物であるが，その毒性の現れ方は緩やかで，実験動物の場合，2〜3 週間かけて死に至る．ヒトの健康への影響としては発がん，生殖機能，発生過程への影響，免疫機能への影響があげられる．発がんについては，比較的高濃度に曝露した工場労働者の疫学調査で，部位を特定せずに，がん死亡が増加することが認められており，TCDD は国際がん研究機関（IARC）によって，グループ 1 の「ヒトに対する発がん性が十分に確かめられている」に指定されている．ただし，TCDD には DNA を傷害するイニシエーター（発がん開始物質）活性はなく，プロモーター（発がん促進物質）作用によって発がんに関わると考えられている．生殖機能，発生過程への影響は，ダイオキシン類が内分泌撹乱作用を有すること，感受性が高いことから注目されている．免疫機能への影響については，ヒトでの影響はまだよくわかっていない．

難分解性，高蓄積性，脂溶性であるダイオキシン類は，一般および産業廃棄物の焼却炉や金属の精錬炉で燃焼時に生成し，煙や灰に混じって大気中に排出されたのち，地上に降下して水，土壌，さらに魚などに生物蓄積される．また国内では，CNP や PCP などの農薬（除草剤）に不純物として含まれ，散布と共に土壌へ放出されたものが多量に蓄積している．われわれ日本人は，摂取量の大半を魚介類などの食物から取り込み，摂取されたダイオキシン類はおもに肝臓と脂肪組織に蓄積され，半減期は 7〜10 年と推定されている．また母乳中には高濃度のダイオキシン類が含まれていることから乳児の摂取量も多く，さらに母体と胎児をつなぐ臍帯（へその緒）からもダイオキシン類は検出されていることから，これら感受性の高い胎児期と乳児期における影響が懸念されている．

以上のように内分泌撹乱化学物質の生体影響作用には，レセプターを介した作用がよく知られているが，これら以外にも次のようなものがある．ダイオキシン類や PCB は，甲状腺ホルモンと構造が類似しているため血液中の甲状腺ホルモン結合タンパク質に結合する結果，甲状腺ホルモン（T4）を減少させる．また，アミノグルテシマイド（ホルモン合成における特異的な酵素阻害）やトリブチ

ルスズ（アロマターゼ阻害によるエストロゲン減少など）などによるホルモン生合成異常，レセルピンやアンフェタミンなどによるホルモンの貯蔵もしくは放出に対する異常，メトキシクロール，DDT，PCB などによるレセプターの識別あるいは結合の異常，および，鉛，亜鉛，カドミウムなどの重金属によるホルモンレセプター結合後のシグナル伝達異常などである．これらの生体影響作用にみられる内分泌組織から血液を介して標的臓器にシグナル伝達される各段階において異常が生じると，生体に生殖機能異常，生殖器奇形，免疫機能抑制，（脳）神経系の異常などの発生する可能性がある．

R. カーソンは『沈黙の春』で，1950 年初頭以降の DDT を始めとする有機塩素系農薬の広範な自然環境への分布と，食物連鎖による生物への蓄積，肉食性鳥類の卵殻の薄化と次世代繁殖への影響について警告した．これが，ハゲワシ数の減少（フロリダ，ガルフコースト），カワウソの消滅（英国），ミンク数の激減（ミシガン湖，五大湖），セグロカモメ幼鳥死（オンタリオ湖），カモメの繁殖異常（南カリフォルニア），雄アリゲーターのペニス異常（フロリダ，アポプカ湖），アザラシの生殖や免疫機能の低下（バルト海，ワッデン海），スジイルカの免疫不全（地中海）など，全世界的に多くの野生生物における生殖・繁殖の異常，免疫不全や脳の発育不良を疑わせる異常の出現の報告へとつながっている（コルボーンほか，1997）．こうした異常がみられる生物の多くは食物連鎖の上位に位置し，とくに魚食性の動物である．すなわち，食物連鎖により DDT や PCB などの汚染物質（有機塩素化合物）が体内に高濃度に蓄積されたことが，こうした異常のおもな原因と考えられている．同様に米国ミシガン湖岸での子どもの知能発達障害（PCB）や国内で発生した水俣病（メチル水銀）などは，これら水中の汚染物質を体内に生物蓄積した魚を食したことが原因とされている．

環境中に放出された化学物質は，生物蓄積されるだけでなく微生物により生分解され，生じた生成物がホルモン作用を示すようになる場合がある．イングランド南部の Lea 川で，雌雄両性（hermaphrodite，オスの精巣に卵が生じる現象）のローチ（コイ科の魚）が出現し，羊毛処理工場から河川中に排出された工業用界面活性剤であるアルキルポリフェノールエトキシレート（APE）化合物によるものと推定された．その後のオスニジマスを用いた血漿中のビテロゲニンの影響調査[*5]により，APE の主成分であるノニルフェノールポリエトキシレート（NPEs）が，下水処理場や河川水中で微生物による生分解を受けて生じたノニルフェノール（NP）とともに，主として天然のエストロンや 17β-エストラジオ

ールおよび人工のエチニルエストラジオールが，ローチに取り込まれて外因性のエストロゲンとして作用したと考えられている．

　以上のように，環境ホルモンは脊椎動物に対する影響以外にも生物種の90％以上を占めるといわれる甲殻類や昆虫類などの無脊椎動物でも幼若ホルモン活性化合物（殺虫剤）の内分泌攪乱性など，特殊毒性の観点から曝露試験による繁殖に及ぼす影響が検討されている（国立環境研究所編集委員会編，2005）．

3）おわりに

　内分泌攪乱化学物質によって野生生物にはさまざまな特殊毒性が引き起こされる．一方，ヒトの場合，内分泌攪乱化学物質は，胎児の脳，生殖器，免疫系の形成期の初期段階にのみ作用を及ぼし，感受性の高い胎児期に曝露されるだけで，影響は不可逆的であり，しばしば遅れて現れ，成長後の大人になって表面化することになる．このようなヒトへの影響の評価には，ヒトの遺伝子情報から毒性をとらえようとするトキシコゲノミクス（toxicogenomics，毒性遺伝子情報学）の概念が導入されている．さらには，生命現象や生体反応の各種の生体情報をコンピュータ内で解析するバイオインフォマティクス（bioinformatics）を用いた環境ホルモンのリスク評価に関する研究への発展が期待されている．環境ホルモンは，一般毒性や特殊毒性の濃度レベルの100万分の1という微量で影響，または，ある低濃度域のみで，特異的な作用を有することも報告され，これまでの化学物質の安全性に関わる試験法そのものを見直す必要性も指摘されている．つまり，これまでの化学物質問題とは別の視点で新たなリスク評価の取り組みが必要とされる．これからの化学物質対策として，化学物質の内分泌攪乱性をはじめとするさまざまな特殊毒性について，胎児など感受性の高い集団に対する化学物質のごく低濃度の曝露による新たなリスク評価を行ったうえで，ヒトに対する総合的なリスク管理へとつなげていく必要がある．一方で，科学的に関連性が完全に証明されてから対策を講じるのではなく，過去に経験した水俣病などの事例から

[*5]　ビテロゲニン（卵黄タンパクの前駆物質）は，通常メスで，内因性のエストロゲンに反応して肝臓でつくられ，血液によって卵巣に運ばれ，卵巣でリポビテリンとフォスビチンの2つの卵黄タンパクに変換される．オスでのビテロゲニン発現は，外因性のエストロゲンの影響と判断されることから，環境ホルモンをモニターする指標（バイオマーカー）と考えられ，魚類の環境ホルモンの影響調査（バイオアッセイ）に用いられている．

も「予防原則」*6 に基づいた早急な規制措置を講じる必要もあると考えられる．

■文　献

ブルックス，P.（2004）．レイチェル・カーソン，上遠恵子訳，新潮社．
分子予防環境医学研究会編（2003）．分子予防環境医学生命科学研究の予防・環境医学への統合，木の泉社．
カーソン，R.（1974）．沈黙の春，青木簗一訳，新潮文庫．
コルボーン，T.・ダマノスキ，D.・マイヤーズ，J. P.（1997）．奪われし未来，長尾力訳，翔泳社．
原田正純（1972）．水俣病，岩波新書．
泉邦彦（2004）．有害物質小事典，研究社．
環境庁（1998）．外因性内分泌攪乱化学物質問題への環境庁の対応方針について—環境ホルモン戦略計画 SPEED'98．
環境省（2005）．化学物質の内分泌撹乱作用に関する環境省の今後の対応方針について—ExTEND 2005．
国立環境研究所編集委員会編（2005）．国立環境研究所年報 平成 16 年度．
松井三郎・田辺信介・森千里ほか（2002）．環境ホルモンの最前線，有斐閣選書．
松島綱治・酒井敏行・石川昌ほか編（2005）．予防医学事典，朝倉書店．
三村泰臣（2004）．環境の世紀を歩む—人間・環境・文明，北樹出版．
日本弁護士連合会（2004）．化学汚染と次世代へのリスク，七つ森書館．
日本水環境学会関西支部編（2003）．アプローチ 環境ホルモン—その基礎と水環境における最前線，技報堂出版．
西村肇・岡本達明（2001）．水俣病の科学，日本評論社．
農林水産技術情報協会編（1999）．農林水産業と環境ホルモン，家の光協会．
大竹千代子・東賢一（2005）．予防原則 人と環境の保護のための基本理念，合同出版．
若林明子（2000）．化学物質と生態毒性，産業環境管理協会．

3.4.3　農薬，有機ハロゲン化合物

1)　農　　薬

農薬による環境汚染と生物影響が確認された初期の事例は，1960 年代前後の DDT による猛禽類の卵殻薄化であろう．当時，北米では米国の国鳥であるハクトウワシの個体数が激減し，その原因として有機塩素系農薬の DDT の影響が疑われた．その後，DDT を含む有機塩素系農薬の残留性や毒性に対する懸念か

---

*6 1992 年の国連環境開発会議で採択された「リオ宣言」の原則 15 に明記されている．たとえば，ある化学物質が環境やヒトに重大な有害性や不可逆的な有害性を及ぼす可能性が認められるときに，ある程度の不確実性要素があり，科学的に因果関係が十分に解明されていなくても規制した方がよいと判断される．これが「予防原則」に基づいた規制である（大竹・東，2005）．

ら，世界各地でこれらの製造や使用が禁止あるいは制限されるようになった．現在ではハクトウワシの個体数も回復しており，この種のリスクは低下したように思えたが，最近になって別の農薬による新たな生態系の汚染と野生生物への影響が指摘されるようになった．

Hayes et al.（2002a；2002b）は，除草剤の「アトラジン」がきわめて低濃度で両生類（カエル）の生殖器官に作用し，個体数を激減させている可能性を指摘した．アトラジンはトウモロコシやムギを対象に使用される農薬の一種で，アメリカでは中部から東部にかけて年間 30,000 t 以上も使用されている（US Dept. Agri, 1994）．Hayes et al.（2002a）は，実験室内でオスのアフリカツメガエル（*Xenopus laevis*）にアトラジンを 0.01～200 ppb の濃度で曝露させたところ，0.1 ppb より高濃度の曝露時に，検体の精巣に卵母細胞が存在する雌雄同体や，精巣と卵巣が1つずつ存在する左右型雌雄同体が，供試検体の約 20％に確認されたことを報告した．また，咽頭が脱雄性化する現象もみられるなど，全般にカエルがメス化する様子がみられた．その原因を探るため，オスのカエルに 25 ppb のアトラジンを3日間曝露させたときの血清中テストステロン（男性ホルモン）濃度を測定したところ，値は顕著に減少し，コントロールのメスの値とほぼ同程度になった．テストステロンに代表される女性ホルモンは，アロマターゼという酵素の触媒により男性ホルモンから生合成されるが，本実験ではアトラジンがアロマターゼを誘導して女性ホルモンの合成を促し，オスのメス化を助長する内分泌撹乱作用を有する可能性が示された．

一方，アメリカでは水環境中から雌雄同体の生殖異常がみられるカエルが 10～92％もの高い確率で見つかっている（Hayes et al., 2002b）．この傾向は，カエル生息地周辺の環境水中のアトラジン濃度が 0.2 ppb 以上の地域において顕在化しており，逆に 0.1 ppb 以下の低汚染地区ではこの種の個体は観察されなかった．以上の結果は，アトラジンの曝露とカエルの生殖異状との関係を強く示唆している．また，アトラジンを含む複数の農薬の曝露がストレスホルモンのコルチコステロンの分泌を促し，その血液中の濃度上昇が個体数の変動に関与するとの報告もある（Hayes et al., 2006）．

2) 有機フッ素化合物

パーフルオロオクタンサルホネート（perfluorooctane sulfonate：PFOS）やパーフルオロオクタノエイト（perfluorooctanoate：PFOA）に代表される有機フ

ッ素化合物は，撥水剤や消火剤などで1960年代から製造・使用されていたが，それらによる環境汚染が知られたのは比較的最近のことである．Giesy and Kannan（2001）は世界中から採集した野生生物の体内に高濃度のPFOSが残留していることを報告した．その後，大気，水質，底質（Martin et al., 2002；Nakata et al., 2006）などの環境試料や，ヒトの血液や脂肪（Kannan et al., 2004）から複数の有機フッ素化合物の検出が確認され，これらの生態影響が懸念されるようになった．

PFOS，PFOAの毒性については，ラットにおけるLD_{50}値（lethal dose, 半数致死量）が，それぞれ251 mg/kg，189 mg/kg（いずれも経口投与）で，PFOSを経気道曝露したときのLC_{50}値は5.2 mg/Lとの報告がある．また，PFOAは肝臓がん，精巣Leydig細胞腫瘍，膵臓腺房細胞腺腫の腫瘍を引き起こすとの指摘もある（Kennedy et al., 2004）．

ヒトの場合，フッ素系製造工場の従業員が膀胱がんや前立腺がんの発生が上昇したとの報告があり，米国環境保護庁の科学諮問委員会でもPFOAの発ガン性が示唆されている（http://www.epa.gov/sab/pdf/sab_06_006.pdf）．PFOAは甲状腺ホルモンの生合成に関与する遺伝子発現を阻害し，一方でエストロゲンに関連する遺伝子発現を誘導することから，内分泌撹乱作用を有する疑いが報告されている．また，最近の研究では，出生時の乳児体重と臍帯血中のPFOS，PFOA濃度との間に負の関係がみられ，その影響が指摘される一方で，その逆の結果も報告されている．フッ素系化学工場の退職者を対象に行った調査では，PFOSとPFOAの体内半減期はそれぞれ8.67年，4.37年と長く，おもに肝臓や血液中に残留することが知られている．

2004年に発効したPOPs条約（ストックホルム条約）は，12種類の有機塩素化合物を対象に製造・使用の制限と国際的な管理強化を締結国に義務づけているが，2009年にPFOS，PFOAがPOPs条約の対象物質として新たに登録された．

3) 有機臭素化合物

ポリ臭素化ジフェニルエーテル（PBDEs）等の有機臭素化合物は，おもに難燃剤として製造・使用されてきたが，それによる環境汚染が注目されたのは1990年代以降である．近年ではPBDEsの代替品で1990年代後半から製造・使用量が増加したデカブロモジフェニルエーテル（BDE-209）やヘキサブロモシクロドデカン（HBCD）による地球規模の汚染が明らかになっている．この種の

物質は，難分解性で生物蓄積性が高く，大気経由で長距離移動する点がダイオキシン類やPCBsなどの有機塩素化合物と共通しており，2009年にPOPs条約の対象物質に登録された．

有機臭素化合物の毒性については，これまで多くの報告がある．PBDEsは209種類の異性体・同族体を有し，その毒性はさまざまであるが，全般に急性毒性は低いとされる．たとえば，臭素が8つ付加したオクタブロモジフェニルエーテルを約30％含有する製剤をラットに投与した場合のLD_{50}値は5,000 mg/kg以上であり，肝臓の酵素誘導などを指標にしたNOAEL値（無影響濃度）は，2,500～5,000 mg/kg/dayと高い．BDE-209の場合，ラットにおけるLDLoとNOAELの各値は，それぞれ500 mg/kg，1,000～8,000 mg/kg/dayであり，いずれも環境試料から検出される濃度値よりも数桁高い．

一方で，臭素系難燃剤には甲状腺や性ホルモンの合成阻害，発達障害，脳などの神経系への影響も報告されている．Hamers et al.（2006）は，PBDEs，HBCD，テトラブロモビスフェノールA（TBBPA），水酸化PBDEsなど27種類の臭素系難燃剤を対象に，CALUXなどのバイオアッセイ法で毒性メカニズムの解析を行った．その結果，AhレセプターAhR）との親和性が複数のPBDEsで観察され，とくにBDE-38が高値を示した．また，AhRとの拮抗性も示され，これらのことは，PBDEが2,3,7-8-TCDDと類似の毒性を有する可能性を示している．また，男性ホルモンと女性ホルモンの両レセプターとの親和および拮抗性は，BDE-169, 206, 209などの高分子PBDEsやTBBPA等で確認されている．さらに，甲状腺ホルモン（T4）の結合性試験（TTR binding assay）ではTBBPAのIC_{50}値は$0.016\,\mu$Mと低値であり，T4に対し強い競合性を示す可能性が窺えた．

神経毒性や発達阻害については，PBDEやHBCDを投与されたラットの実験（Branchi et al., 2003）でも指摘され，血清中のT4レベルの減少との関連が疑われている．

■文　献

Branchi, I., Capone, F., Alleva, E. et al.(2003). Polybrominated diphenyl ethers: neurobehavioral effects following developmental exposure. *NeuroToxicology*, 24, 449-462.

Giesy, J. P. and Kannan, K.(2001). Global distribution of perfluorooctane sulfonate in wildlife. *Environ. Sci. Technol.*, 35, 1339-1342.

Harmers, T., Kamstra, J. H., Sonneveld, E. et al.(2006). In vitro profiling of the endocrine-

disrupting potecy of bromnated flame retardants. *Toxicol Sci.*, **92**, 157-173.
Hayes, T., Case, P., Chui, S. et al.(2006). Pesticide mixture, endocrine disruption, and amphibian declines: are we underestimating the impact? *Environ. Health Perspect.*, **114** (Suppl 1), 40-50.
Hayes, T., Collins, A., Lee, M. et al.(2002a). Hermaphrodic, demasculinized frogs after exposure to the herbicide atrazine at low ecologically relevant dose. *Proceedings of the National Academy of Science of the United States of America*, **99**, 5476-5480.
Hayes, T., Hanston, K., Tsui, M. et al.(2002b). Ferminization of male frogs in the wild. *Nature*, **419**, 895-896.
Kannan, K., Corsolini, S., Falandysz, J. et al. (2004). Perfluorooctanesulfonate and related fluorochemicals in human blood from several countries. *Environ. Sci. Technol.*, **38**, 4489-4495.
Kennedy, G. L., Butenhoff, J. L., Olsen, G. W. et al.(2004). The toxicology of Perfluorooctanoate. *Crit. Rev. Toxicol.*, **34**, 351-384.
Martin, J. W., Muir, D. C. G., Moody, C. A. et al.(2002). Collection of airborne fluorinated organics and analysis by gas chromatography/chemical ionization mass spectrometry. *Anal. Chem.*, **74**, 584-590.
Nakata, H., Kannan, K., Nasu, T. et al.(2006). Perfluorinated contaminants in sediments ad aquatic organisms collected from shallow water and tidal flat areas of the Ariake Sea, Japan：Environmental fate of perfluorooctane sulfonate in aquatic ecosystems. *Environ. Sci. Technol.*, **40**, 4916-4921.
U. S. Department of Agriculture (1994). Pesticide Industry Sales and Usage：1992 and 1993 Market Estimates (Environmental Protection Agency), U. S. Dept. Agric. Publ. No. 733-K-94-001.

3.4.4　重金属，生体微量元素，アスベスト

　汚染物質を大きく有機と無機物質に分ければ，重金属類，生体微量元素，アスベストは，3.4.1 項で触れた放射性物質とあわせ，後者に属する．しかし，3 種の毒性発現メカニズムは大きく異なる．放射性物質に関しては 3.4.1 項に詳しいが，本項でもアスベストは，独立で解説されたほうがよいほど性質を異にする．しかし，多くの有機系汚染物質と異なり，もともと天然に存在するが人間活動によって生物圏へもたらされたという特徴や，工業的に優れた性質をもったため人類による生産・利用が拡大し，結果として予期できなかった深刻な汚染を引き起こした点など，3 種は恐ろしいほど類似している．

　重金属類と微量元素（生体微量元素とも）は，その言葉が使用される分野によって微妙に重複し，また混同もされやすい．重金属類は，水銀やカドミウムなど，環境汚染を扱ううえで無視できない元素の総称であり，とくに鉛は汚染によ

って野生動物を死に至らしめる稀有の化学物質である．一方で，おもに医学・薬学の分野では，鉄などの重金属類も生体微量元素としてまとめられる．

重金属類は，比重が4または5以上の金属元素の総称であるが，いわば環境科学寄りの呼称といえ，微量元素という単語との関係には歴史的な経緯がある．第2次世界大戦後，イタイイタイ病や水俣病によって世界的な関心事となった公害事件は，1970年前後に地球環境問題へと発展する．海生哺乳類など野生動物における検出の報告も，水銀や鉛，カドミウムなど重金属類で先鞭がつけられた．その直後から鉄や亜鉛，銅といった必須元素である重金属類に加え，セレンやヒ素などの報告が相次いでなされた．ここで，セレンやヒ素は厳密な意味では金属ではないことから，より正確な呼称として，環境科学の分野でも微量元素という言葉が使用されるようになった．一方で，環境汚染を扱う法律など公的な文章には，最初に用いられた重金属という呼称が使用され続けている．

微量元素は，もともと分析化学における低濃度の検出，つまり「痕跡（トレース）」に由来し，用語としての歴史は古い．とくに生体微量元素として使用する場合，体内での濃度が体重1gあたり$1\sim100\,\mu g$の範囲の9種（鉄，フッ素，ケイ素，亜鉛，ストロンチウム，ルビジウム，鉛，マンガン，銅）であり，それ以上の濃度で存在するものを少量元素（硫黄，カリウム，ナトリウム，塩素，マグネシウム），さらに多い生体構成成分を多量元素（酸素，炭素，水素，窒素，カルシウム，リン），一方で，より低いレベルで存在するものは超微量元素（カドミウム，水銀，セレン，ヒ素など）と定義されている．しかし，この定義がありながら，生体微量元素は超微量元素を含んで用いられている．

重金属類と生体微量元素の毒性をひとくくりで述べることは難しいが，本項では両者の総称として微量元素と呼び，毒性発現の機序は過去に深刻な公害事件の原因となった重金属類とアスベストについて触れる．

1) 微量元素の毒性評価するときの留意点：必須性と存在形態

微量元素の生態影響評価は，人工有機化合物などに比べ難しいとされる．その原因として，必須性の問題がある．重金属類の中には必須元素と呼ばれるグループが存在し，また，微量元素の中にもいわゆる汚染物質や毒物とされる強毒性元素が存在する．必須元素とは，文字通り，生物の生存に不可欠な元素群のことであるが，以下の条件を満たす必要がある．

①摂取量の低下により欠乏症（生理的な異常）が現れる．

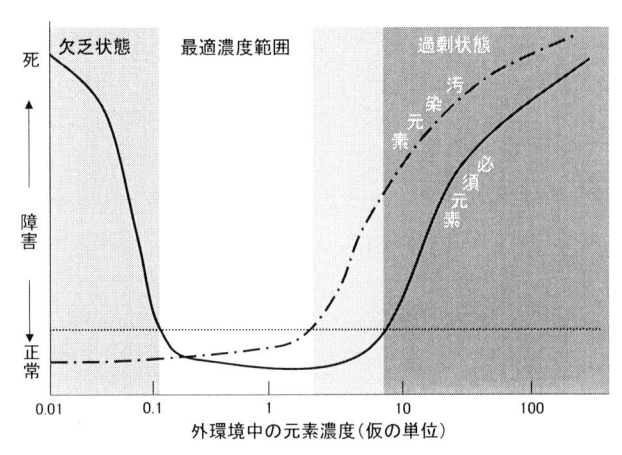

図3.11 外環境中の重金属濃度と生体障害の関係（和田，1985を改変）

②その元素を摂取することにより，他の元素や他の方法ではみられない改善を示す．
③その元素を含むタンパク質や酵素が生体内から同定される．

これらの条件をすべて満たせば完全な必須元素であり，2つを満たせば広義の必須元素と考えられている．近年，動物では鉄，フッ素，ケイ素，亜鉛，ストロンチウム，鉛，マンガン，銅，スズ，セレン，ヨウ素，モリブデン，ニッケル，ホウ素，クロム，ヒ素，コバルトおよびバナジウムが必須元素とされ，それぞれが含金属酵素・タンパク質を形成している．

ここで，3.1節で紹介した毒性学の基本概念，用量-応答関係（図3.1）であるが，重金属類を含む微量元素一般で作成すれば，その曲線は異なる（図3.11）．つまり，あるレベルより低い用量もしくは体内濃度で有害作用（欠乏症）が現れ，用量の増加に伴って減少（回復）する．その後，用量が上昇し，ある閾値を超過すれば，他の化学物質と同様に有害作用（過剰症）が発現する．一般に，必須元素は体内においてホメオスタシスが働き，組織中の濃度は一定に保たれる．過剰の摂取は排泄を活発にしたり，または特定のレセプターが誘導され，無毒化したうえで体内に貯蔵される．一方で，食物中の濃度が低い場合でも積極的な吸収が行われ，腸肝循環による回収率も増加する．

留意すべき点は，元素種，また生物種による差異が存在することである．ヒトや実験動物で必須性が確認される元素であっても生物種によって，その最適範囲

が異なったり,セレンなどで知られているように最適範囲自体が狭い場合がある.欠乏症が現れやすい動物や,ごく微量の存在で過剰症を発現する感受性種が存在する.さらに,ニッケルやバナジウムはヒトにおける必須性が確定していない.このように,多様な野生生物の全生物種における必須性の確認は困難といえ,強毒性元素の代表といえるカドミウムや鉛でさえ,近年は必須性が示唆されている.

微量元素の毒性を複雑にしているもう1つの要因として,生体内でのさまざまな化学形態がある.存在形態によって微量元素の毒性は著しく異なる.環境から曝露される場合も,それぞれの元素は化学形態によって毒性が変化する.たとえばメチル水銀やアルキル鉛といった有機金属は,無機態や金属イオンよりも毒性は高くなる.一般に金属類の免疫毒性は強いとされるが,有機金属化合物のそれは無機金属より強くなる.一方で,ヒ素においてアルセノベタインやアルセノシュガー(ヒ素糖)といった有機ヒ素は,その毒性が低い.しかし,有機ヒ素全体の毒性が低いとは一般化されず,なかにはジフェニルアルシン化合物やフェニルアルソン化合物のように強い毒性を有する化学形態もとりうる.

2) 重金属類の毒性

重金属類の毒性は元素種によって異なる.そのため,全元素に関して触れることは膨大となり,さらに,多くの超微量元素に関して毒性の把握はいまだ詳らかでない.そのため,ここでは金属一般の毒性発現機構に関してまとめる.

重金属類によって生体に障害が生じるのは,体内における特定の生化学的反応が変化するためと一般化される.とくに,上述のように重金属類にはきわめて強い毒性を示す元素と同時に必須元素が含まれるが,ともに金属元素として類似した物理化学的性質,たとえばイオン半径や電子親和力などを有する.そのため,多くの強毒性元素は,類似した性質をもつ必須元素の吸収経路で体内組織へ侵入

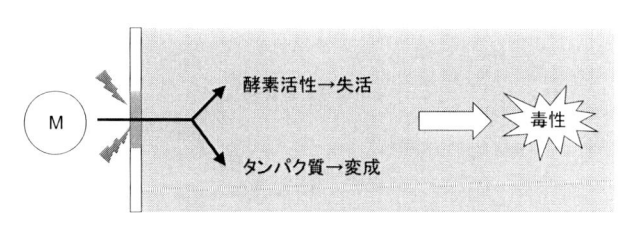

図 3.12 一般的な金属毒性の作用機序

し、またその必須元素が活性中心となっている酵素代謝に対して競合や置換などを行い、結果として毒性を生じる．つまり必須元素の存在が、有害金属の毒性をもたらすといえる．

　体内に取り込まれた重金属類（M）は、まず細胞膜の機能や構造に変化を生じさせ、膜透過性に影響を与える（図3.12）．ついで、細胞内に侵入すると種々の酵素やタンパク質に影響を及ぼし、生体機能に変化を生じさせる．重金属イオンの多くは2価の形態をとり、タンパク質やアミノ酸のチオール（SH）基と結合するが、通常は吸収されることなく代謝・排泄される．しかし、過剰の摂取により遊離の金属イオンが生じると、SH基との親和性が強いため、さまざまなタンパク質と結合する．細胞膜では、物質輸送システムに作用し、電解質や糖、アミノ酸などの透過性を変化させる．細胞内に侵入した金属イオンの主要な毒性発現機構は、酵素の活性中心と結合・置換することで、それらの活性が抑制されることによって生じる．活性中心以外の場所での結合は、活性中心の電気的荷電状態を変化させたり、タンパク質の構造を変化し、結果として酵素活性を抑制する．必須元素に対する強毒性元素の置換は、毒性元素レベルが上昇したり、または必須元素が欠乏状態のときに起こる可能性が高くなる．これらのダメージは造血系や細胞内情報伝達系、遺伝子系および免疫系などに対して毒性を発現させる．

　重金属イオンは、2タイプのメカニズムで細胞内の活性酸素種（ROS）を増大させる．3.1節で述べたように近年、多くの毒性メカニズムが原子レベルで解明され、その障害の大部分は活性酸素種と活性窒素種（RNS）の発生で説明される．第1のメカニズムは、重金属類が直接、酸化還元反応を通じてフリーラジカルを発生し、タンパク質を変性させるものである．代表的な生成反応としてフェントン反応（式(1)）があげられるが、その他、銅などもROSの中で最も反応

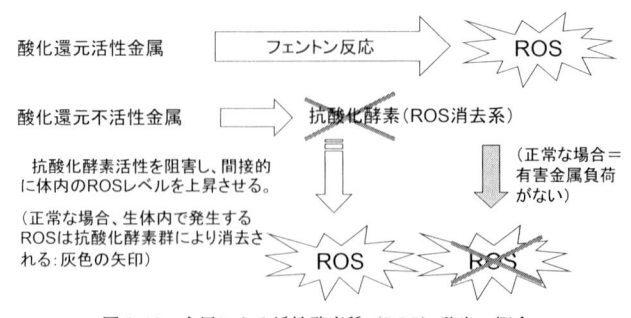

図 3.13　金属による活性酸素種（ROS）発生の概念

性が高いヒドロキシラジカル（・OH）を生成する（式(2)）．

$$Fe^{2+}+H_2O_2 \rightarrow Fe^{3+}+HO^-+OH\cdot \quad (1)$$
$$Cu^++H_2O_2 \rightarrow Cu^{2+}+HO^-+OH\cdot \quad (2)$$

クロムやコバルト，ニッケル，銅は呼吸によって生じる過酸化水素の存在下でヒドロキシラジカルなどROSを生成し，DNAを切断する遺伝毒性を発現する．

もう1つのメカニズムは，スーパーオキシドジスムターゼ（SOD）などROSを消去する酵素群を不活性化させたり不足させたりすることにより，2次的にROSを増加させるメカニズムである（図3.13）．カドミウムや亜鉛，ヒ素など多くの有害金属がこれに該当する．銅や亜鉛，マンガン，鉄などの重金属類はROSの消去系で主要な役割を果たす抗酸化酵素，SODやカタラーゼの活性中心であり，酸素呼吸の獲得と関係した生物進化においても重要な役割を果たした可能性がある．そのほか，カドミウムは間接的に細胞膜のNADPオキシダーゼを活性化し，急激な酸化ストレス（NO，ROSの一種）を発生させる．

金属イオンによる他の毒性としては，体液中に不溶性の塩を形成することや，生体高分子を分解する加水分解反応への関与などがある．

3） アスベストの毒性

天然由来の繊維状ケイ酸鉱物であるアスベストは，耐熱性や耐圧，耐磨耗，耐薬品，電気絶縁性，防音性などの優れた性質を有し，工業的に多用されてきた．角閃石系の青石綿，茶石綿，蛇紋岩系の白石綿が代表的であり，毒性も青＞茶＞白石綿の順で高い．アスベストの毒性は比較的早い段階（1930年代）から指摘され，1970年代には不可逆性の重篤な疾患の原因となることが確定し，1980年にはWHOによって発がん物質と認定された．しかし，1980年代，先進諸国で使用が禁止される中，日本においては安価な材料を利用し使用が続けられてきた．

アスベストの毒性は，重金属類と異なり，形状に依存する．主要な標的器官である肺における毒性発現機構も，結晶構造や表面特性が機械的要素となることが指摘されている．また，人造鉱物繊維と異なり，どんどん縦にへき開して小さくなる性質と，吸入時には繊維の直径と長さ，長さと直径の比（アスペクト比）が，その後は，肺の中で溶けずに蓄積する性質が重要となる．アスベストは動物に対して石綿肺，肺がん，悪性中皮腫の3種の肺疾患を引き起こすが，繊維の長さが2μmの場合は石綿肺を，5μmの場合は中皮腫を，10μm以上の場合は肺が

んを引き起こす．直径は体内での移動に関係し，3 μm 以上の場合，肺の末梢組織に到達できない．0.5 μm 以下の直径はリンパ節を介して胸膜表面など他組織への移動を可能にするため中皮腫を発症させると考えられている．

その毒性は，フリーラジカルを介して行われ，アスベスト表面で鉄と酸素の相互作用により生じる過酸化水素や・OH の関与が指摘されている．とくに発がん機構として，フリーラジカルを介した DNA グアニン残基の修飾などが知られている．

先に記したように，アスベストも重金属類を含めた微量元素も，その優れた性質から産業的に広範囲の分野で利用されてきた．その高い毒性や環境リスクが指摘されながらも，快適な社会生活には不可欠な素材であった．リスクと産業的利用価値，そのどちらを優先させるか，この点が環境毒性学的における最大の課題といえるであろう．

■文　献

藤田正一編（1999）．毒性学—生体・環境・生態系，300 pp，朝倉書店．
佐藤洋編著（1994）．Toxicology Today —中毒学から生体防御の科学へ，380 pp，金芳堂．
鈴木継美・和田攻（1978）．重金属中毒，115 pp，医歯薬出版．
土屋健三郎監修（1983）．金属中毒学，476 pp，医歯薬出版．
和田攻（1985）．金属とヒト，320 pp，朝倉書店．
八木康一編（1997）．ライフサイエンス系の無機化学，189 pp，三共出版．

3.5　発現機構と症徴

3.5.1　植物の栄養欠乏と毒性

1）　必須栄養素

植物の生育には特定の元素が必要である．植物必須元素の定義は，「その元素がないことにより植物がその生活環をまっとうできないもの，もしくは生理的役割が明確な元素」である．植物は必須元素を獲得し，さらに太陽光のエネルギーを得ることによって，通常の生育に必要なすべての植物成分を合成することができる．

必須元素の供給が適切に行われないと栄養障害が起こり特徴的な欠乏症状が現れる（Underwood, 1975）．植物における栄養欠乏症状は，必須元素の不足が引

3.5 発現機構と症徴

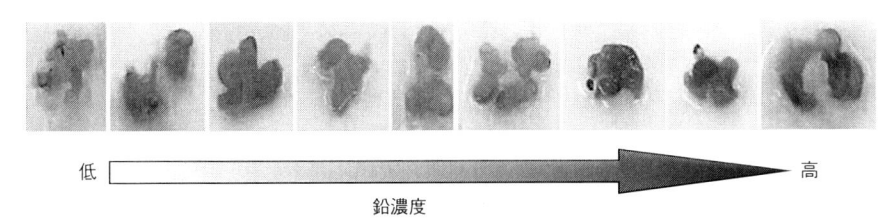

図3.14 Pb曝露による細胞の変化(曝露2日目)
高濃度のPbによる影響が確認できる.

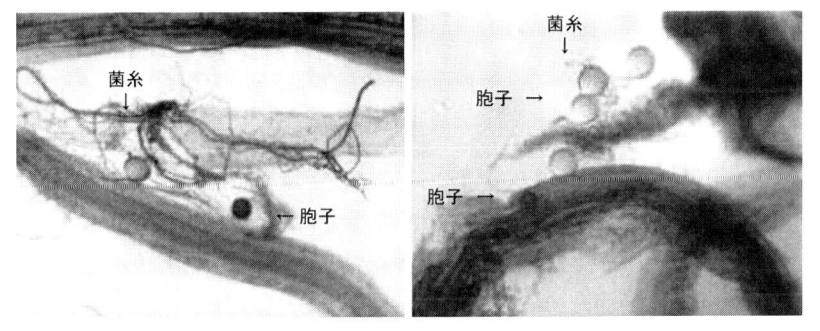

図3.15 パセリ根圏土壌中にある菌根菌(AM菌)

き起こす代謝異常によるものである.必須元素はそれぞれ多くの代謝反応に関わっているが,必須元素の働きをある程度一般化すると,必須元素は植物の構造,代謝および細胞の浸透調節において機能している(賀来・倉石,1980).

根で土壌から吸収される必須無機栄養素の種類は,植物によって異なる.必須無機栄養素は,それ無しでは植物が増殖できないものである.植物は,生長時に十分な栄養を得ないと欠乏症を示すが,その症状はその栄養素の植物体内の機能と関連している(三村・鶴見編,2009).たとえば,アルミニウムなどの有毒イオンは,栄養素の利用や呼吸を制限するように働くため,欠乏症を引き起こす.鉛のような有毒イオンについても,セイヨウカラシナのカルスでの鉛曝露実験でわかるように植物の生育に影響を与える(図3.14;山田ほか,2005).農業生産的には,栄養素を十分利用できるようにし,毒性イオンを減らすことが必要である.

また,多量栄養素としての窒素は,アミノ酸やタンパク質の構成要素であり,硝酸イオンやアンモニアイオンとして土壌から吸収される.もしくは,窒素固定生物によっても取り入れられる.窒素は還元型の硝酸化合物として輸送される.

硫黄は，タンパク質の構造を保持するための含硫アミノ酸に必要である．リンは生体膜，核酸，ATPの生産に必要であり，その輸送は，無機リン酸，あるいはリン酸化糖の形としてなされる．リンの取り込みは菌根菌（図3.15）によって高められる．カリウム，カルシウム，マグネシウムはすべて水溶性の陽イオンである．カリウムは酵素活性や浸透圧制御に必要である．カルシウムは膜の安定性や細胞内調節因子として必要である．マグネシウムはクロロフィルや酵素活性に必要である．

2） 栄養欠乏と毒性

ある特定の栄養素が十分量に足りないと，植物は可視的な欠乏症を示す．その症状は，植物体における栄養素の機能と関連している（テイツ・ザイガー編，2004）．一般に，葉のクロロフィルが欠乏し，黄変している様子をクロロシス（chlorosis）といい，また成長点の細胞死や葉の表面の病変による細胞死をネクロシス（壊死，necrosis）という．これらの症状と程度は，その栄養素がどこで必要とされているか，そして植物体内で再分配されるのかによって異なる．たとえば，生育成長速度の遅い植物では，ネクロシスが起こる前に，若い葉において一般的なクロロシスや葉がカギ状に曲がり下を向く現象や変形がみられる場合がある．葉が黄変するクロロシスは，植物が最も多量に要求する窒素や硫黄，マグネシウムなどの必須元素が欠乏すると，とくに基部に近い古い葉に発現する．

3） 炭素化合物を構成する無機養分の欠乏

自然生態系ならびに農業生態系における植物の生産性は，植物の利用できる土壌中の窒素含量によって決まり，一方，窒素とは対照的に，土壌中の硫黄は，通常，過剰に存在している（農林水産省農業環境技術研究所，1990）．このような違いがあるにもかかわらず，窒素と硫黄はともに広い範囲の酸化還元状態をとる．植物が最も多量に要求する無機元素は窒素であり，窒素はアミノ酸や核酸などの細胞成分を構成しているため，窒素欠乏は植物の生育を急速に阻害し，多くの植物種において葉が黄変するクロロシスがみられ，とくに基部に近い古い葉に発現する．一方，2種類のアミノ酸の中に存在する硫黄は代謝に必須の補酵素やビタミンの構成成分である．硫黄欠乏の症状は窒素欠乏の症状に類似しているが，硫黄欠乏によって引き起こされるクロロシスは，窒素欠乏のクロロシスが古い葉にみられるのとは異なり，通常，まず成熟した葉や若い葉に発現する．

4) エネルギーの保存や構造維持に重要な無機養分の欠乏

植物体内において，リン，ケイ素，ホウ素は，通常，炭素分子にエステル結合をしている．リンは，リン酸塩として存在し，呼吸や光合成のエネルギー代謝に用いられる ATP，DNA および RNA 中のヌクレオチドの成分である．リン欠乏に特徴的な症状は，若い植物にみられる生育阻害や葉が濃緑色になる．また，形態異常や壊死斑もみられる．ケイ素は，小胞体，細胞壁，細胞間隙に不定形のケイ酸（SiO_2/nH_2O）として沈着し，ポリフェノールと複合体を形成してリグニンの代替物として細胞壁を強化する．また，ケイ素は多くの重金属類の毒性を緩和することができる．ケイ素欠乏によって植物は倒れやすく，カビの感染を受けやすい．ホウ素は，細胞伸長，核酸合成，ホルモン応答，膜機能への関わりが示唆されている．ホウ素欠乏の症状は，若い葉や頂芽が黒くなりネクロシスを起こす．

5) イオン形態で存在する無機栄養分の欠乏

細胞質や液胞に存在するカリウム，カルシウム，マグネシウム，塩素，マンガン，ナトリウムは，炭素化合物に電気的もしくはリガンドとして結合している．

カリウムは，細胞の浸透ポテンシャルの調節に重要な役割を果たしている．また，呼吸や光合成に関わる多くの酵素を活性化する．カリウム欠乏の症状は，葉における斑点状もしくは葉縁に沿ったクロロシスが最初にみられ，その後，葉の先端，葉縁，そして葉脈と葉脈の間のネクロシスへと発展する．

カルシウムは，膜が正常に機能するためにも必要である．また，環境からのシグナルや植物ホルモンのシグナルに対するさまざまな対応反応において，セカンドメッセンジャーとしても働いている．カルシウム欠乏の症状は，根の先端や若い葉のような細胞分裂や細胞壁の形成が盛んな部位においてネクロシスを起こす．

マグネシウムは，呼吸，光合成，DNA 合成，RNA 合成に関わる酵素を特異的に活性化する．マグネシウム欠乏の症状は，葉脈と葉脈の間にクロロシスがみられ，古い葉に発現する．黄化し，クロロフィルが形成されなくなる．

塩素は，光合成において水を分解し酵素を発生する反応に必要である．塩素欠乏の症状は，葉の先端がしおれ，葉のクロロシスとネクロシスがみられるが，自然環境や農地に生育している植物に塩素欠乏がみられることはない．

マンガンは，クエン酸回路（クレブス回路）に関わるデカルボキシラーゼやデ

ヒドロゲナーゼを特異的に活性化させる．また，マンガンは光合成における酵素活性反応にも関わる．マンガン欠乏の症状は，葉脈間のクロロシスが起こり，小さな壊死斑形成が伴う．

ナトリウムは，C_4 および CAM 経路における最初のカルボキシル化反応の基質であるホスホエノールピルビン酸の再生に必要である．ナトリウム欠乏の症状は，クロロシスやネクロシスが発現し，花の形成ができなくなる．

6) 酸化還元反応に関わる無機養分の欠乏

シトクロム，クロロフィル，酵素などのタンパク質といった大きい分子に結合して存在する鉄，亜鉛，銅，ニッケル，モリブデンは，すべて可逆的に酸化と還元状態をとることができ，電子伝達およびエネルギー転移において重要な働きをしている．

とくに鉄は，シトクロムのような電子伝達（酸化還元反応）に関わる酵素の構成成分として重要な働きをしており，電子伝達においては，可逆的に Fe^{2+} から Fe^{3+} に酸化される．マグネシウム欠乏と同様に，鉄欠乏の症状は，葉脈間のクロロシスである．しかし，古い葉から若い葉への鉄の転送が容易でないために，マグネシウム欠乏とは異なり，最初に若い葉から発現する．

上述のように必須元素の供給が適切に行われないと栄養障害が起こり，特徴的な欠乏症状が現れる．植物における栄養欠乏症は，必須元素の不足が引き起こす代謝異常によるものである．植物は光合成によってエネルギーを合成する能力を得た．しかし，動物と異なり，移動することができない．そのために生育環境によって生長や生存を脅かされることもある．このように，植物の生育を阻害する環境要因をストレスと呼ぶ．植物の柔軟な環境適応能力は，細胞内のダイナミックな代謝調節制御の結果であるといえる．

■文　献

賀来章輔・倉石晋 (1980)．植物の生長と発育，共立出版．
三村徹郎・鶴見誠二編著 (2009)．植物生理学，化学同人．
農林水産省農業環境技術研究所編 (1990)．微量元素・化学物質と農業生態系，養賢堂．
テイツ，L.・ザイガー，E. 編 (2004)．植物生理学，西谷和彦・島崎研一郎監訳，培風館．
Underwood, E. J. (1975)．Trace Elements in Human and Animal Nutrition 3rd Edition：微量元素—栄養と毒性，日本化学会訳編，丸善．

山田亮・竹田竜嗣・澤邊昭義ほか（2005）．重金属集積植物セイヨウカラシナのカルスにおける重金属の挙動．分析化学, 54, 929-933.

3.5.2 動物における毒性発現

　化学物質が動物の体内に侵入した後，最終的に毒作用を発現させるメカニズムは，大ざっぱにとらえれば植物と共通の部分が多い．つまり，生物の基本構造である細胞以下のレベル（細胞小器官＞タンパク質＞原子レベル）に作用する化学物質の反応は，活性酸素による障害など，共通している．しかしそれぞれの化学物質は，生体内で物質に特異的となる症徴を発現させる．

　前項で述べられた植物におけるクロロシスのように，現れる症状や，曝露経路，標的器官によって毒性を分類することは毒性学でよく行われている．しかし，動物における症徴はより複雑といえ，臓器に特異的な障害から動物種に特異的な障害まで多岐にわたる．その詳細の解説は膨大な量の記述になるため，本項は臓器毒性（肝毒性・神経系毒性など）や機能毒性（免疫毒性・内分泌毒性など）を網羅することを避け，それらに至る基本的な道筋について触れたい．

　化学物質の生体毒性を把握するとき，吸収，分布，生体内変換（各種代謝作用），そして排泄の4要素の総体として理解することが重要である．これら，物質の体内動態を速度論的に理解する研究がトキシコキネティクスである．生体毒性の発現は，化学物質が上の4つの各要素を経て，最終的に死へ至る道筋としてとらえられる．

　化学物質による毒性は，たとえば強酸による火傷など直接的な発現である1次作用と，火傷後に生じる壊死といった2次作用に大別される．いくつかの生体異物（強酸，強アルカリ，重金属イオン，シアン化水素，一酸化炭素など）は直接毒性を発現させ，これらは絶対毒と呼ばれる．しかし，発がん物質など多くの化学物質は生体内で代謝を受けた結果，毒性を増強させる．つまり体内に取り込まれた多くの化学物質は肝臓で生体内変換を受ける．薬物代謝を含めた多彩な生理機能を担う肝臓は「生体内の化学工場」と呼ばれる．肝臓で行われる化学物質の代謝は，第1相反応と第2相反応からなる（4.3節参照）．

　環境中に存在する多様な化学物質は，物質の種類だけ多様なメカニズムで，かつ特殊な毒性を発現させる可能性がある．ここでは，最も一般的な物質の運命に沿って，体内に侵入した化学物質が毒性発現に至る機序について述べる．

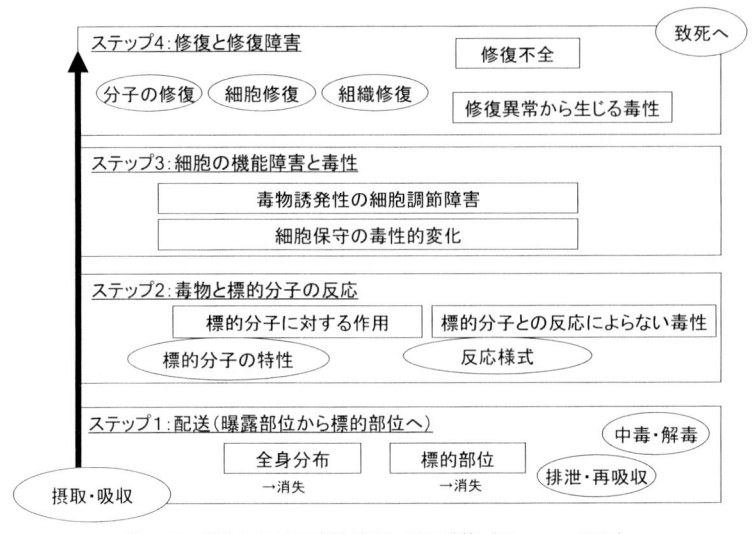

```
ステップ4:修復と修復障害        修復不全        致死へ
  分子の修復  細胞修復  組織修復   修復異常から生じる毒性

ステップ3:細胞の機能障害と毒性
   毒物誘発性の細胞調節障害
   細胞保守の毒性的変化

ステップ2:毒物と標的分子の反応
   標的分子に対する作用   標的分子との反応によらない毒性
   標的分子の特性         反応様式

ステップ1:配送(曝露部位から標的部位へ)        中毒・解毒
   全身分布   標的部位                        排泄・再吸収
   →消失     →消失
摂取・吸収
```

図3.16 動物における毒性発現に至る道筋 (Klaassen, 2001)

1) 物質の運命からみた毒性発現の機序

図3.16に示す毒性発現のメカニズムは，毒物となる化学物質（トキシカントと呼ぶ）を主人公にしたとらえ方であり，体内における運命をたどったものである．化学物質はまず，さまざまな形態で動物に接触（曝露）した後，体内へ侵入する．その後，体内を移動し最終的に標的部位へ分布することになる．その後の動態を単純な運命としてとらえれば，蓄積もしくは排泄のいずれかをたどる．毒性は，生体内から排泄されなかった化学物質が，各種の生物学的作用を受け，究極トキシカント（最終的に毒作用をもたらす化学物質の形態）となり，標的となる生体成分に障害を与えることで発現する．ここで，吸収，分布，代謝の各ステージでは，それぞれ毒性の消去メカニズムが働き，解毒，排泄，さらに再吸収といった作用を被る．

図3.16に示したステップ1以前の「曝露」も重要な要因となる．動物にとって主要な曝露経路は，食餌の摂取を通じ消化管へ至る経口，大気由来で肺から吸入される経気，そして皮膚を通じた経皮曝露がある．その他として，外傷から直接筋肉や血流，体腔内にもたらされるケースもある．血流中へ直接もたらされる曝露が，一般に作用速度とともに最も強い毒性を示すが，これは例外的なケースといえる．その他の作用は，大きく吸入＞（腹腔内＞皮下＞筋肉内＞皮内＞）経

口＞経皮の順になる．次に，曝露された化学物質がどの程度，体内へ吸収されるか，吸収率が重要となる．このレベルは「生物利用能」として評価される．吸収速度は，曝露された濃度に依存し，濃度は曝露の速度と溶解速度で決定される．その他，吸収に関係する要因として，曝露部位の面積や上皮層の性質，上皮下の局所循環の速度，そして化学物質側の物理化学的性質があげられる．物理化学的性質としては一般に脂溶性のものの方が水溶性物質より吸収率は高くなる．

　化学物質の運命の第1ステップは体内における分配である．侵入したトキシカントは，血液を通じて体内配送され（全身分布），最終的には化学物質に特異な標的部位に到達する．化学分析によって特定される汚染物質の蓄積部位は，一般的に毒性発現のポテンシャルが高いと評価される．しかし，高濃度蓄積部位が必ずしも毒性の標的部位と一致しないケースがある．たとえば，重金属類の鉛は骨（硬組織）に高濃度で蓄積するが，その毒性は軟組織とくに脳・神経系へ作用する．DDTsなどの有機塩素系化合物は脂肪組織に高濃度で分布するが，毒性発現組織は異なる．蓄積部位では無毒化のメカニズムが働くことが多く，たとえばカドミウムの毒性を封鎖する低分子タンパク質・メタロチオネイン（4.3節参照）のように，特定のタンパクとの結合によって，生理活性が封鎖される．しかし，体内で合成される生化学物質にも寿命があり，合成能にも限界がある．ここで野生動物では，彼らに特有な渡り行動や，繁殖と関係する絶食などのストレスが，汚染物質の再分配を引き起こす可能性がある．

　蓄積部位，標的部位への分布は，化学物質の物理化学的な性質に加え，生理・生化学的要因によって決定される．たとえば，毛細血管の内皮細胞の有孔性，特異的な原形質膜輸送，細胞小器官への蓄積，および細胞内での可逆的な結合がそれを増強する．一方で，血漿タンパクとの強い結合や特殊な関門（血液-脳関門や，血液-精巣，胎盤関門など），貯蔵部位への分布，細胞内タンパク（メタロチオネインなど）との結合，細胞からの積極的な輸出は，標的部位への分布を妨害する．

　毒性発現の第2ステップは標的分子との反応である．これは一連の毒性の直接的なスタートといえ，続いて進行する2次的な生化学的反応が，さまざまな機能不全へとつながる．ここで考慮すべき点は，①標的分子の特性（反応性，結合，機能），②毒物と標的分子の反応様式，③毒物が標的分子に及ぼす影響，である．②の反応様式には，共有結合や非共有結合，脱水素，電子伝達，酵素反応があり，③として機能障害や分子構造の破壊，そして免疫反応を引き起こす新規抗体

の形成などがある．

　第3ステップは細胞自体の機能障害となる．ここで，毒物の標的となる分子が細胞の調節に関わるものか，細胞の維持に関わる分子かによって，発現してくる障害の種類が異なる．細胞の調節（シグナル伝達）に関わる場合，大きく遺伝子発現調節障害と細胞機能調節障害として現れる．前者を引き起こす物質として環境ホルモンやダイオキシン類，カドミウム，鉛，有機スズ化合物があり，細胞分裂の障害が腫瘍を形成したり奇形へ，もしくはアポトーシス（細胞の自殺現象）の障害から組織退化や奇形へと至る．細胞機能調節障害は神経‐骨格筋の活動障害となり，震顫，ひきつけ，痙攣，心筋梗塞や，昏睡，麻痺，知覚異常へと至る．これらを引き起こす汚染物質として，DDTや有機リン系，カーバメイト系農薬がある．標的分子が細胞の維持に関係している場合，それは内部機能維持障害もしくは外部維持支援障害（ホメオスタシスなど統合システムの機能障害）となって現れる．

　毒性発現の第4ステップは修復と修復障害であり，修復障害には化学物質による生体影響の代表といえる「発がん」が含まれる．修復は分子＜細胞＜組織の各レベルで行われる．分子レベルの修復としては，タンパク質，脂質，DNAの修復を含み，一般に，損傷部位を加水分解で除去し，新規合成したものを挿入したり，損傷した分子を全体的に分解し，再合成へ至る経路がある．細胞修復は神経細胞である末梢ニューロンでの戦略であり，障害の修復において，幅広く適用される戦略ではない．一般に，哺乳類の中枢神経系の障害は不可逆的であり，水俣病が完治できないことに象徴される深刻なケースとなる．

　組織の修復はアポトーシスによって行われる．アポトーシスは生体の主要な細胞維持機能であり，ミトコンドリアの障害が引き金となり①ATPの枯渇，②細胞内Ca^{2+}の持続的上昇，③ROS・RNS（活性酸素・活性窒素種）の過剰産生，によってもたらされる．これら，3つの現象は互いに連携している．その後，大きく内因性分子の合成から，高分子複合体，生体膜，細胞小器官の組み立てへと至り，細胞内環境を維持する．アポトーシスでない細胞死がネクロシス（壊死）であるが，一般に曝露物質が低濃度の場合，障害を被るミトコンドリアの数が少ないためアポトーシスから，回復へ至る．しかし，高濃度の場合，その初期ではアポトーシスとなるが，障害を受けるミトコンドリアの数が多くなると最終的にネクロシスとなる．

　修復障害の中でも修復異常は細胞の壊死や，線維化，そして発がんへと至る．

3.5 発現機構と症徴

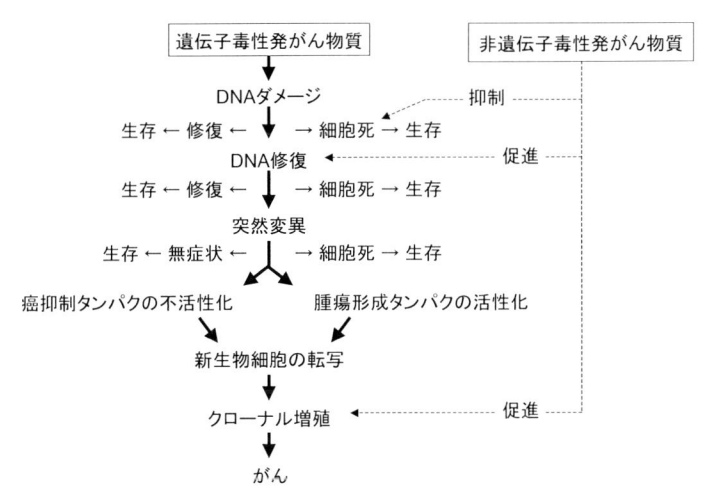

```
        遺伝子毒性発がん物質          非遺伝子毒性発がん物質
                  ↓
              DNAダメージ ------ 抑制
   生存 ← 修復 ←  ↓  → 細胞死 → 生存
              DNA修復   ------ 促進
   生存 ← 修復 ←  ↓  → 細胞死 → 生存
               突然変異
   生存 ← 無症状 ←  ↓  → 細胞死 → 生存
              ↙   ↘
  癌抑制タンパクの不活性化    腫瘍形成タンパクの活性化
              ↓       ↓
             新生物細胞の転写
                  ↓
              クローナル増殖 ------ 促進
                  ↓
                  がん
```

図3.17 2種の物質による発がんのプロセス（破線が非遺伝子毒性発がん物質）

　線維化は，異常な組成を示す細胞外マトリックスの過剰沈着であり，修復不全の特徴的病状である．お酒の飲み過ぎや四塩化炭素，電離放射線の負荷によって引き起こされることが知られ，肝硬変など肝障害，また各組織の伸縮性・柔軟性を低下させるなどの症状となる．発がんは大きく，遺伝子毒性発がん物質と非遺伝子毒性発がん物質によって引き起こされる．発がんに至る両者のプロセスを図3.17に示す．遺伝子毒性発がん物質としては，ダイオキシン類（TCDD）やベンツピレンがあり，非遺伝子毒性発がん物質としてはDDTやフェノバルビタール，エストロゲン，クロロホルムなどがある．

　各蓄積臓器，標的部位に分布した化学物質は，上述した発現メカニズムで毒性を示し，それぞれの臓器の役割を障害することで生命を脅かす．また，腎臓や腸管（胆汁を介した腸肝循環）などで起こる化学物質の再吸収，そして最終的なアウトプットとなる排泄機構も，毒作用の発現に影響するため，見逃せないパラメーターとなる．

　環境汚染物質は，化学物質の代謝全般に関係する肝臓や，恒常性維持に重要な役割を示す腎臓，さらには神経系や免疫システムなどに作用する．しかし，人類が使用している化学物質の種類や量，また曝露を受ける生態系の構成生物における多様性を考慮すれば，内分泌撹乱化学物質の出現が如実に物語るように，体内のいずれの部位・機能へ毒性をもたらす可能性がある．当然，実際に現れる症徴も多岐にわたる．特異的な作用部位が1つか2つという化学物質においても，ほ

とんどのケースで全身毒性を引き起こす．そのため，分子レベルでの毒性作用機序の解明が進むにつれ，厳密な意味で臓器特異の毒性の断定は難しくなる．たとえば，酸による重篤な火傷の後で認められる腎毒性は，化学物質が腎に到達していないにもかかわらず生じるため，間接的な全身作用と位置づけられる．加えて，アレルギー反応も重要な毒性作用の１つであるが，そのメカニズムは免疫系を介した有害反応である．今後はさらに複数の物質による，複合曝露のケースが予期され，原因の特定は困難をきわめることが考えられる．

2) 生態毒性の評価における動物の毒性

以上，動物における毒性発現のメカニズムを，物質の運命に沿って示した．しかし，実際の生態毒性評価となると，指標となるエンドポイントはいまだ模索が続いている．その可能性の１つとして，体内で発現する毒性レベルの評価を抜け出し，評価対象となる生態系における構成種の個体群動態そのものを扱おうとする流れが存在する．つまり，個体数の増減や絶滅確率を指標とする試みである．しかし，個体群クラスでの解析は，全体の代表値を用い評価する場合（各種平均値や中央値など），化学物質に対して高い感受性を示す成長ステージや，敏感な個体そのものを無視する結果になる可能性があり，注意を要する．

現在，検討されている生態毒性の評価のための動物のエンドポイントとして，個体の特質を表す「生存」「繁殖」「成長」そして「発生」の４つがある．実際は，曝露実験で得られる死亡率や，産卵数・孵化数の減少，体長・体重の減少，および，奇形の出現で計測される．たとえば，水界環境の評価では，水生生物の生存，繁殖，成長，発生をエンドポイントとし，高感受性種の個体の特質に対する無影響濃度を指標にしたり，魚類の捕獲数や，底生生物の生息状況調査から，汚染地および非汚染地での出現種数を指標にする試みが検討されている．加えて，鳥類・哺乳類の生存，繁殖，成長，発生をエンドポイントとし，試料の標的臓器における無毒性量を指標にすることも提唱されている．しかし，実際の生態毒性は，たとえばわが国では「藻類の生長阻害試験」「ミジンコの急性遊泳阻害試験」および「魚類の急性毒性試験」のみで行われており，用いられる生物種も，きわめて少ない．

近年，「生態学的死」への関心が高まっている．野生生物においては，行動の障害が即，属する生態系での死を意味する．つまり，遊泳能が低下した魚がいれば，餌をとれない，または捕食され死に至る．さらに性行動ができなければ，生

態学的に死んでいることと同等となる．化学物質が野生動物の行動になんらかの影響を及ぼす場合，それは生死と同等に評価しなければならないという新たな考え方である．たとえば，上述した「生存」「繁殖」「成長」「発生」のエンドポイント以外に，以下の5項目など，魚の行動を用いた水質毒性評価の模索が行われている．

1. 通常行動
   （遊泳速度，行動頻度の変化，水平往復行動，回遊行動の頻度→多動的傾向）
2. 摂餌行動
3. 天敵からの回避行動（嗅覚・視覚）
4. 繁殖行動
5. 群行動

生物多様性を維持した，生態系の包括的な保全には，今後，このような生態毒性も積極的に取り込むことが求められよう．

■文　献

Klaassen, C. D. 編 (2004). キャサレット&ドール トキシコロジー第6版, 1374pp, サイエンティスト社.
NEDO技術開発機構・産総研化学物質リスク管理センター編（2006-2008）．詳細リスク評価書シリーズ，丸善．
大嶋雄治（2007）．化学物質が魚類の行動に及ぼす影響―生態学的死（ecological death）．日本水産資源保護協会月報, No.505, 3-7.
Tu, A. T. (1999). 中毒学概論―毒の科学, 372pp, 薬業時報社.

3.6 バイオマーカー

3.6.1 バイオマーカーとは

人工化学物質の種類は10万種に達するといわれており，そのほか不純物，燃焼過程や自然界での分解によって2次的に生成される物質も加えると，さらに増える．

これら化学物質による生物の汚染や毒性影響を理解しようとする場合，どのような方法が考えられるだろうか．現在の主流は，生体試料（組織，血液，毛髪，母乳，尿など）から特定の化学物質を抽出し，ガスクロマトグラフ（GC）-質量

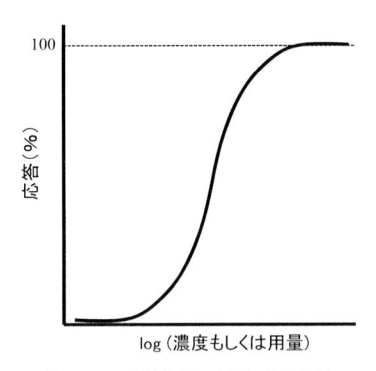

図 3.18　化学物質の用量-応答曲線

分析計（MS），液体クロマトグラフ（LC）-MS，誘導結合プラズマ（ICP）-MSなどの高感度計測機器を用いた分析化学的アプローチによって特定化学物質を同定・定量する方法である．過去数十年にわたってこのような分析化学的手法は飛躍的な進歩を遂げてきた．これまでにもさまざまな生体試料が測定され，無機物質・有機物質を問わず，化学物質の汚染レベルに関する膨大なデータが蓄積されている．

こうした化学物質によって生体試料が汚染されていることは何を意味するのだろうか．化学物質が体内に存在する（侵入してくる）からといって，必ずしもそれが生体に悪影響を与えるということにはならない．多くの場合，生体内に存在する化学物質が与える影響に関しては不明な点が多い．

また生物は一般に単一の化学物質にのみ曝露されているわけではない．ほとんどの場合，測定対象としない物質を含む複数の化学物質に同時に曝露されているので，分析化学的手法によって複数の化学物質の曝露量や毒性影響の評価をするには限界がある．さらに複数の物質が生体を汚染している場合には，それらの総合的な影響は相加・相乗あるいは拮抗的に現れたりするため，予測することが難しくなる．

化学物質の曝露を受ける生物の反応を表す基本概念として，用量-応答関係がある．多くの場合，ある用量までは応答が現れず，それを超えると急激な応答の増加がみられるが，その変化にも上限があり，それ以上用量が増えても応答は増加しないというシグモイド型曲線の関係を示す（図 3.18）．この用量-応答関係が意味することは，生物は化学物質が体内に侵入すると，用量依存的に分子・細胞・臓器・個体レベルで化学物質に応答するということである．このことは，化

学物質による生物側の応答を調べれば，化学物質汚染の状況やそれに伴う生体影響について評価できることを意味している．

そこで，分析化学的アプローチでは扱えない点を克服するために，バイオマーカー（biomarker）に着目し，その測定を通して化学汚染レベルや生体影響を評価する試みが広まっている．バイオマーカーとは，化学物質に反応して個体もしくはそれ以下のレベルで生じる生物学的応答として定義される（Walker et al., 2001）．したがって多くの場合，生化学的・生理学的・組織学的・形態学的・行動学的に定量可能な項目はバイオマーカーとして扱われる．

このようなバイオマーカーに着目した研究手法は，バイオアッセイ（bio-assay），または生物検定法と呼ばれる．この手法は，同定・未同定を問わず化学物質の曝露情報を個々の生体反応の情報に変換して検出・定量できる点や，複数物質による相互作用を総合的に検知できる点で，上述の分析化学的アプローチよりも優れている．また，化学物質曝露によって治癒不可能なレベルでの影響が現れる以前に，その兆候を予報する変化を早期に検知することができれば，生物種および生態系の保護対策はより有効なものになる．バイオアッセイでは，実験動物に化学物質を投与して個体や臓器レベルでの影響を調べる以外にも，卵・細胞やタンパク質・遺伝子を対象にして細胞・分子レベルでの影響を調べるものまでさまざまな生体材料が利用されている．臓器・個体レベルでのバイオマーカーの変化としては，腫瘍形成や形態学的異常・行動学的変化などがあげられる．分子・細胞レベルでの影響は，DNA・RNAやタンパク質など巨大分子の構造・機能や発現量の変化などが含まれる．

近年医学・薬学の分野では，RNAやタンパク質の発現量の変動がバイオマーカーとして利用されるようになってきた．たとえばがん患者など特定の疾患を有する人の血清タンパク質の発現量を健常人のそれと比較することで，疾患に特異的なバイオマーカー分子を探索することができる．バイオマーカーが見つかった場合には，診断・治療や創薬研究への応用ばかりではなく，予防医学的な利用も期待されている．

次項では化学物質との関係が比較的よく理解され，実際に環境毒性学分野の代表的なバイオマーカーであるシトクロムP450について紹介する．

3.6.2　シトクロム P450

生物は進化の過程でさまざまな化学物質に曝されてきた．この場合，化学物質

とはもちろん人工的なものではなく，餌となる生物がもともと体内に保持していたものである．自己を防御するため，餌生物はさまざまな毒となる化学物質を体内で合成してきた．一方で捕食者は餌生物を捕食することによって栄養を獲得するが，同時に生体にとって不要な化学物質も摂取せざるをえなかった．つまり生物の歴史は，侵入してくる化学物質との戦いの歴史であったと考えられる．不要な化学物質の侵入に対応する術として，進化の過程で生体防御機構を発達させた．この生体防御機構の1つが代謝（解毒）酵素である．

　外界から侵入してくる化学物質について，ヒトが作り出したものであるかどうかを生物は区別するわけではない．人類が人工化学物質を大規模に使用し始めたのはわずか100年程前であるので，生物の進化の歴史からみればごく最近のできごとである．このわずかな時間で人工化学物質を代謝・解毒する専用の酵素を備える余裕はなかったので，生物は手持ちの酵素で非常事態に対応しようとしている．この酵素の一種がシトクロムP450（CYP）である．CYPは大気中の酸素分子の1原子を基質に添加する化学反応を触媒する酵素である．この反応によって基質となる化学物質は水溶性を増加させる．たとえばベンゼン（C_6H_6）はCYPによる代謝反応を受けてフェノール（C_6H_5OH）になる．ベンゼンは水に溶けにくいが，フェノールは水酸基（-OH）をもつので，水素結合によって水分子と強い相互作用を示すようになる．

　CYPは，共通の祖先をもつ遺伝子の進化によって多様な機能を有する種類が多数存在し，それらは超遺伝子群（スーパーファミリー）を形成している（Nelson et al., 1996）．アミノ酸配列の相同性に基づいてCYPの各分子種は分類され，それぞれに対し，CYPの後に群（ファミリー）を表すアラビア数字，さらに亜群（サブファミリー）を表すアルファベットをつけた系統的名称が与えられている．群とはアミノ酸配列の相同性が40％を超える分子種，亜群とは相同性が55％以上である分子種のことである．同じ群に2つ以上の亜群がある場合は，CYP2A・CYP2B・CYP2Cのように表記する．さらに同じ亜群に複数の分子種がある場合は，CYP1A1・CYP1A2のようにアルファベットの後にアラビア数字を入れる．異物代謝型CYPは1群から4群までであり，いくつかのCYP分子種の発現量は農薬など環境汚染物質によって変動する．近年の研究により，これらCYP分子種は環境汚染物質によって活性化される受容体（レセプター）タンパク質を介して，分子種特異的に転写調節されることが明らかになってきた（Waxman, 1999）．受容体の活性化とそれに続くCYP分子種の発現量は，特定

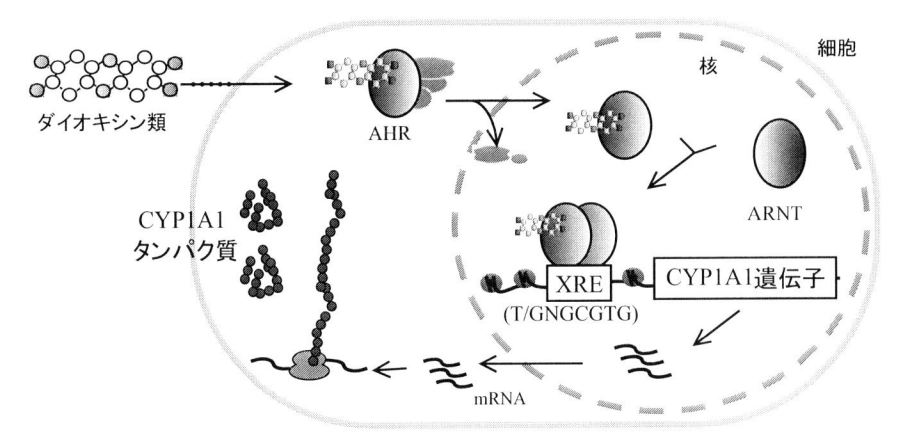

図 3.19 ダイオキシン類による CYP1A1 の誘導機構

の環境汚染物質の曝露，さらには毒性影響のバイオマーカーになる．

ダイオキシン類（ポリ塩素化ジベンゾ-p-ダイオキシン・ポリ塩素化ジベンゾフランおよびコプラナーポリ塩素化ビフェニル）や多環芳香族炭化水素（polycyclic aromatic hydrocarbon：PAH）は生体内に取り込まれると，CYP1 群に属する遺伝子の発現を誘導する．化学物質による CYP1 遺伝子の誘導には，アリルハイドロカーボンレセプター（aryl hydrocarbon receptor：AHR）と呼ばれる受容体が関与する．これら化学物質が細胞内に侵入すると，細胞質に存在する AHR と結合し，このレセプターの構造変化を引き起こす．続いて AHR は核内に移行した後，核内の AHR nuclear translocator（ARNT）と複合体を形成し，CYP1 群に属する遺伝子の 5' 側の発現調節領域（プロモーター）にある異物応答配列（xenobiotic responsive element：XRE），5'-TNGCGTG-3'（N は任意の塩基）に結合する．この化学物質-AHR-ARNT 複合体と XRE の結合によってプロモーター上でクロマチンの構造変化が起こると，基本転写因子群と呼ばれる転写開始に必要なタンパク質がプロモーター上に集積し，これら遺伝子の転写を促進する（Whitlock et al., 1996）（図 3.19）．ヒトやラット・マウスなどの哺乳類では，CYP1 群には A と B の 2 亜群，3 分子種（CYP1A1，CYP1A2，CYP1B1）が存在する．

CYP1 群の酵素反応の特徴としては，PAH の酸化，あるいは芳香族アミン・複素環式アミンの窒素原子の水酸化などがあげられる．これらの反応は，がん原性物質を反応性の中間代謝物の生成へと導く場合がある．このような代謝的活性

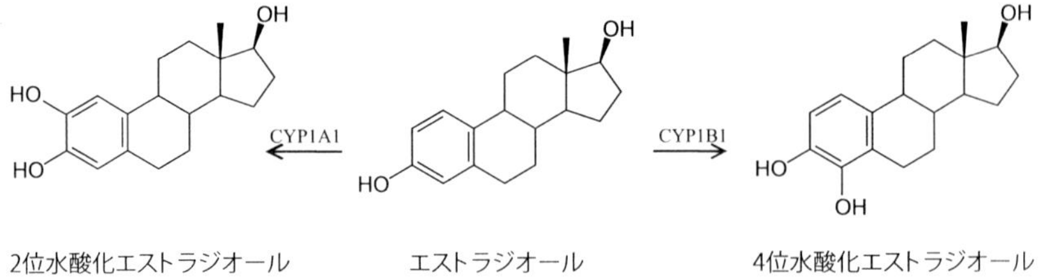

図 3.20 CYP1A1 および CYP1B1 によるエストラジオールの水酸化反応

化の例として，ベンゾ[a]ピレンの代謝反応があげられる（3.3節参照）．

またCYP1遺伝子はPAHだけでなく，エストロゲン（エストラジオールやエストロン）のようなステロイドホルモンの代謝にも関与している．エストロゲンはCYP1A1とCYP1B1によって水酸化反応を受け，CYP1A1は2位の水酸化反応を，CYP1B1は4位の水酸化反応を選択的に触媒する（図3.20）．水酸化エストロゲンは，水酸化の位置（2位・4位）に関係なくキノン体へとさらに代謝されてDNAと付加体（adduct）を形成する．しかしながら2位水酸化エストロゲン由来のキノン体はDNAと安定な付加体を形成するのに対し，4位水酸化エストロゲン由来のキノン体はDNAの構成要素であるアデニンやグアニンと結合すると脱塩基反応（脱プリン化反応という）を起こし，DNAはこの部分の塩基が抜けた状態になる．DNAが修復されないままの状態が続くと，この部分に別の塩基が挿入されて変異が起こる．このようなCYP1B1によるエストロゲン代謝とそれに続く脱プリン化反応は乳がん，子宮がん，前立腺がんの発生に関与すると考えられている（Tsuchiya et al., 2005）．

一方，ダイオキシン類やPAHによるCYP1の誘導とは別に，これら化学物質によってAHRが活性化されることで生じる影響もある．どのような毒性影響にAHRが関与するのかは，AHR遺伝子の発現を人工的に抑えたノックアウトマウスを用いた実験により明らかにされてきた．AHRノックアウトマウスに2,3,7,8-TCDDを投与しても，普通のマウスでみられるCYP1の誘導や肝臓障害・胸腺縮退は観察されず，また胎仔にも口蓋裂・水腎症などの影響はみられない．こうした結果から，2,3,7,8-TCDDの投与によって普通のマウスで観察されるこれらの症状は，AHRが機能することによって生じた影響であることがわかる（Fernandez-Salguero et al., 1995；Mimura et al., 1997）．このほか，化学物質で活性化されたAHRは，エストロゲンレセプター（ER）に作用することによって，ERの標的遺伝子の転写調節やERタンパク質の分解にも関与し，エス

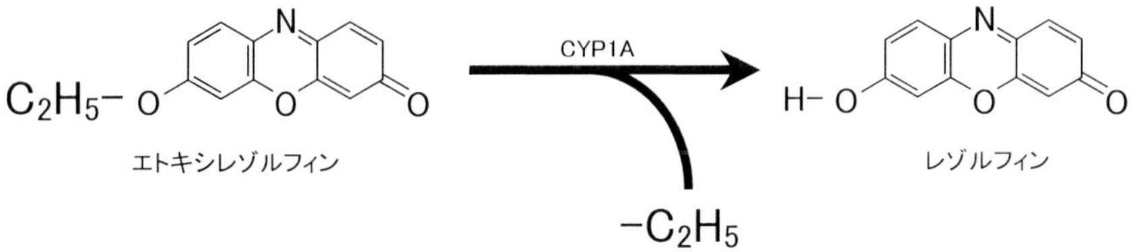

図 3.21 エトキシレゾルフィン-O-脱エチル化反応（EROD）

トロゲン作用を撹乱するということが近年明らかにされた（Ohtake et al., 2003, 2007）.

　環境汚染に対するバイオマーカーとして野生生物の CYP に着目し，その酵素活性や mRNA・タンパク質の発現量を測定した研究は，魚類や鳥類の肝臓・卵，哺乳類の肝臓・皮膚組織などを対象としている例が多い．数ある CYP の中でも，とくにバイオマーカーとしての研究例が多いのが CYP1A 亜群に属する分子種である．

　CYP 分子種の発現については，各分子種の mRNA やタンパク質，あるいは特異的な酵素活性をそれぞれ定量する必要がある．mRNA の場合には，対象とする CYP 分子種の塩基配列を決定し，その相補配列からなる塩基をプローブ（DNA，RNA やタンパク質等の存在部位や量を検出するために利用される分子）として，ノーザンブロッティング法やリアルタイム PCR 法によって定量する．タンパク質の場合には，対象とする CYP 分子種の合成ペプチドや精製タンパク質を抗原として作製した抗体を用いて，抗原-抗体反応を利用したウェスタンブロッティング法により定量する．酵素活性の場合，精製タンパク質やインビトロ（in vitro）系で人工的に合成した CYP タンパク質を用いて，対象とする CYP 分子種の特異的な基質および代謝物をあらかじめ調べておき，CYP タンパク質を含むミクロソームと基質の反応から生じる代謝物を測定することによって定量化する．CYP1A については，多くの場合，エトキシレゾルフィン-O-脱エチル化反応（EROD）が測定されている．これはエトキシレゾルフィンが CYP1A によって O-脱エチル化反応を受け，代謝物としてレゾルフィンができる過程を酵素活性値として定量化したものである（図 3.21）.

　魚の場合，CYP1A 亜群に属する分子種は 1 種類しか見つかっていないため，通常 CYP1A と表記される．野外調査の研究では，生息環境中の PAH，PCB，ダイオキシン類などの化学物質の汚染度と，ニジマスやコイ，カレイ，マミチョグ

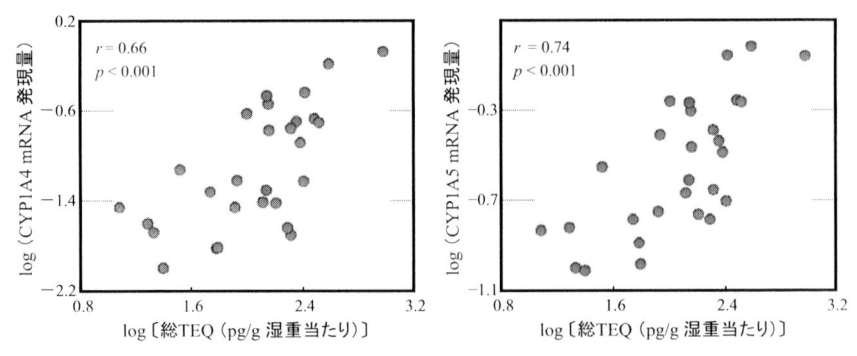

図 3.22 琵琶湖産カワウ肝臓の総 TEQ 量と CYP1A4 および 1A5 mRNA 発現量との関係 (Kubota et al., 2006 を一部改変)

などの肝臓の EROD 活性や CYP1A の発現量との関係を解析した研究が報告されている．多くの場合，これら化学物質の汚染が進行するほど CYP1A の酵素活性や発現量が増加する傾向が認められており，化学物質汚染による魚類 CYP1A の誘導が示唆されてきた．

鳥類の場合，魚食性鳥類や猛禽類など生態系の上位に位置する種の CYP1A を対象にした研究例が多い．琵琶湖のカワウについて，各個体の肝臓のダイオキシン類濃度（総 TEQ 値）[*1] と CYP1A のタンパク質発現量や EROD 活性を測定し，これら測定値の関係を解析すると，両値の間に有意な正の相関関係が認められる．鳥類には，CYP1A 亜群に属する分子種として CYP1A4 と CYP1A5 の 2 種類が存在する．琵琶湖のカワウでは，リアルタイム PCR 法によって肝臓に発現する CYP1A4 と CYP1A5 mRNA をそれぞれ定量したところ，両分子種の発現量はダイオキシン類蓄積レベルと正の相関関係を示す（Kubota et al., 2005, 2006）（図 3.22）．これらの結果より，ダイオキシン類を高濃度に蓄積している個体では，CYP1A4・CYP1A5 が誘導されていると推測できる．

水生哺乳類の場合，ラットやマウス・ヒトなどの陸生哺乳類と同様に，

[*1] ダイオキシン類は同族体・異性体によって毒性の強さが異なる．そこで，体内に蓄積している各同族体・異性体が生体に与える（であろう）影響を評価するために，ダイオキシン類の中で最も毒性が強い 2,3,7,8-TCDD の毒性を 1 として，各同族体・異性体の毒性の強さを相対的に表すことが提案されている．これが 2,3,7,8-TCDD 毒性等価係数（toxic equivalency factor：TEF）である．各同族体・異性体の濃度に各 TEF を乗じた値の合計値を 2,3,7,8-TCDD 毒性等価量（toxic equivalent：TEQ）という．すなわち TEQ とは毒性の強さを考慮して各同族体・異性体の濃度を 2,3,7,8-TCDD の濃度に換算した値のことである．

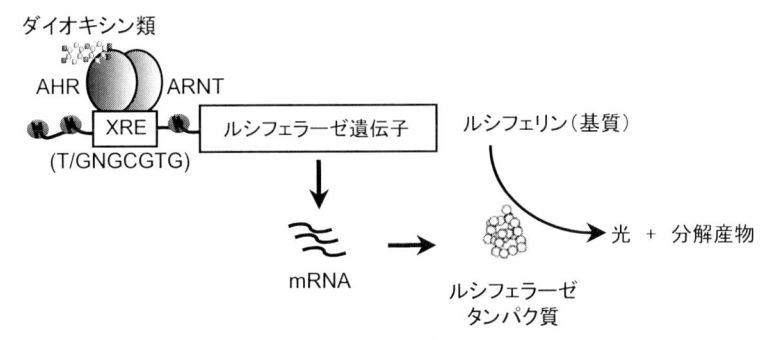

図3.23 CALUX法の原理

CYP1A1とCYP1A2の2種のCYP1A分子種が存在する．ロシア・バイカル湖に生息するバイカルアザラシを対象とした研究では，ダイオキシン類によってCYP1Aが誘導されていることを示唆するように，肝臓中ダイオキシン類濃度とCYP1A1・CYP1A2それぞれのmRNA発現量との間に正の相関関係が認められる．同様に，CYP1Aタンパク質発現量もダイオキシン類濃度と正の相関関係を示す（Hirakawa et al., 2007）．

上述したような生体内バイオマーカーとしてのCYP1Aの利用以外に，AHRによるCYP1A遺伝子の発現をインビトロ系で測定するバイオアッセイ法が開発されてきた．AHRの反応を利用した代表的なバイオアッセイとしては，CYP1A酵素活性を指標とするEROD法や，その改良法であるCALUX（chemical-activated luciferase gene expression）法がある．EROD法は，ヒトやラット・マウス・ニワトリ・メダカ・ニジマスなどの初代肝培養細胞や肝がん由来細胞株に環境試料の抽出液を加えて培養し，EROD活性を測定する方法である．CALUX法は，CYP1A遺伝子の上流域を挿入したルシフェラーゼ遺伝子レポーターベクターを導入した細胞を用いる方法である．試料から抽出された化学物質で誘導されたルシフェラーゼ活性を，ホタルの発光物質であるルシフェリンを基質として反応させ，得られる化学発光量を測定することで化学物質量を測定する（Murk et al., 1996）（図3.23）．この方法は，EROD法に比べ，ダイオキシン類などのAHRと反応する化学物質をより高感度に検出できること，有効な用量-応答曲線が得られる濃度範囲が広いこと，基質競合・阻害の問題が少ないことなどの特徴がある．EROD法，CALUX法ともに，化学分析法や組織中のCYP1A発現量を直接測定する方法に比べ，簡便で一度に多数の試料を評価できる利点がある．

その他のCYP分子種のバイオマーカーとしての有用性についても近年研究が進んでいる．CYP2群は13亜群からなり，前述のCYP1群と比べても多くの分子種が存在する．CYP2群の中でも化学物質による誘導が最もよく研究されてきたのはCYP2B亜群である．CYP2Bの発現はフェノバルビタール（PB）と呼ばれる睡眠作用を有する抗てんかん薬で誘導されることが以前から知られている．クロルデンやDDTといった有機塩素系の農薬・殺虫剤もPBと同じようにCYP2Bを誘導する．またPCBの中でもビフェニル骨格のオルソ位に塩素が1ヵ所以上置換している数種のPCB同族体・異性体もCYP2Bを誘導する．こうした化学物質によるCYP2Bの発現誘導にはconstitutive androstane receptor（CAR）と呼ばれるレセプターが関与することが近年明らかにされた（Honkakoski and Negishi, 2000）．化学物質によるCARの慢性的な活性化は，肝細胞のDNA複製を促進したり，アポトーシスを抑制したりして腫瘍を発生させることがマウスを用いた実験で確認されている（Yamamoto et al., 2004）．

CYP3群にはAの亜群のみが存在する．CYP3Aはステロイド誘導体・グルココルチコイドといった内因性物質に加え，プレグネノロン16α-カルボニトリル（pregnenolone 16α-carbonitrile）のような人工ステロイドや，リファンピシン（rifampicin）・クロトリマゾール（clotrimazole）・エリスロマイシン（erythromycin）などの抗生物質・抗真菌剤によって誘導される（Lehmann et al., 1998）．これら化学物質によるCYP3Aの転写制御にはおもにpregnane X receptor（PXR）と呼ばれるレセプターが関与する（Kliewer et al., 1998）．

■ 文　献

Fernandez-Salguero, P., Pineau, T., Hilbert, D. M. et al. (1995). Immune system impairment and hepatic fibrosis in mice lacking the dioxin-binding Ah receptor. *Science*, **268**, 722-726.

Hirakawa, S., Iwata, H., Kim, E. Y. et al. (2007). Molecular characterization of cytochrome P450 1A1, 1A2, and 1B1, and effects of polychlorinated dibenzo-*p*-dioxin, dibenzofuran, and biphenyl congeners on their hepatic expression in Baikal seal (*Pusa sibirica*). *Toxicological Sciences*, **97**(2), 318-335.

Honkakoski, P. and Negishi, M. (2000). Regulation of cytochrome P450 (CYP) genes by nuclear receptors. *Biochemical Journal*, **347**, 321-337.

Kliewer, S. A., Moore, J. T. Wade, L. et al. (1998). An orphan nuclear receptor activated by pregnanes defines a novel steroid signaling pathway. *Cell*, **92**(1), 73-82.

Kubota, A., Iwata, H., Goldstone, H. M. H. et al. (2006). Cytochrome P450 1A4 and 1A5 in common cormorant (*Phalacrocorax carbo*): evolutionary relationships and functional implications associated with dioxin and related compounds. *Toxicological Sciences*, **92**, 394-408.

Kubota, A., Iwata, H., Tanabe, S. et al. (2005). Hepatic CYP1A induction by dioxin-like compounds, and congener-specific metabolism and sequestration in wild common cormorants from Lake Biwa, Japan. *Environmental Science and Technology*, **39**, 3611-3619.

Lehmann, J. M., McKee, D. D., Watson, M. A. et al. (1998). The human orphan nuclear receptor PXR is activated by compounds that regulate CYP3A4 gene expression and cause drug interactions. *The Journal of Clinical Investigation*, **102**(5), 1016-1023.

Mimura, J., Yamashita, K., Nakamura, K. et al. (1997). Loss of teratogenic response to 2,3,7,8-tetrachlorodibenzo-*p*-dioxin (TCDD) in mice lacking the Ah (dioxin) receptor. *Genes Cells*, **2**, 645-654.

Murk, A. J., Legler, J., Denison, M. S. et al. (1996). Chemical-activated luciferase gene expression (CALUX): a novel *in vitro* bioassay for Ah receptor active compounds in sediments and pore water. *Fundamental Applied Toxicology*, **33**, 149-160.

Nelson, D. R., Koymans, L., Kamataki, T. et al. (1996). P450 superfamily: update on new sequences, gene mapping, accession numbers and nomenclature. *Pharmacogenetics*, **6**(1), 1-42.

Ohtake, F., Baba, A., Takada, I. et al. (2007). Dioxin receptor is a ligand-dependent E3 ubiquitin ligase. *Nature*, **446**(7135), 562-566.

Ohtake, F., Takeyama, K., Matsumoto, T. et al. (2003). Modulation of oestrogen receptor signalling by association with the activated dioxin receptor. *Nature*, **423**(6939), 545-550.

Tsuchiya, Y., Nakajima, M. and Yokoi, T. (2005). Cytochrome P450-mediated metabolism of estrogens and its regulation in human. *Cancer Letters*, **227**(2), 115-124.

Walker, C. H., Hoplins, S. P., Sibly, R. M. et al. (2001). Principles of Ecotoxicology, 2nd Edition, Taylor & Francis.

Waxman, D. J. (1999). P450 gene induction by structurally diverse xenochemicals: central role of nuclear receptors CAR, PXR, and PPAR. *Archives of Biochemistry and Biophysics*, **369**, 11-23.

Whitlock, J. P. Jr., Okino, S. T., Dong, L. et al. (1996). Induction of cytochrome P4501A1: a model for analyzing mammalian gene transcription. *FASEB Journal*, **10**, 809-818.

Yamamoto, Y., Moore, R., Goldsworthy, T. L. et al. (2004). The orphan nuclear receptor constitutive active/androstane receptor is essential for liver tumor promotion by phenobarbital in mice. *Cancer Research*, **64**, 7197-7200.

3.7　重金属，農薬，環境ホルモンのバイオアッセイ

3.7.1　バイオアッセイとは

1)　バイオアッセイの概要

有害汚染化学物質の環境影響（生態影響）を評価するための基礎データとして，各種生物に対する毒性値が必要とされる．水生生物に対する毒性値はバイオ

アッセイ（生物検定，生物試験）によって求められる．生物に対する化学物質の毒性は経時的に増加する傾向が強いので，毒性値には必ず試験期間（時間（h），または日（d）単位）が付記される．さらに毒性といっても，行動異常，死亡，生長や増殖阻害，産仔数や産卵数の減少など，さまざまなエンドポイントがある．たとえば96時間で試験生物の半数が死亡する濃度は96-h LC_{50} のように表記される．他の毒性値でも，対照の50％の影響濃度（EC_{50}）が用いられる．水生生物の試験に用いる水（希釈水）は，水道水を活性炭ろ過した脱塩素水や人工調製水（後記）が一般的だが，良質の地下水や湖水が用いられることもある．水生生物の試験における基本的条件は，水温，照明（照度・照明周期），pH，溶存酸素濃度（DO），硬度（$CaCO_3$ として）などであるが，試験結果との関連については後述する．毒性値は，化学物質の一連の添加濃度（×1.8倍など，一定の倍率で試験濃度を高める場合が多い）と各濃度における生物の反応（死亡率など）間の回帰式（probit法（日本環境毒性学会編，2003）など）から求める（通常は50％反応濃度）．試験期間中，化学物質の濃度は減少する傾向があるので，試験の前後と中間などに濃度を実測することが望ましい．公的試験では試験濃度が減少しても，設定濃度の20％以内なら，設定濃度による毒性値の計算が許容されている．試験期間を通じて試験水の交換を行わないで試験することを「止水式試験」，試験液の濃度維持，排泄物の除去等を図るため，定期的に試験液を新たなものと交換することを「半止水式試験」，一定濃度の試験液を連続的に試験水槽に流入させる試験を「流水式試験」という．

　水温が上昇するとDOが低下し，試験生物の鰓を通しての呼吸量が増加する．それに伴い，試験生物の化学物質の取り込み量や毒性も変化するため，水温のコントロールも重要である（通常，設定値の±1℃）．急性試験においては，試験中に餌を与えると被験物質が餌に吸着し濃度が減少したり，残餌や排泄物によって水質が悪化しDOが低下するなど，試験結果によくない影響を与えるので原則的に無給餌で試験を行う．

　環境中に低濃度ながら長期間存在するような化学物質の生態リスク評価には慢性影響試験が必要である．しかし，慢性影響試験（または，全生活史試験）が確立している試験生物や試験法は少なく，時間や費用を要するため急性試験に比べその実績は少ない．そのため，急性試験の毒性値に安全係数（1/10, 1/100, 1/1,000 など）を乗じる場合や，急性試験の「容量（濃度）～反応」回帰式から，10％または20％が反応する値を慢性試験値として代替する場合がある（行政の

生態リスク評価や規制などにおいて）．

2) 公的試験法

化学物質の審査や管理・規制など行政（環境省，経済産業省，農林水産省など）による関与が大きいが，これは何万ともいわれる化学物質を対象とするため，個々の研究者では対応が困難なためである．行政が基礎データとしてさまざまな局面（化学物質の審査・登録，PRTR，生態リスク初期評価，農薬の審査・登録など）に多用する，水生生物に対する毒性値は，経済協力開発機構（OECD）のテストガイドラインに準じた生物試験に従うことが多い（表3.3）．それら個々の試験法はさまざまな書籍で解説されているので（日本環境毒性学会編，2003；藤田編，1999；日本農薬学会編，2003），ここではごく簡単に概説するが，国際的に試験法を共通にして化学物質に関する毒性情報を各国間で相互利用するためでもある．表3.3では，各試験の試験期間，エンドポイント，試験生

表3.3 化学物質の生物試験に関するOECDテストガイドライン（200番台のNo.が付される）

No.	OECDテストガイドライン試験名	試験期間	主要エンドポイント
水生生物試験			
201	藻類生長阻害試験	72 h	EC_{50}，細胞増殖
221	水生植物（ウキクサ）生長阻害試験	7 d	EC_{50}，葉の増殖
202	ミジンコ類急性遊泳阻害試験	48 h	EC_{50}，遊泳阻害
211	オオミジンコ繁殖阻害試験	21 d	NOEC，産仔数
203	魚類急性毒性試験	96 h	LC_{50}，死亡
204	魚類延長毒性試験	14 d	LC_{50}/NOEC，死亡
210	魚類初期生活段階毒性試験	40〜50 d	NOEC，孵化，生存，成長
229	魚類短期繁殖毒性試験	3 W(+1 W)	NOEC，産卵数
212	魚類胚・仔魚期の短期毒性試験	15 d〜	NOEC，孵化〜死亡
305	生物濃縮試験（魚類流水式試験）	〜60 d	BCF（生物濃縮率）
218	底質添加によるユスリカ毒性試験	20〜30 d	EC_{50}/NOEC，生長・羽化
219	水質添加によるユスリカ毒性試験	20〜30 d	EC_{50}/NOEC，生長・羽化
225	底質オヨギミミズ増殖試験	4 w	EC_{50}/NOEC，増殖
231	両生類変態アッセイ	21 d	NOEC，成長段階，後肢長
陸上生物試験			
205	鳥類経口急性試験	8 d〜	LC_{50}，5 d摂餌，以後の死亡
206	鳥類繁殖試験	8 w〜	NOEC，8 w摂餌，産卵数など
207	ミミズ急性毒性試験	2 w	LC_{50}，人工土壌中の死亡曝露
222	ミミズ繁殖試験	8 w	EC_{50}，4 w曝露，4 w後の仔数
208	陸上植物生長試験	14 d	EC_{50}，LC_{50}，発芽，生長
213	ミツバチ経口急性毒性試験	48 h	LD_{50}，ショ糖経口曝露後の死亡
214	ミツバチ塗布急性毒性試験	48 h	LD_{50}，被験物質塗布後の死亡

注）h：時間，d：日，w：週，NOEC(no observed effect concentration)：試験無影響濃度．

物だけを記すが，実際の生物試験にあたっては試験液の調製，濃度の維持，慢性試験では給餌量・給餌頻度，エンドポイントの判定，毒性値の計算法など留意すべき点は多い．一方，個々の研究者レベルでは，このような公的試験法に必ずしも従う必要はないが，OECD や US-EPA などの各種公的試験法（日本環境毒性学会編，2003；藤田編，1999；日本農薬学会編，2003）は化学物質の環境影響を調査・研究する者にとって参考になる点が少なくない．OECD テストガイドラインには，さまざまな試験法が整備されているが（表 3.3），最も汎用されているのは，緑藻（ムレミカズキモを使用）の増殖試験，ミジンコ（オオミジンコを使用）の急性遊泳阻害試験，ミジンコ繁殖試験，魚類急性試験，魚類の初期生活段階試験（慢性試験扱い）である．魚類は国内ではメダカが使用されることが多い．生態系の構造と機能を配慮し，藻類は 1 次生産者，ミジンコは 1 次消費者，魚類は捕食者として，上記の試験は行政分野では生態影響試験の 3 点セットともいわれている．水中の化学物質以外にも，底質中，土壌中の環境汚染化学物質が生態系に及ぼす影響を評価するため，OECD ではユスリカ幼虫の試験法，ミミズ試験法など各種の試験法が整備されているが（表 3.3）（日本環境毒性学会編，2003；日本農薬学会編，2003），現在のところ試験の実績は乏しい．

　環境汚染化学物質の生態影響評価において，無脊椎動物への関心は概して魚類よりは低いと云えよう．しかし，魚類の餌となっているのは動物プランクトンや水生昆虫などさまざまな無脊椎動物である．化学物質が藻類から無脊椎動物への食物連鎖により，捕食者である魚類に蓄積し，魚類に慢性影響を及ぼす可能性がある．また，化学物質や重金属，農薬類の毒性は，魚類よりも低次の無脊椎動物に強く作用することが多く，餌生物が激減・消滅すれば魚類にも間接的な影響が及ぶ．

　行政における化学物質の生態リスク初期評価では（日本環境毒性学会編，2003；藤田編，1999；日本農薬学会編，2003），上記 3 種の生物試験から得られる毒性値に，1/1,000，1/100，1/10 のいずれかの安全係数を乗じて（試験データの数や急性・慢性試験を考慮），予測無影響濃度（PNEC）を算定する．行政のスタンスとして，化学物質の環境中濃度（実測値，または推定値 PEC）が PNEC よりも大きい場合，さらに詳細な関連情報（毒性データ追加・充実，環境中濃度など）を収集することとしている．

■ 文　献

藤田正一編（1999），毒性学—生体・環境・生態学，300 pp，朝倉書店．
日本環境毒性学会編（2003），生態影響試験ハンドブック，349 pp，朝倉書店．
日本農薬学会編（2003），農薬の環境科学最前線—環境影響とリスクコミュニケーション，349 pp，ソフトサイエンス社．

3.7.2　脊椎動物を用いたバイオアッセイ

近年，生物個体や培養細胞から特定のバイオマーカーを直接検出する方法や，遺伝子組換え技術を用いてバイオマーカーの発現を蛍光などにより可視化する方法などが開発されている．この章では，これらの方法に関して，おもにエストロゲン様物質に対する脊椎動物を用いたバイオアッセイ系に絞って紹介する．

1）　生物個体を用いたバイオアッセイ

現在，脊椎動物のさまざまな種において，化学物質評価のためのバイオアッセイ系が開発されている．その中でも代表的な生物種としては，哺乳類と魚類があげられる．ノニルフェノール（NP）を雌ラットに投与し，エストロゲン様作用の指標である子宮重量，タンパク質量，DNA量，ペルオキシダーゼ活性を調べた結果，DNA量は4 mgで，その他は1 mgで増加した（Lee and Lee, 1996）．17β-エストラジオール（E2）では，DNA量は5 μg，その他は2.5 μgと低濃度で増加した．また，NPのエストロゲン様作用は抗エストロゲン剤により抑制されることから，エストロゲン受容体（ER）を介して作用していると考えられる．一方，硬骨魚類では，精巣中に卵母細胞が出現する精巣卵の誘導率や，肝臓での卵黄タンパク質前駆体（ビテロゲニン）濃度などを調べることで，エストロゲン様物質の評価が行われている（Sumpter and Jobling, 1995）．メダカに3週間，E2，NP，ビスフェノールA（BPA）を水から曝露した後，産卵量，受精率，遺伝的オスにおける精巣卵の誘導率，および肝臓ビテロゲニン濃度が調べられた（Kang et al., 2002a；2002b；2003）．その結果，精巣卵の出現は，E2では0.0293 μg/L，NPでは24.8 μg/L，BPAでは837 μg/Lで観察された．また，ビテロゲニン濃度は，遺伝的雄メダカにおいて，E2では0.0557 μg/L，NPでは50.9 μg/L，BPAでは3,120 μg/Lで上昇したことから，これらの指標から推測すると，E2，NP，BPAの順にエストロゲン活性が高いと考えられる．一方，産卵量や受精率における影響は，E2では0.463 μg/L，NPでは産卵量において101

μg/L,受精率において184 μg/Lで確認され,BPAでは3,120 μg/Lでも影響が認められなかったことから,これらはあまり感度が高くない指標かもしれない.

2) 遺伝子組換え生物を用いたバイオアッセイ

近年,遺伝子組換え生物を用いたバイオアッセイ系が開発されている.このアッセイ系は,有用な外来遺伝子(GFP遺伝子など)を染色体に導入した生物に,化学物質を投与して調べるシステムで,生きたままリアルタイムで評価できるなどの優れた特徴を有している.メダカは,胚が透明で,遺伝子組換え技術が確立されていることから,水質をモニターするには優れた実験動物である.Hano et al.(2005)は,生殖細胞がGFP蛍光を発する遺伝子導入メダカを用いて,エチニルエストラジオール(EE2)が及ぼす性分化への影響を解析した.その結果,2.5 ng/eggまたは5.0 ng/eggを投与した遺伝的雄メダカにおいて,30%の個体で生殖細胞数が増加し,雌化していることが確認された.このように,このアッセイ系は,多くの機器や複雑な操作を必要とせず,生物個体を生きたまま蛍光観察するだけでよいため,今後,さまざまな細胞を可視化した遺伝子導入個体が作製されれば,有効なアッセイ系となる.

3) 培養細胞を用いたバイオアッセイ

魚類から哺乳類までさまざまな細胞由来でつくられた培養細胞が,化学物質評価のバイオアッセイ系として用いられている.このシステムは,同一の細胞集団を使用してすばやく定量できるため,簡便で数値が安定していることが特徴である.もし,未知の化学物質を用いて最初に機能的なスクリーニングをする場合には,最良な方法の1つとなる.エストロゲンなどのステロイドホルモンは,それに特異的に結合する核内受容体が存在し,それらの複合体は直接,標的遺伝子のプロモーター領域に結合してその遺伝子の転写制御を行う.したがって,このシステムを用いてバイオアッセイを行う場合,その培養細胞内で標的となる受容体が発現しているかどうかを調査することは重要である.たとえば,ヒト乳がん細胞株MCF-7では,ERが発現していることから,エストロゲン様物質のスクリーニングには最適である.実際に,ポリスチレンチューブからのNP,オートクレーブ滅菌されたポリカーボネートフラスコからのBPAは,この細胞を用いて見出されている(Soto et al., 1991;Krishnan et al., 1993).一方,ERなどの標的受容体を発現していない細胞であっても,トランスフェクション法により外来遺

伝子を導入することは可能であるため，バイオアッセイに用いることができる．とくに，培養細胞とは別の生物種の受容体に対する化学物質の応答を調べる場合や，数種類存在する受容体の応答性の違いを確認する場合には，この方法はたいへん有効である．Kitano et al. (2006) は，ウナギ肝臓由来の培養細胞 Hepa-E1 細胞に，ヒラメ ERα または ERβ をトランスフェクションして一過的に強制発現し，化学物質に対する両者の応答性を比較した．その結果，E2 は ERα, ERβ ともに同程度，転写活性を誘導したのに対して，NP と BPA は ERβ よりも ERα の方で明らかに誘導率が高かった．したがって，NP と BPA は，魚体内ではおもに ERα を介して機能している可能性がある．このように，このアッセイ系は化学物質が及ぼす ERα と ERβ の機能性の違いを検出するために，たいへん優れている．

本項では，脊椎動物におけるバイオアッセイ系を簡単に概説した．これらのシステムは，「化学物質が自然環境中の生物に対して，どのような濃度でどのような影響を及ぼすのか」を推測するために利用するものである．しかし，実際の自然環境中にはさまざまな物質が混合して含まれているため，化学物質の混合物が及ぼす生物への影響についても詳細に解析する必要があろう．さらには，バイオテクノロジー技術の急速な進歩に伴い，より感度が高く簡便なバイオアッセイ系が開発されよう．

■文 献

Hano, T., Oshima, Y., Oe, T. et al. (2005). Quantiative bio-imaging analysis for evaluation of sexual differentiation in germ cells of olvas-GFP/ST-II YI medaka (*Oryzias latipes*) nanoinjected in ovo with ethinylestradiol. *Environ Toxicol Chem*, 24, 70-77.

Kang, I. J., Yokota, H., Oshima. Y. et al. (2002). Effect of 17 beta-estradiol on the reproduction of Japanese medaka (*Oryzias latipes*). *Chemosphere*, 47, 71-80.

Kang, I. J., Yokota, H., Oshima, Y. et al. (2002). Effects of bisphenol A on the reproduction of Japanese medaka (*Oryzias latipes*). *Environ Toxicol Chem*, 21, 2394-2400.

Kang, I. J., Yokota, H., Oshima, Y. et al. (2003). Effects of 4-nonylphenol on reproduction of Japanese medaka (*Oryzias latipes*). *Environ Toxicol Chem*, 22, 2438-2445.

Kitano, T., Koyanagi, T., Adachi, R. et al. (2006). Assessment of estrogenic chemicals using an estrogen receptor α (ERα)-and ERβ-mediated reporter gene assay in fish. *Mar Biol*, 149, 49-55.

Krishnan, A. V., Stathis P., Permuth S. F. et al (1993). Bisphenol-A : An estrogenic substance is released from polycabonate flasks during autoclaving. *Endocrinology*, 132, 2279-2286.

Lee, P.C. and Lee, W. (1996). *In vivo* estrogenic action of nonylphenol in immature female rats.

Bull Environ Contam Toxicol, **57**, 341-348.

Soto, A.M., Justicia, H., Wray, J.W. et al. (1991). p-Nonyl-phenol：An estrogenic xenobiotic released from "modified" polystyrene. *Environ Health Perspect*, **92**, 167-173.

Sumpter J.P. and Jobling, S. (1995). Vitellogenesis as a biomarker for estrogenic contamination of the aquatic environment. *Environ Health Perspect*, **103**, 173-178.

3.7.3　無脊椎動物に対するバイオアッセイ

生態系は多種・多様な生物種によって構成されているが，試験に使用されている無脊椎動物はそれほど多くない．数種のミジンコ類は，化学物質のバイオアッセイに多く使用されている．その他，淡水産では動物プランクトンであるワムシ，水生昆虫ではユスリカ，蚊，カゲロウ幼虫，甲殻類では小型のエビ類（ヌカエビなど），ヨコエビ，巻貝などがよくバイオアッセイに用いられる．化学物質の生物試験に重要と考えられても継代飼育ができないような生物，たとえば水生昆虫のカゲロウ，カワゲラ，トビケラなどは，野外河川から採集して試験に用いるのは有効であるが，その場合，水温や水質などを試験環境に徐々に馴らして試験に用いることが重要である（順化）．

1)　重金属類のバイオアッセイ

水生生物に毒性の強い重金属類は，水銀 Hg，カドミウム Cd，銅 Cu，亜鉛 Zn，クロム Cr などである．重金属類の水生生物に対する毒性は試験水中での存在状態で変化するので，試験水の pH，硬度などは重要な測定項目である．重金属類の場合，毒性値は農薬や一般化学物質と異なり，原子量ベースで記載されることが多い．たとえば Cu の場合，$CuSO_4$（分子量 159.6，原子量 63.54）を用いて試験することが多いが，$CuSO_4$ では 1 mg/L の濃度が，毒性値では原子量ベースとして，0.4 mg/L（1×63.54/159.6）と表記される．これは，室内試験の毒性値を実河川の重金属濃度と対比しやすいこと，重金属類の塩類は，$-SO_4$ 以外に $-NO_3$，$-Cl_2$ などあって，これら分子量ベースの濃度では重金属自体の毒性値が直接比較できないことなどによる．

(1)　試験水の pH，硬度の条件

重金属類の水生生物に対する毒性は，Hg^{2+}, Cu^{2+}, Cd^{2+}, Zn^{2+}, Pb^{2+}, Co^{2+} などと，Cr^{6+}, Cr^{3+}, Ag^+ 以外は 2 価の陽イオンで作用する．これらの陽イオンは，生体内でタンパク質（酵素）の活性部位と結合し，タンパク質の機能を損なうことがその毒性の主因とされている．たとえば，酵素タンパク質の活性基がシステ

インの側鎖（-SH）の場合，

$$\boxed{酵素タンパク}\!\!<\!\!^{SH}_{SH} + Cu^{2+} \rightarrow \boxed{酵素タンパク}\!\!<\!\!^{S}_{S}\!\!>\!\!Cu + 2H^+$$

と Cu が酵素に結合し，機能障害を引き起こす．重金属イオンは，-SH 以外にも -COOH, -NH$_2$, -OH などの活性基と錯体を形成し，タンパクの機能や構造を変化させ水生生物に障害をもたらす．

したがって，重金属類の2価陽イオンの状態を減少させる試験溶液の条件は，試験対象重金属類の毒性を低下させるので注意を要する．それらの要因は，溶液の pH や硬度，あるいは腐植酸（humic acid），キレート剤などである．したがって，試験データには最低限，pH と硬度，水温，DO などの測定値が必要とされる．pH 6 以下では，大部分の銅は Cu^{2+} として存在するが，pH が高まるに従い Cu(OH) や CuCO$_3$ などの沈殿物が生じ，その分 Cu^{2+} が減少する．硬度の成分である，Ca^{2+}, Mg^{2+} は，酵素蛋白の活性基に重金属類が結合するのに拮抗したり，重金属類を沈殿させて毒性を低減する．ミジンコを用いた試験において，硬度を6～400 mg/L の範囲で変化させ，各種重金属の 24-h LC$_{50}$ を調べた結果，Hg^{2+} の毒性は変化しなかったが，Cu^{2+}, Cr^{6+}, Cd^{2+}, Zn^{2+} は，毒性値が1/10 前後に低下した（田端，1969）．硬度が高い希釈水を用いたバイオアッセイでは，硬度による毒性の低下を考慮する必要がある．各種キレート剤も，イオン状態の重金属類と結合してその毒性を大きく低下させる．EDTA はその代表的な物質であるが，藻類の培養液やミジンコ試験の調製水（人工的な試験水，M4, M7 など（日本環境毒性学会編，2003））に Na$_2$EDTA が微量（M4 の場合，2.5 mg/L）だが含まれている．その結果，これらの調製水は重金属類の毒性を著しく低下させるので，重金属試験に用いるには不適切である．近年，重金属の魚類に対する急性毒性はフリーイオン状態の重金属（Cu^{2+} など）と鰓（負に帯電）との吸着量から予測可能とするバイオテックリガンドモデルの進展があるが，慢性影響への評価に適応できないとされる．国内河川の硬度は海外よりも低いため，同じ重金属濃度でも河川生態系への影響は海外河川より高いものと考えられている．

(2) 淡水無脊椎動物に対する毒性

重金属類の環境汚染問題（国内では，鉱山など）は古く，水生生物に対する各種毒性試験は，現在よりもむしろ 1960 年代から 1980 年代にかけて数多く実施されているが，その大半はミジンコ類に関するものである．たとえば，Cd, Hg, Cu,

Zn のオオミジンコに対する 48-h LC_{50} は，それぞれ 5, 13, 44, 158 μg/L であるが，産仔数を対照の 50% 減少させる濃度（21 日間試験，慢性試験）は，それぞれ 0.7, 6.7, 35, 102 μg/L とあり（Biesinger & Christensen, 1972），Cd が著しく慢性毒性の高い金属であることがわかる．筆者の試験例でも，Cd のタマミジンコ（*Moina macrocopa*）に対する，48-h LC_{50}，72-h LC_{50} はそれぞれ 71, 28 μg/L，生涯（寿命 10〜18 日）の産仔数を対照の 50% まで阻害する濃度は，0.78 μg/L であった．Cd の環境基準（健康影響）は 10 μg/L であるが，このような濃度はミジンコ類の持続的な生存にとってはきわめて危険な濃度である．また，Cu の生活排水基準濃度は 3 mg/L であるが，水生生物に対する毒性は高く，下記の野外調査例からもわかるように，このような濃度ではほとんどの水生生物（とくに各種無脊椎動物）は環境から消滅してしまう．

(3) 実河川での生態影響

銅は，かつては国内各地の鉱山で採掘され，精錬や鉱滓に伴う廃水により広く河川や水田などを汚染した．国内鉱山は三十数年前までにのきなみ閉山されたが，その後も鉱山廃水による銅，亜鉛，カドミウムなどの汚染が続き，河川の生態系は各地で著しい影響を受けた．河川によっては，その影響は低減したとはいえ現在も存続しているものと考えられる．廃止鉱山の下流域では，河川水中の重金属汚染は降雨・渇水などで変動はあるものの，年間を通して汚染が継続している．そのような河川の重金属濃度と底生生物（水生昆虫が主体）の調査から，重金属汚染の生態影響に関する多くの知見を得ることができる．1979〜1988 年に全国各地の重金属汚染河川で実施した生物調査によれば（のべ 111 地点），河川水中の Cu 濃度が 10 μg/L 以下の河川では，生物の種類が 20〜60 種類であったが，10 μg/L を超えると減少傾向が認められ，20 μg/L 以上の地点では例外的な場合を除き，20 種類から数種類に減少していた（国立公害研究所，1990）．野外調査の結果は，水路（河川モデル）に水生昆虫（カゲロウ幼虫）を導入し，銅を曝露したバイオアッセイでも検証することができる（生長・羽化への影響から）（日本環境毒性学会編，2003）．Cu 濃度が 20〜300 μg/L の地区に優占する代表的な種類は，ユスリカ幼虫（複数種）とカゲロウの一種（シロハラコカゲロウ）であった．後者の重金属耐性機構を調べた結果，体内にメタロチオネイン様タンパク質を有し，Cd や Cu を結合して重金属耐性を獲得していた（国立公害研究所，1990）．高度の重金属汚染区（例：Cu>30 μg/L）では，これら耐性種をはじめとし，わずか数種生物で生息密度（数）の 90% 以上を占めていた．

2) 農薬類のバイオアッセイ

重金属類と異なり，国内で登録されているおもな農薬類は除草剤，殺虫剤，殺菌剤ともそれぞれ百数十種あり（日本農薬学会編，2003；本山編，2001），その濃度や複合汚染によりさまざまな生物に影響を及ぼす可能性が高い．また，農薬類による汚染の特徴として，作物の生育期間に集中して散布される．一方，ほとんどの生物は春から初夏にかけて繁殖し，その若齢個体が生長するため，感受性の高い時期に農薬類の汚染に曝露されることになる．

農薬類は，それぞれが生物活性の強い化学物質であり，そのほとんどは田畑に散布されるため，微量とはいえ環境を広範囲に汚染する．そのため，化学物質の中では最も環境に影響を及ぼす可能性が高い．殺虫剤の環境影響が顕在化した前後から（1960〜），農薬類の各種生物に対する毒性評価に関しては国内外とも膨大な量の情報（環境中動態，急性・慢性毒性値）が集積されている．農薬類は，製品として市場に出る前に農薬取締法に基づいた審査を受けるが，化学物質審査規制法の場合と同様に藻類・ミジンコ，魚類の急性試験データが要求される（試験生物・試験法で若干異なる）．また，農薬類の環境中の動態などを考慮して，追加試験が段階的に求められることがある（環境毒性学会編，2006）．

(1) 農薬類のバイオアッセイ

農薬類の無脊椎動物に対するバイオアッセイの基本的事項は重金属類の場合と同様である．ただし，農薬類は重金属類と異なり，難水溶性，吸着性，または分解性の高い物質が多く，試験液の調製や試験濃度の維持に配慮を要する．農薬の原体は水に難溶で粘度が高く，それを正確に秤量し所定の試験濃度を調製するのが困難な物質が多い．そのような場合，アセトン，エタノール，ジメチルホルムアミド，トリエチレングリコールなどの有機溶剤を用いて農薬の高濃度液（保存液という）を調整し，それを希釈水に添加して所定濃度の試験用水を調整する．この場合，有機溶剤自体の影響が加味されないよう，その量は試験用水の0.01％以下を原則とし，同時に有機溶剤のみの対照区（農薬試験液と等量：溶剤対照区）も加える．溶剤にエタノールを使用した場合，試験が長期になると（流水式試験など），それを栄養源としてバクテリアが発生し，DOの低下や試験容器の汚れなど試験の障害になるのであまり使用されていない．試験濃度は，農薬に限らないが原則的に被験化学物質の水溶解度以下で実施することになっているため，試験前に水溶解度のデータが必要である．さらに，農薬によっては試験水のpHによって大きく解離し毒性が変化するので，被験物質の解離定数（pKa）

と試験水の水温やpHのデータも付記する.

　農薬類の生態影響において,除草剤は1次生産者(植物プランクトン,付着藻類および水草類)へ,殺虫剤はその消費者である甲殻類(ミジンコ類,エビ類など)やさまざまな水生昆虫に影響を及ぼす.しかし,除草剤でもPCP(ペンタクロロフェノール)やCNP(クロルニトロフェン)のように,かつては各種無脊椎動物や魚類に毒性の強い物質があった(現在,生産・使用禁止).農薬類の環境中での動態はその使用目的や使用される農耕地,その周辺の水環境によって大きく異なる.そのため,農薬類のバイオアッセイを実施する場合,農薬類の環境動態(種類・濃度,出現期間,汚染媒体)とそこに生息する代表的な生物を配慮して試験のデザインを考えるのが有効である.たとえば,除草剤の汚染が著しい河川では,数種除草剤の相加的な影響で,藻類やウキクサの生長は5～6月に著しく阻害されていた(Hatakeyama, 1998;環境毒性学会編, 2006).甲殻類のエビ類やミジンコ類は殺虫剤にきわめて感受性が高いことで知られている.たとえば,代表的な数種の有機リン系およびカーバメート系殺虫剤の48-h LC_{50} は数ppb(μg/L)のレベルである.そのため,1990年代の調査であるが農薬汚染の河川から採取した河川水中では,5月下旬から8月初旬にかけ,試験に用いたヌカエビが頻繁に死亡し(Hatakeyama, 1998;環境毒性学会編, 2006),これら調査河川では殺虫剤に感受性の高い生物の生存は困難と推測された.

(2) 現場実験,河川モデル試験

　湖沼では1次生産者とその消費者の関係は,植物プランクトン～動物プランクトンが主体であるが,河川ではそれが付着藻類～カゲロウ(幼虫)などの水生昆虫となる.したがって,現在のところバイオアッセイがほとんど実施されていないが農薬汚染の水生昆虫に及ぼす影響評価も重要である.たとえば,農薬汚染が顕著な河川水を水路に流して調べた結果,水路に導入したカゲロウ幼虫(ヒラタカゲロウの一種)の死亡率は農薬汚染時期には顕著に増大した(Hatakeyama, 1998;環境毒性学会編, 2006).しかし,農薬汚染がほとんど消失した冬季に導入したカゲロウは着実に生長し,早春にはそのほとんどが羽化した.このことは,農薬汚染が高い河川でも,その汚染の低減が続けばさまざまな生物が戻ってくることを示唆している.カゲロウやトビケラなど河川に生息する水生昆虫は,流水にしか生息できない種類が多い.そのため,これらの生物では水路に試験水を流してのバイオアッセイが必要とされる.これらの試験も国内では実績が乏しいが,循環水路に殺虫剤(カーバメイト系)を流し,数種カゲロウの死亡や羽化

に慢性的な影響を調べた研究例がある（環境毒性学会編，2006）．現在，農薬汚染の環境影響では，かつてのように各地で魚が死亡するなどの事例はまれになった．しかし，各種無脊椎動物への潜在的な影響はいまだ危惧され，実環境の農薬汚染とそこに生息すべき生物を配慮したさまざまなバイオアッセイが必要とされよう．

3) 環境ホルモンのバイオアッセイ

「環境ホルモン」とは便宜的言葉として使用され，正式には「外因性内分泌撹乱化学物質」であり，外因性を「環境汚染」とすると，その性格を端的に言い表している．重金属や農薬類の毒性は，標的のタンパク質（酵素や構造タンパク質）や細胞膜に直接作用して生物に毒性をもたらすが，環境ホルモンは，雌雄や発生段階，繁殖や生理的な必要性などに関わりなくホルモンのレセプターに結合し（あるいは本来のホルモンの結合を妨げ），DNA を介した各種タンパク質の生合成を撹乱して生体にさまざまな障害を引き起こす（3.4.2項）．レセプターを介さない場合でも，たとえばホルモンの生合成・代謝，伝達（輸送）などに作用し，生体に障害を及ぼすなど，その作用機構は重金属，農薬類と比べより複雑である．そのため，重金属や農薬類の生物試験のように，死亡，生長，繁殖の阻害だけをエンドポイントとした試験では，その有害性があった場合でもホルモン系の撹乱に起因するかどうかを特定できない．2009 年に OECD から内分泌撹乱作用をもつ化学物質をスクリーニングする試験法として，TG229（魚類短期繁殖試験：魚類の交尾行動から産卵までの影響），TG230（21 日間魚類試験：女性ホルモン，男性ホルモン，アロマターゼ阻害剤の影響検出），TG231（両生類変態アッセイ：甲状腺ホルモン撹乱の検出）（表 3.3）が公示された．OECD ではさらに魚の 2 次性徴と性転換に着目した試験（fish sexual development test）および魚の多世代にわたる影響を調べる試験（fish multi-generation test）なども開発中である．無脊椎動物に対する環境ホルモンの影響も危惧されてはいるが，魚類，両生類，鳥類などの脊椎動物に関する調査・研究に比べるとその実績は極端に乏しい．エビやカニ，昆虫などの脱皮や蛹化には，脱皮ホルモンや幼若ホルモンが関与していることが知られているが，その幼若ホルモン様化学物質の検出方法として，OECD の TG211 に anex7 が追記されている（鑪迫，2005）．

(1) 無脊椎動物の環境ホルモンバイオアッセイ

環境ホルモンの生物試験系では，水に難溶性の物質を，ppb（μg/L）～ppt

(ng/L)の低濃度で，試験生物に曝露することになる．試験が長期に及ぶ場合，試験液の換水頻度を高める試験系を流水式にする，あるいは注射するなどの手法がとられる．環境ホルモンのバイオアッセイにおいては，試験生物と被験物質，曝露する生物の雌雄・成長段階，曝露時期などに配慮が必要とされる．試験生物では，最終的な評価として2世代の繁殖試験が望まれるので，室内で安定した継代飼育が確立した試験生物が必要である．甲殻類では，ミジンコ類や淡水産エビ類，水生昆虫では数種ユスリカ，蚊（アカイエカ，チカイエカ）などが適当であろう．現在はOECDを中心として，海産性カイアシ類，オキアミ，ユスリカ，ミジンコなどの生物を用いた多世代試験の開発が進められている．化学物質の選定では，さまざまな視点（野外調査結果・ホルモンとの類似構造，レセプター親和性）があるが，典型的な具体例を引用して以下に概説する．

(2) 野生生物の異変に基づく調査・研究

環境中における無脊椎動物に対する環境ホルモン影響と見なされた事例には，有機スズによる貝類（とくに巻貝）の生殖器官の異常（メスのオス化，インポセックス）があげられる．この問題に関し，堀口（1990年～）による全国的な生物調査や，その発症メカニズムに関する多面的な研究が行われ，その誘導メカニズムを強く示唆する成果が得られている（堀口，2004）．イボニシのインポセックス症状は，ごく低濃度（1ppt程度）の有機スズ（トリブチルスズ（TBT），トリフェニルスズ（TPT））により，メスに雄性生殖器（ペニスと輸精管）が形成される．重症では輸精管周辺組織が形成され，それがメスの産卵口を圧迫して閉塞させ，極端な場合は卵巣内に精巣が形成される（堀口，2004）．その誘導メカニズムに関しては，堀口らの最近の調査・研究の結果から，有機スズと核内レセプターの1つであるレチノイドX受容体（RXR）との結合に起因することが示唆されている．この説を決定的なものとしたのは，①（ヒト）RXRの本来のリガンドである9-シスレチノイン酸（ビタミンA酸）でもイボニシにインポセックスが有機スズ以外ではじめて形成されたこと（堀口，2004），②（イボニシ）RXRにTBTもTPT強く結合すること（Nishikawa et al., 2004），③インポセックス発現メスの雄性生殖器官（ペニス）において，RXR発現量が著しく高いこと，④従来から有力なアロマターゼ阻害説（有機スズにより，アンドロゲン→エストロゲンの生合成が阻害される結果，メスがオス化する説）が否定的であった，ことなどとされる．RXRを介したインポセックス発現の全メカニズム解明は今後の課題とされるが，上記の成果は生物影響メカニズムの解明，試験生物や

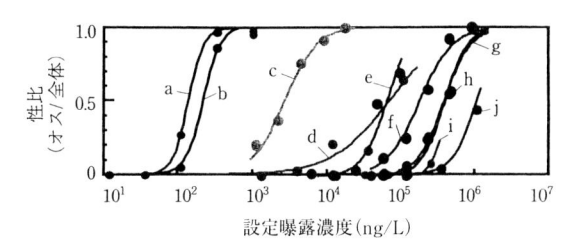

図 3.24 JH および JH 様物質曝露による仔虫性比の変化
a：ピリプロキシフェン，b：フェノキシカルブ，c：ハイドロプレン，d：メチルファネソエート，e：エボフェノナン，f：キノプレン，g：JH I，h：JH II，i：メトプレン，j：JH III．

被験物質の選択などに，ホルモンのレセプターや，それに対する化学物質の親和性の知見が重要であることを示している．

(3) ホルモン類似構造に基づいた試験

昆虫の脱皮は，脱皮ホルモン（エクダイソンン（Ec）と幼若ホルモン（以下，JH）によってコントロールされている．そのほか，前胸腺刺激，アラタ体刺激，休眠，脂質動員，羽化などに関わる各種ペプチドホルモン（レセプターは細胞表面）が知られる（日本比較内分泌学会編，1998）．ペプチドホルモンは構造が複雑で特異性が大きく，化学物質が直接これらのレセプターに作用し，内分泌系を撹乱する可能性は低いと思われるが，エクダイソンは脊椎動物と同様のステロイド骨格をもち，JH はセスキテルペノイド構造であるため，一般化学物質がそれらのレセプターに作用する可能性は高い．

ミジンコは試験環境ではメスだけによる繁殖を行って増殖する（単為生殖）．オオミジンコは，約10日で親になり，その後2日おきに約10～数十のメスを産仔する．しかし，JH に構造が類似した農薬（ピリプロキシフェン，フェノキシカルブ，ハイドロプレンなど）に曝露すると，その曝露濃度に依存してオス個体が100%産出された（図3.24；鑪迫，2005；Tatarazako et al., 2003）．仔ミジンコのオス化は，すでに育房（ミジンコ背側の空間で，そこに産卵される）に存在する卵に曝露されても効果がなく，卵母細胞が卵巣内にある段階の特定期間に曝露を受けた場合にのみ効果があった（鑪迫ほか，2004）．一方，魚類試験で内分泌撹乱作用が示されたビスフェノール A，ノニルフェノール，オクチフェノールや，昆虫の脱皮ホルモンでは，オスの産仔は全く起こらなかった．これらの結果は，環境ホルモンの試験で，被験物質の選定（ホルモンとの構造の類似性）やその曝露時期が重要であることを示している．JH がミジンコのオス仔虫発生に

関与していることは疑いないが，エサや日照条件などの間接的な影響にも留意する必要がある．また，脱皮ホルモンと JH は密接に関連して作用するため（Mu and Leblanc, 2004），一方の核内レセプターだけに着目しては，環境ホルモンの作用機構を見過ごすこともあろう．

(4) レセプターを介さない内分泌撹乱物質

内分泌撹乱化学物質には，核内レセプターを介するものばかりではなく，直接ホルモンの合成を阻害するものも含まれる．典型的なものにアロマターゼ阻害作用がある．農薬の1つであるプロクロラズ（N-プロピル-N-[2-(2,4,6-トリクロロフェノキシ)エチル]イミダゾール-1-カルボキサミド）はアロマターゼ阻害作用をもつことが知られている．アロマターゼが阻害されると男性ホルモンから女性ホルモンへの合成が止まるため，女性ホルモンの欠乏が起きる．女性ホルモンレセプターには全く反応しない．メス魚類でのビテロジェニン量の低下，産卵数の低下，繁殖行動阻害などが報告されている（Ankley, 2005）．

(5) 環境ホルモン生態影響調査

霞ヶ浦で1998，1999年夏に採集されたヒメタニシの性比がメスに偏っていることが報告され，一般の注目も喚起した．その後，国立環境研究所により詳細な生物調査が実施され（鑪迫・平井，2003；鑪迫ほか，2004），たしかに沿岸の各所でメスの比率が高い傾向が示された．しかし，メスの比率は季節により規則的に変動し，性比がメスに偏る原因はタニシの生活史（繁殖場と生活場の移動，オス・メスの寿命の差）による要因が大きく，必ずしも環境ホルモンの影響とは考えられないとされた（鑪迫・平井，2003；鑪迫ほか，2004）．貝類と比較し，甲殻類や水生昆虫は移動性が大きく，またライフサイクルが短く，脱皮や変態，羽化など体の構造変化も著しい．これら生物が野外環境で脱皮や繁殖障害を受けても，相当注意深い調査をしない限り影響を認知・検出ができない．1990年代後半からの環境ホルモン対応は騒ぎすぎであったという見方もあるが，環境がさまざまな化学物質で汚染されている限り，これら物質の潜在的な環境リスクを注意深く観察する必要があるだろう．

■文　献

Ankley, G. T., Jensen, K. M., Durhan, E. J. et al.(2005). Effects of two fungicides with multiple modes of action on reproductive endocrine function in the fathead minnow (*Pimephales promelas*). *Toxicol. Sci.*, 86, 300-308.

Biesinger, K. E. and Christensen, G. M.(1972). Effects of various metals on survival, growth, reproduction, and metabolism of *Daphnia magna*. *J. Fish Res. Board Can.*, 29, 1691-1700.

藤田正一編 (1999). 毒性学—生体・環境・生態学, 300 pp, 朝倉書店.
Hatakeyama, S. (1998). Assessment of overall pesticide effects on river ecosystems. *Reviews in Toxicology*, 2, 315-332.
Hirai, N., Tatarazako, N., Koshio, M. et al.(2004). Seasonal changes in sex ratio, maturation, and size composition of fresh water snail, *Sinotaia quadrata histrica*, in Lake Kasumigaura. *Environ. Sci.*, 11, 243-257.
堀口敏広 (2004). 巻貝類. *In* 生物による微量人工化学物質のモニタリング, 竹内一郎・田辺信介・日野明徳編著, pp. 37-67, 恒星社厚生閣.
国立公害研究所 (1990). SR-4-'90. 水界生態系に及ぼす有害汚染物質の影響評価に関する研究 国立公害研究所特別研究報告書, 64 pp.
本山直樹編 (2001). 我が国のおもな登録農薬一覧. 農薬学事典, 571 pp, 朝倉書店.
Mu, X. and Leblanc, G. A.(2004). Cross communication between signaling pathways: juvenoid hormones modulate ecdysteroid activity in a crustacean. *J. Exp. Zool. A. Comp. Exp. Biol*, 301, 793-801.
日本比較内分泌学会編 (1998). 無脊椎動物のホルモン, 228 pp, 学会出版センター.
日本環境毒性学会編 (2003). 生態影響試験ハンドブック, 349 pp, 朝倉書店.
日本環境毒性学会編 (2006). 化学物質の生態リスク評価と規制—農薬編, 366 pp, アイピーシー.
日本農薬学会編 (2003). 農薬の環境科学最前線—環境影響とリスクコミュニケーション, 349 pp, ソフトサイエンス社.
Nishikawa, J., Mamiya, S., Kanayama, T. et al. (2004). Involvement of the retinoid X receptor in the development of imposex caused by organotins in gastropods. *Environ. Sci. Technol.*, 38, 6271-6276.
田端健二 (1969). 水産動物に及ぼす重金属の毒性とその緩和要因に関する研究 (II) 重金属イオンの毒性に及ぼす硬度成分の拮抗作用. 東海水研報, 58, 215-232.
鑪迫典久 (2005). ミジンコを用いた無脊椎動物の内分泌かく乱化学物質検出法開発. 化学と生物, 43, 638-641.
鑪迫典久・平井慈恵 (2003). ヒメタニシ(霞ヶ浦)の生態調査. *In* 環境ホルモンの最新動向と測定・試験・機器開発, 井口泰泉監修, pp. 63-72, シーエムシー出版.
鑪迫典久・小田重人・阿部良子ほか (2004). ミジンコを用いた甲殻類に対する内分泌攪乱化学物質のスクリーニング法開発. 環境科学会誌, 17, 439-449.
Tatarazako, N., Oda, S., Watanabe H. et al. (2003). Juvenile hormone agonists affect the occurrence of male Daphnia. *Chemosphere*, 53, 827-833.

4. 解毒・耐性機構

4.1 微生物分解

4.1.1 微生物のはたらき

　肉眼では見えないほどの小さな生き物を総称して微生物と呼び，そのため微生物という言葉は特定の分類群を指すわけではない．微生物には，原核生物の細菌（バクテリア，Bacteria）とアーキア（またはアーケア，古細菌とも呼ばれる．Archaea），そして真核生物の菌類（Fungi），藻類（Algae，単細胞性紅藻，単細胞性緑藻などの微細藻類），原生動物（プロトゾア，Protozoa）などが含まれる．これらの微生物の細胞は，細菌の一種である大腸菌（*Escherichia coli*）を例にすると，乾燥重量に換算して96％を炭素，酸素，窒素，水素，リンおよび硫黄の6種類の元素から構成され，その他の部分を占める微量元素も含めて，これらの元素は化学的形態を変化させながら生物圏の中を循環している．これらの生元素の循環をまとめて物質循環と呼び，生物圏のあらゆる環境で起こるさまざまな現象を理解するうえできわめて重要である．

　たとえば炭素循環についてみてみると，二酸化炭素は光合成によって大気中から緑色植物の組織に取り込まれグルコースなどの有機物に変換されるが，緑色植物以外にもシアノバクテリア（藍藻，Cyanobacteria，細菌の1グループで唯一，緑色植物と同様に酸素発生型の光合成を行う）や微細藻類などの微生物も同じように光合成を行い二酸化炭素を炭素源とする．このようにして合成された有機物は従属栄養性の生き物の重要な栄養源として使われた後，酸素が存在する好気的環境では酸化分解によって最終的には二酸化炭素にまで無機化されるので，炭素原子についてみれば再び大気に戻ることとなる．また酸素が存在しない，あるいは少ししか存在しない嫌気的な環境では，嫌気性あるいは通性嫌気性微生物が行う発酵プロセスによって有機物は分解されるが，この場合C–C結合は部分的に残ったままの，いわば不完全な分解を行っている．これらの分解の過程で発生す

る電子は，好気的環境では最終電子受容体である酸素に受け渡され，その結果水が生成される．このプロセスを好気的呼吸と呼ぶ．一方，嫌気的な環境では最終電子受容体として硫酸塩や硝酸塩を用いた呼吸を行う微生物が生息しており，それらを硫酸呼吸，硝酸呼吸と呼ぶ．硫酸呼吸は硫酸還元菌，硝酸呼吸は硝酸還元菌が行う呼吸であり，しかも酸素を電子受容体としないことから，嫌気的呼吸と呼ぶ．微生物には硫酸や硝酸以外の物質を電子受容体として用いるものが見つかっており，高等生物とは異なる多様性の一面を現すものである．

　さまざまな生態系において有機物質の分解反応を担うのは，おもに細菌，アーキア，そして菌類などの微生物である．たとえば，肥沃な森林の土壌1gには数億〜数十億もの微生物が生息しており，落枝・落葉，動物の遺体や排泄物などを活発に分解している．このように，物質循環の要である分解反応において，微生物は中心的な働きを担い，自然界の自浄作用（self-purification）を成り立たせている．多くの従属栄養性微生物にとって，炭水化物，有機酸，アミノ酸などの有機物は概して利用しやすい．それに対し，ベンゼンやトルエンなどの炭化水素，ナフタレンやフェナントレンなどの多環式炭化水素，これら水素の一部が塩素などのハロゲンによって置換された有機ハロゲン化合物などは，一般に分解できる微生物の種類は限定される．とはいえ，さまざまな生態系，とくにこれらの化合物で汚染されている地帯を詳細に調べれば，多くの場合，分解微生物を探し出すことができる．

　科学技術の進展に伴い，安定性や薬効などさまざまな面でより優れた性質をもつ化合物が合成されている．これら化合物はゼノバイオティクス（生体異物，xenobiotics）と呼ばれ，自然界の微生物にとってもはじめて遭遇する場合がほとんどを占めることが予想される物質である．そのため分解に必要な酵素系が微生物の細胞に備わっていないなどの理由で，環境中で必ずしもすみやかに分解されるとは限らない．たとえば，ビフェニル（biphenyl，またはジフェニル）は石炭を乾留してコークスを製造する際に副生成物として得られるコールタールに含まれる芳香族炭化水素の一種であるが，土壌などからビフェニル分解微生物を探し出すことは可能である．一方，ビフェニルの複数の水素を人工的に塩素に置き換えたポリ塩化ビフェニル（PCBs）は，安定な微生物分解を受けにくく，そのため環境中に残存しやすい．このように分解されにくい化合物を分解する微生物を見つけ出すには，その微生物が好む生育条件や培地を用い，特定の微生物の菌密度だけを増加させることで選抜する集積培養法（enrichment culture）を行う

ことで，分離することが可能である．

　多くの微生物にとって分解しにくい化合物のことを難分解性化合物と呼ぶが，このような化合物の微生物分解を研究する中で，それまで知られていなかった微生物の代謝様式が明らかになった．それはコメタボリズム（共役代謝，cometabolism）と呼ばれ，土壌微生物による農薬分解を研究している過程で明らかとなった（Horvath, 1972）．ある微生物が特定の難分解性化合物（例えば農薬）を分解する際に，補助基質として培地に添加されている分解しやすい物質（易分解性物質）を利用することで得たエネルギーを，農薬の分解プロセスに利用するというものである．この場合の農薬の分解反応は途中で止まることが多く，同化や異化反応で現れる代謝中間体まで分解が行き着かない．そのため主要な代謝経路に合流できず，そのため化合物の分解に伴う増殖の促進はみられない．たとえば，除草剤である 2,4,5-トリクロロフェノキシ酢酸（2,4,5-trichlorophenoxyacetic acid, 2,4,5-T；Rosenberg and Alexander, 1980）やシマジン（2-chloro-4,6-bis(ethylamino)-s-triazine；Robertson and Alexander, 1994）などの農薬をはじめとして，多くの化合物の微生物分解においてこの現象が知られている．このように一種の微生物では不完全に分解するだけであっても，自然界には膨大な種類の微生物が生息しているため，別の微生物によってさらに低分子の化合物にまで分解されてしまうことが予想される．

　微生物に見つかるこれらの難分解性化合物の分解能や毒性物質に対する耐性能などの遺伝情報は，染色体 DNA とは独立して自律的に複製が可能なプラスミド（plasmid）にコードされる場合がある．プラスミドは一般に環状2本鎖構造をとるが，時には線状の場合もある．プラスミドが伝達性の場合，ある微生物細胞から別の細胞へ，コードされている遺伝情報は伝達されるので，プラスミドをもたない微生物にその情報を移すことになる．プラスミド DNA にコードされている遺伝情報には，難分解性化合物の分解能のほかにも，重金属耐性，病原性，薬剤耐性など，増殖や生命維持には必須ではないが，特殊な環境で生き延びるうえで有用な生理活性に関わるものが数多く見つかっている（表4.1）．また，難分解性化合物の分解に限ってみてみると，分解酵素だけではなく，輸送タンパク質や遺伝子発現の制御系など，関連する複数の遺伝子がクラスターとなって配置している．染色体上に見つかるトランスポゾン（transposon）と呼ばれる塩基配列は，遺伝子が転移することに関与するが，ここにも水銀耐性因子などの遺伝情報がコードされていることがある（Huang et al., 1999）．

表 4.1 細菌のプラスミドの例

菌株名	表現形質	プラスミドの名称,サイズ,形状など	文献
Pseudomonas putida G7 株	ナフタレン分解菌	NAH 7, 83 kb, 環状プラスミド	Yeu and Gunsalus, 1982
Rhodococcus erythropolis BD2 株	イソプロピルベンゼン分解菌, TCE 分解菌	pBD2, 208〜212 kb, 線状プラスミド	Dabrock et al., 1994
Rhodococcus sp. RHA1 株	PCBs 分解菌	1,100 kb, 線状プラスミド 450 kb, 線状プラスミド 280 kb, 線状プラスミド	Masai et al., 1997
Pseudomonas stutzeri	水銀耐性	pPB	

TCE:トリクロロエチレン,PCB:ポリ塩化ビフェニル.

　これまで自然界からさまざまな代謝活性を有する微生物株が分離され,それらの代謝,生理学的性質,さらにそのゲノムを解析することが精力的に行われている.以下では,石油成分や有機ハロゲン化合物,金属を対象に,環境汚染物質が微生物によってどのように変換されるかについての概要を示す.

4.1.2 石油成分

　石油は多種類の化合物の混合体でありそれぞれの分解のされやすさも異なることから,その混合比の違いに応じて微生物分解の程度も異なる.原油を蒸留することで得られるガソリンやディーゼル油は炭化水素が主体であり,微生物分解は比較的容易である.石油の主成分である炭化水素はおもに細菌や菌類によって分解されるが,これらはたとえば土壌 1 g の湿重量あたり $10^7 \sim 10^9$ cells の菌密度で生息すると見積もられ(清水,1978),土壌や海洋環境に広く分布しているといえる.一方,原油や重油には微生物による分解を受けにくい成分が含まれているため,タンカーの座礁などでこれらが流出すると生態系が被るダメージは大きくなる.

　直鎖状アルカン(n-アルカン)は比較的短期間で汚染された環境から除去されるが,これは揮発しやすい性質であることと,微生物分解を受けやすいことによる.n-アルカンを好気的に分解する微生物には *Acinetobacter* 属,*Pseudomonas* 属,*Rhodococcus* 属などを含む多種類の細菌や *Candida* 属のような真菌が知られる.これらの炭化水素を好気的に分解するプロセスではオキシゲナーゼ(oxygenase,または酸素添加酵素)と呼ばれる,空気中の酸素を取り込みそれを化合物に付加させる反応を触媒する酵素が重要なはたらきをする.オキシゲナ

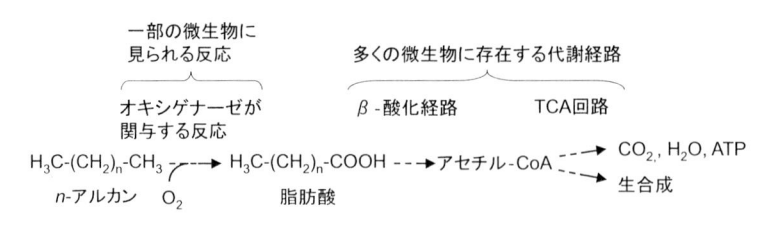

```
         一部の微生物に              多くの微生物に存在する代謝経路
         見られる反応
        オキシゲナーゼが           β-酸化経路      TCA回路
        関与する反応
  H₃C-(CH₂)ₙ-CH₃ ──→ H₃C-(CH₂)ₙ-COOH ---→ アセチル-CoA ---→ CO₂, H₂O, ATP
                                                        ---→ 生合成
    n-アルカン   O₂           脂肪酸

        ---→ 複数の反応が引き続いて起こることを示す.
```

図 4.1　微生物による n-アルカンの分解

ーゼは酸素1原子または2原子のどちらを付加するかによって，前者をモノオキシゲナーゼ，後者をジオキシゲナーゼと呼んでいる．n-アルカンはこのオキシゲナーゼによって，末端のメチル基がアルコールになり，アルデヒドを経て脂肪酸にまで代謝される．たとえば，*Pseudomonas putida* GPo1 株の n-アルカンの分解では，アルカンモノオキシゲナーゼと，このオキシゲナーゼと NADH の間で電子の受け渡しを行うルブレドキシン (rubredoxin)/ルブレドキシンレダクターゼで構成されるアルカンヒドロキシラーゼ系がはたらき反応が進む (Eggink et al., 1987)．脂肪酸は細胞膜を構成する主要な生体成分であることから，関連する代謝系は細胞に備わっている．そのため，脂肪酸にまで代謝されれば，その後は主要な代謝経路の1つである β-酸化経路に合流し，TCA 回路を経て最終的に二酸化炭素と水にまで酸化分解される（図 4.1）．

芳香族炭化水素は分子内に存在するベンゼン環の数が少ないほど，微生物による分解を受けやすい．*Pseudomonas aeruginosa* はベンゼンを唯一の炭素源・エネルギー源として生育することができる細菌であるが，ベンゼン環のオルト位の水素に水酸基が置換したカテコール（catechol，別名ピロカテコール）と呼ばれる化合物（図 4.2）が代謝中間体として生成される．n-アルカンの場合と同様に，ここでもやはりオキシゲナーゼが関与する酵素反応が進む．その後カテコールはベンゼン環が開裂し，C-2 単位で結合が切れることによってアセチル-CoA が生成され，その結果 TCA 回路に合流する．このカテコールの環開裂においてもオキシゲナーゼが関与するが，カテコールの隣り合った水酸基の間で開裂する反応をオルト開裂，水酸基の外側で開裂する反応をメタ開裂と呼び，分解菌によってどちらの反応を経由するかは決まっている．またこれらの過程では還元力として NAD(P)H が使われる（図 4.2）．

オキシゲナーゼはベンゼンやトルエンの他にも，ナフタレン，フェナントレ

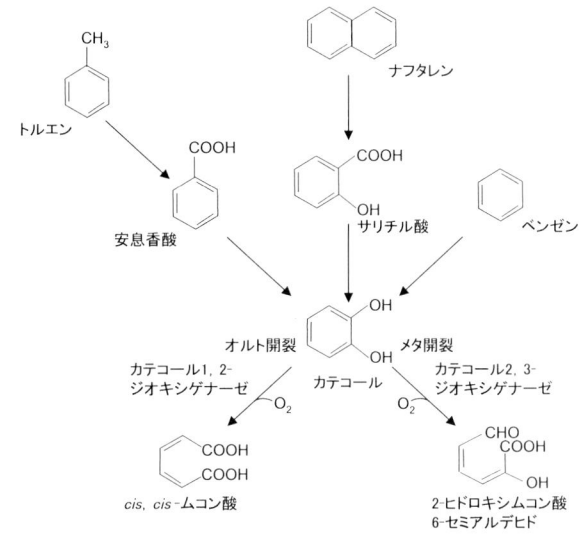

図 4.2 カテコールを経由して代謝される芳香族化合物

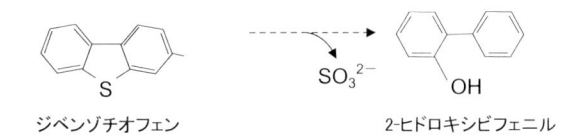

図 4.3 ジベンゾチオフェンの微生物による脱硫

ン，ピレン，ダイオキシン，ジベンゾチオフェン，カルバゾールなどのヘテロ環式芳香族化合物，後述する PCBs など，さまざまな芳香族化合物の酸化分解ではたらく酵素であり，微生物がこのような難分解性化合物に対して分解能を示すことができるかどうかに関わる重要なはたらきを担っている．

多環芳香族炭化水素（PAHs）や分子中に硫黄を含有する PAHs は一般には難分解性であるが，強力な分解活性を有する菌株も分離されている．これらの多くは放線菌類である *Corynebacterium* 属や *Rhodococcus* 属の細菌である．また，PAHs に対する分解能はもたないが，石油や石炭に含まれる有機硫黄化合物として知られるジベンゾチオフェン（dibenzothiophene，図 4.3）を，細胞成分の生合成に必要な硫黄源として利用する *Corynebacterium* sp. SY1 株も分離されている．この細菌はいくつかの反応を経てジベンゾチオフェンの硫黄だけを取り除き，2-ヒドロキシビフェニルを生成するので，燃料としての石油の質を落とすこ

とはない（Omori et al., 1992）．また，*Rhodococcus* sp. ISTS8 株からは硫黄の酸化反応に関与する酵素の遺伝子 *soxABC* もクローニングされている（Denome et al., 1994）．PAHs の硫黄を取り除く作用は *Rhodococcus erythropolis* KA2-5-1 株や *Paenibacillus* sp. A11-2 株など，複数の従属栄養性の細菌でも見つかってきている．このような性質をうまく活用することができれば，石油汚染の浄化としてだけではなく，大気汚染の原因となる化石燃料中の硫黄画分を微生物を使って脱硫することが可能となる．

微生物による炭化水素の分解は，上述したような酸素の存在する好気的環境下でのオキシゲナーゼの触媒による反応がよく知られている．一方，湖沼や河川の底泥のように酸素が供給されにくい嫌気的環境下では，酸素に代わる反応に必要な電子受容体が存在しさえすれば，嫌気呼吸を行う微生物によって炭化水素も二酸化炭素にまで無機化される．このときに機能する嫌気呼吸としては硫酸還元や脱窒などが重要であり，硫酸還元能を有する *Desulfobacula toluolica* では，硫酸塩を電子受容体として芳香族炭化水素を分解する．また，脱窒能を有する *Azoarcus tolulyticus* では脱窒作用とリンクさせてトルエンを分解する．*Azoarcus* 属の細菌は，汚染の有無に関わらず土壌や水界環境に広く分布していることから，芳香族炭化水素の自然界における浄化に寄与していると指摘する研究もある（Zhou et al., 1995）．絶対嫌気性菌の *Geobacter* 属の細菌は炭化水素で汚染された環境からよく分離されることで知られるが，*Geobacter grbiciae* は Fe（III）の還元とリンクさせてトルエンの分解を行う（Coates et al., 2001）．

4.1.3 有機ハロゲン化合物

いろいろな物質の溶解性に優れ，しかも非引火性の溶剤として，TCE や PCE は半導体集積回路の製造やドライクリーニングの洗浄剤として広く使用されてきたが，毒性が明らかとなったため使用に制限が加えられている．過去の使用によって汚染された土壌や地下水には，いまだに残留がみられる場所があり，環境汚染の原因となっている．これらの塩化エチレン類のほかにも，PCB やダイオキシン類などの有機塩素化合物は，後述するように微生物によって好気的分解を受ける．一方，環境中でのこれら化合物の最終的な移行場所を考えてみると，湖沼，河川，海洋などの底泥といった嫌気的になりやすい場所が多いことが予想されるので，そのような環境における分解は重要なプロセスになる．

酸素を得にくい嫌気的な環境では，オキシゲナーゼ系は機能することができな

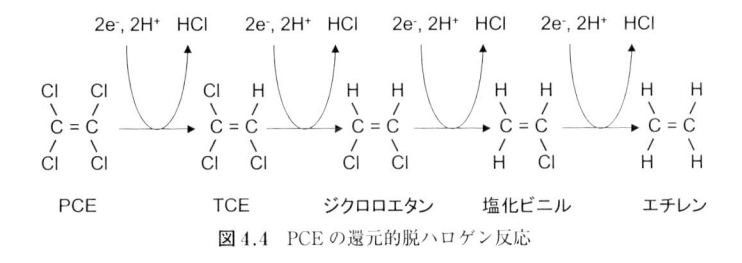

図4.4 PCE の還元的脱ハロゲン反応

い．しかし，嫌気環境では呼吸のプロセスの最終電子受容体として，TCE などの有機塩素化合物を利用することでエネルギー生産を行う脱ハロゲン呼吸（dehalorespiration，脱塩素呼吸とも呼ぶ）を行う細菌が広く生息していることが，1980 年代から知られるようになった．1990 年代になると，TCE や PCE を唯一の生育基質として利用し，脱ハロゲン呼吸を唯一のエネルギー生産系とする絶対嫌気性細菌が発見され，"*Dehalococcoides*" という属名が付けられた．この細菌は塩化ベンゼンや高塩素化ダイオキシンの脱ハロゲン化も行うことが可能である（Bunge et al., 2003）．脱塩素化の酵素は *Desulfitobacterium* 属や "*Dehalococcoides*" 属の細菌を中心に研究が行われており，還元的デハロゲナーゼ（reductive dehalogenase）によって，PCE は TCE，ジクロロエタン（*cis*-DCE），塩化ビニル，そしてエチレンにまで脱塩素化される（図4.4）．

脱ハロゲン呼吸はこのほかにも，*Dehalobacter* 属（Holliger, 1998），*Dehalospirillum* 属（Scholz-Muramatsu et al., 1995），*Dehalogenimonas* 属（Moe et al., 2009）など，さまざまな細菌にも発見されており，嫌気環境下での有機ハロゲン化合物の脱ハロゲン反応に重要な役割を担っている（二神ほか，2007）．また，有機ハロゲン化合物はこれらの細菌の生育に必須な物質であることから，このような微生物を用いる汚染環境の修復が期待されている．

絶縁性や難燃性に優れる PCBs は熱媒体などとして広く使用されていたが，汚染が問題となり 1970 年代に製造・使用・廃棄が禁止された．しかし，貯留時の漏出や不法投棄による汚染が今も問題となっている．ビフェニルあるいは PCBs を唯一の炭素源として集積培養を行うことで，ビフェニルおよび複数の二塩化物 PCBs を分解する *Achromobacter* 属の細菌が分離され（Ahmed and Focht, 1973），その後 PCBs で汚染された土壌などから同様の手法を使って分解細菌が多数分離されている．その結果，塩素数の多いもの，とくに 4 以上の塩素が結合している PCBs の異性体では難分解性となりやすく，また塩素がオルト位に結合

するものでは分解されにくくなるなど，塩素の数や位置の違いと微生物分解の受けやすさとの関連が明らかとなっている（Furukawa et al., 1978）．またその分解反応は，ビフェニルと同一の経路で行われる共代謝によるものであることも知られている（Furukawa et al., 1986）．さらに，*Pseudomonas pseudoalcaligenes* KF707 株，*Burkholderia xenovorans* LB400 株，*Rhodococcus* 属の細菌などの PCB 分解菌について，反応経路やそれに関与する酵素，それらの酵素遺伝子のクローニング（Furukawa, 1986；Masai et al., 1995）と発現制御のメカニズム，そしてそれらの遺伝子の進化や地域間の拡散など，PCBs の微生物分解に関しては広範囲にわたる研究が展開されてきている．菌類では白色腐朽菌のもつリグニンペルオキシダーゼ（EC 1.11.1.14）を含む酵素系が PCBs を分解する．

発がん性や催奇形性などから問題視される塩化ジベンゾダイオキシンや塩化ジベンゾフランなどのダイオキシン類の分解菌は，コンポスト，河川堆積物，ダイオキシン汚染土壌等の環境から見つかっているが，*Terrabacter* 属，*Pseudomonas* 属，*Sphingomonas* 属などの細菌や，白色腐朽菌などの菌類からこれらの分解菌が分離されている．ダイオキシン類の分解はオキシゲナーゼ，加水分解酵素，さらに還元酵素などによる反応を経て，アセチル-CoA にまで変換した後に，TCA 回路を経て代謝される（Hong et al., 2002）．

ヘキサクロロシクロヘキサン（HCH，別名ベンゼンヘキサクロライド（BHC），lindane）は残留性が高く，多くの国では 1970 年代に生産・使用ともに禁止されているが，土壌汚染は現在も存在する．土壌から分離された *Pseudomonas paucimobilis*（現在は *Sphingomonas paucimobilis* に再分類されている）や *Sphingobium japonicum* UT26 株などの分解細菌では，HCH の塩素を次々と取り去った後に，芳香環の開環を経て TCA 回路に入ることが知られ，これら反応に関与する酵素も同定されている（Senoo and Wada, 1989；永田・津田, 2006）．

4.1.4 重金属類

鉱石を製錬して得られる重金属類はわれわれの生活を支える資源として不可欠であるが，それぞれの金属は酸化数の違いによって化学的性状やそれに伴う生物濃縮の程度，毒性などが異なる．そのため自然環境下の重金属が酸化還元反応を受けた結果，周辺に生息する生物が時に大きな影響を被る場合もある．炭素や窒素などの元素と同様に，鉄，マンガン，セレン，ヒ素なども，生物圏において絶

えず循環しており，そこでは微生物，とくに細菌が重要な役割を担っている．

金属の製錬を行う際に，特殊な細菌を利用して銅やウランなどを回収することがある．これはバクテリアリーチング（bacterial leaching）と呼ばれ，とくに低品位の鉱石から有用金属を取り出す際に有効な手法である．このような現場では，好気性で，しかも強酸性環境を至適な生育条件として Fe（II）の酸化を行う *Acidithiobacillus ferrooxidans* や，同じく単体硫黄を酸化する *Acidithiobacillus thiooxidans* のような，還元型無機物質を酸化することでエネルギーを獲得する化学合成無機栄養細菌が，金属溶出のプロセスで重要なはたらきをしている（千田，1996）．

マンガンは環境中では Mn（II），Mn（III），Mn（IV）の化学的形態が重要であり，Mn（II）は酸化されると水に不溶の酸化マンガンを生成する．この反応は微生物によっても起き，マンガンが豊富に存在する淡水環境に生息する *Leptothrix* 属をはじめ，海洋，土壌，底泥などから *Bacillus* 属や *Pseudomonas* 属などの細菌にこの活性が見つかっている．

$$2Mn^{2+} + O_2 + 2H_2O \rightarrow 2MnO_2 + 4H^+$$

土壌に含まれるヒ素は，大部分が As（V）のヒ酸（AsO_4^{3-}）か As（III）の亜ヒ酸（AsO_3^{3-}）の形で存在するが，グラム陰性細菌の *Pseudomonas arsenitoxidans* は亜ヒ酸を酸化してヒ酸を生成する過程でエネルギーを獲得する．

$$2H_2AsO_3^- + O_2 \rightarrow 2H_2AsO_4^-$$

亜ヒ酸を酸化する細菌は，高濃度のヒ素を含む塩湖や温泉などから見つけることができ，これまでに *Agrobacterium* 属，*Hydrogenobaculum* 属，*Thermus* 属など，多くの種類が見つかっている．ある生態系において酸化的環境から還元的環境に徐々に移行するに伴い，後述するヒ酸還元細菌が少しずつ菌密度を増し，代わりに亜ヒ酸酸化反応は影をひそめることになり，ヒ素の循環反応が成立する．これは他の重金属の酸化還元反応に関与する微生物についてもいえることである．

1) 呼吸に使われる金属

脱ハロゲン呼吸のところで述べた以外にも，Fe（III）を電子伝達系の最終電子受容体として呼吸を行う細菌が，*Shewanella* 属，*Geobacter* 属，*Acidiphilium* 属などの多くのグループに見つかっている．これらの細菌は酢酸や乳酸などの有機酸，あるいは菌によっては炭水化物を電子供与体として利用し，その結果

Fe（Ⅲ）は Fe（Ⅱ）に還元される．高等生物も含めて多くの生物は呼吸の過程で末端電子受容体として酸素を利用することで効率よくエネルギーを得ているが，微生物の中には Fe（Ⅲ）のように，酸素以外の化合物を用いる場合があり（4.1.1項），嫌気的呼吸と総称している．

Bacillus arseniciselenatis は高濃度の塩分とアルカリ性の環境を生育条件として必要とするグラム陽性細菌であるが，この細菌はヒ酸を電子受容体として還元し，その結果，亜ヒ酸を代謝産物として生成する（Blum et al., 1998）．このようなヒ酸呼吸細菌としてはほかにも，*Shewanella* 属，*Desulfomicrobium* 属，*Thermus* 属などの細菌が知られている．また，呼吸とはリンクしてはいないが，ヒ酸を解毒的に還元する細菌も見つかっている．亜ヒ酸はヒ酸に比べ土壌粒子から水相への移行が容易なため，ヒ素による汚染土壌のバイオレメディエーションへの応用も考えられている．

$$\text{lactate} + 2H_2AsO_4^- \rightarrow \text{acetate} + 2H_2AsO_3^- + CO_2 + H_2O$$

可溶性である Cr（Ⅵ）が還元されると，Cr（Ⅲ）が生成され，これは不溶性の水酸化クロムとなって沈殿を形成する．微生物によるこの反応は都市下水を処理する活性汚泥から分離された *Enterobacter cloacae* HO1 株で見つかったものである（Wang et al., 1990）．

電子受容体として使われる金属には，これら以外にも Mn（Ⅳ），U（Ⅵ），Se（Ⅵ），Co（Ⅲ），Tc（Ⅶ），V（Ⅴ）でも見つかっており，これらの反応に関わる微生物も多彩である．

2） 重金属耐性遺伝子

重金属に対する耐性については，水銀，カドミウム，亜鉛，コバルト，銀について報告があり，それに関わる遺伝子群について研究も行われている．水銀に対する耐性能は *Pseudomonas* 属や *Bacillus* 属などの細菌で見つかっており，水銀イオンや有機水銀を単体水銀（Hg^0）に還元し，それを気化することで毒性を回避すると考えられている．無機水銀イオンは水銀耐性遺伝子群として知られる *mer* オペロンの中に含まれる水銀レダクターゼ（MerA）のはたらきで還元される．また，メチル水銀やフェニル水銀などの有機水銀も同じオペロン中の有機水銀リアーゼ（MerB）によって水銀イオンに変換される（Silver and Phung, 1996）．好気性細菌で発見されているこれらの遺伝子群は，嫌気性細菌である *Clostridium butyricum* のゲノムにも見つかっており，しかもそれは分類学上大

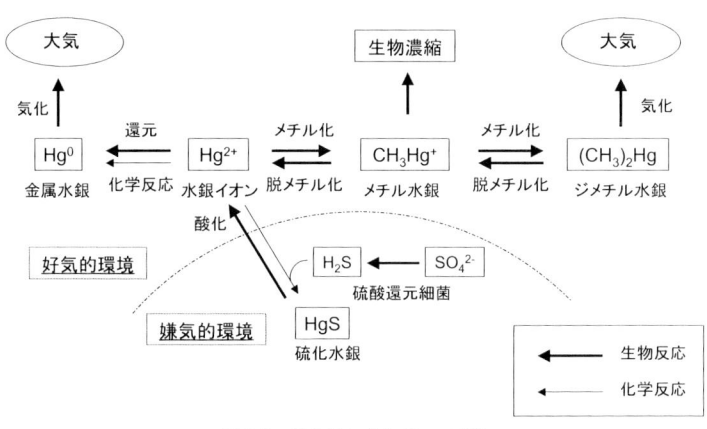

図4.5 微生物によるHgの変換

きく離れた *Bacillus cereus* の水銀耐性遺伝子である *merA*, *merB* と同一であった (Narita et al., 1999). これらの遺伝子が細菌の種を越えて伝達される現象として注目されている.

3) 環境中の水銀の変換

水銀, 鉛, ヒ素, セレン, ニッケル, スズなどの重金属では, 微生物によるメチル化あるいは脱メチル化反応も起こる. これも酸化還元反応と同様に, 金属の物理化学的性質を大きく変化させることから, これら重金属の環境中での移動や生物に対する毒性を大きく変える. 環境中で水銀は2価の水銀イオンに酸化された状態が多い. 一方, 湖沼や沿岸域の底泥のように, 嫌気的環境になりやすく未分解の有機物が豊富に存在するような場所では, 硫酸還元細菌などのはたらきによって水銀イオンからメチル水銀やジメチル水銀への変換が起きる. これらのメチル化された水銀化合物は単体水銀や水銀イオンよりも動物にとっては毒性が高く, しかも脂溶性が高くなるため組織への蓄積も起こりやすくなる. 硫酸還元細菌が行う硫酸呼吸によって生成された硫化水素は, 水銀イオンと反応することで硫化水銀となる. 硫化水銀は水への溶解度が低いため, 安定に保持される. しかし, なんらかの変化によって底泥にまで酸素が拡散するようなことが起きると, 好気性細菌である *Thiobacillus* 属のような硫黄酸化細菌が硫化水銀の硫黄分をエネルギー源として酸化し, その結果水銀イオンと硫酸が生成され, 再び水銀循環の流れに乗ることになる (図4.5).

このように多くの重金属の循環プロセスにおいて，微生物の作用は欠くことのできない存在である．

■文　献

Ahmed, M. and Focht, D. D. (1973). Degradation of polychlorinated biphenyls by two species of *Achromobacter*. *Canadian Journal of Microbiology*, 19, 47-52.

Blum, J. S., Bindi, A. B., Buzzelli, J. et al.(1998). *Bacillus arsenoselenatis* sp. nov., and *Bacillus selenitireducens* sp. nov.: two haloalkaliphiles from Mono Lake, California, which respire oxyanions of selenium and arsenic. *Archive of Microbiology*, 171: 19-30.

Bunge, M., Adrian, L., Kraus, A. et al. (2003). Reductive dehalogenation of chlorinated dioxins by an anaerobic bacterium. *Nature*, 421, 357-360.

Coates, J. D., Bhupathiraju, V. K., Achenbach, L. A. et al. (2001). *Geobacter hydrogenophilus*, *Geobacter chapellei* and *Geobacter grbiciae*, three new, strictly anaerobic, dissimilatory Fe (III)-reducers. *International Journal of Systematic and Evolutionary Microbiology*, 51, 581-588.

Dabrock, B., Kebeler, M., Averhoff, B. et al. (1994). Identification and characterization of a transmissible linear plasmid from *Rhodococcus erythropolis* BD2 that encodes isopropylbenzene and triichloroethene catabolism. *Applied and Environmental Microbiology*, 60, 853-860.

Denome, S. A., Oldfield, C., Nash, L. J. et al. (1994). Characterization of the desulfurization genes from *Rhodococcus* sp. strain IGTS8. *Journal of Bacteriology*, 176, 6707-6716.

Eggink, G., Lageveen, R. G., Altenburg, B. et al. (1987). Controlled and functional expression of the *Pseudomonas oleovorans* alkane utilizing system in *Pseudomonas putida* and *Escherichia coli*. *Journal Biological Chemistry*, 262, 17712-17718.

Furukawa, K. and Miyazaki, T. (1986). Cloning of a gene cluster encoding biphenyl and chlorobiphenyl degradation in *Pseudomonas pseudoalcaligenes*. *Journal of Bacteriology*, 166, 392-398.

Furukawa K., Tonomura, K. and Kamibayashi, A. (1978). Effect of chlorine substitution on the biodegradability of polychlorinated biphenyls. *Applied and Environmental Microbiology*, 35, 223-227.

二神泰基・後藤正利・古川謙介（2007）．脱ハロゲン呼吸細菌の還元的デハロゲナーゼ．環境バイオテクノロジー学会誌，7, 107-110.

Holliger, C., Hahn, D., Harmsen, H. et al. (1998). *Dehalobacter restrictus* gen. nov. and sp. nov., a strictly anaerobic bacterium that reductively dechlorinates tetra- and trichloroethene in an anaerobic respiration. *Archive of Microbiology*, 169, 313-321

Hong, H.-B., Chang, Y.-S., Nam, I. H. et al. (2002). Biotransformation of 2,7-dichloro- and 1,2,3,4-tetrachlorodibenzo-*p*-dioxin by *Sphingomonas wittichii* RW1. *Applied and Environmental Microbiology*, 68, 2584-2588.

Horvath, R. S. (1972). Microbial co-metabolism and the degradation of organic compounds in nature. *Bacteriol Review*, 36, 146-155.

Huang, C. C., Narita, M., Yamagata, T. et al. (1999). Structure analysis of a class II transposon encoding the mercury resistance of the Gram-positive bacterium, *Bacillus megaterium* MB1, a strain isolated from Minamata Bay, Japan. *Gene*, 234, 361-369.

Masai, E., Sugiyama, K., Iwashita, N. et al. (1997). The *bphDEF meta*-cleavage pathway genes involved in biphenyl/polychlorinated biphenyl degradation are located on a linear plasmid and separated from the initial *bphACB* genes in *Rhodococcus* sp. strain RHA1. *Gene*, 187, 141-149.

Masai, E., Yamada, A., Healy, J. M. et al. (1995). Characterization of biphenyl catabolic genes of gram-positive polychlorinated biphenyl degrader *Rhodococcus* sp. strain RHA1. *Applied and Environmental Microbiology*, 61, 2079-2085.

Moe, W. M., Yan, J., Nobre, M. F. et al. (2009). *Dehalogenimonas lykanthroporepellens* gen. nov., sp. nov., a reductively dehalogenating bacterium isolated from chlorinated solvent-contaminated groundwater. *International Journal of Systematic and Evolutionary Microbiology*, 59, 2692-2697.

永田裕二・津田雅孝 (2006). ハロアルカンデハロゲナーゼの構造と機能. 環境バイオテクノロジー学会誌, 6, 87-92.

Narita, M., Huang, C.-C., Koizumi, T. et al. (1999). Molecular analysis of *merA* gene possessed by anaerobic mercury-resistant bacteria isolated from sediment of Minamata Bay. *Microbes and Environments*, 14, 77-84.

Omori, T., Monna, L., Saiki, Y. et al. (1992). Desulfurization of dibenzothiophene by *Corynebacterium* sp. strain SY1. *Applied and Environmental Microbiology*, 58, 911-915.

Robertson, B. K. and Alexander, M. (1994). Growth-linked and cometabolic biodegradation: Possible reason for occurrence or absence of accelerated pesticide biodegradation. *Pesticide Science*, 41: 311-318.

Rosenberg, A. and Alexander, M. (1980). 2,4,5-Trichlorophenoxyacetic acid (2,4,5-T) decomposition in tropical soil and its cometabolism by bacteria *in vitro*. *Journal of Agriculture and Food Chemistry*, 28, 705-709.

Scholz-Muramatsu, H., Neumann, A. Meßmer, M. et al. (1995). Isolation and characterization of *Dehalospirillum multivorans* gen. nov., sp. nov., a tetrachloroethene-utilizing, strictly anaerobic bacterium. *Arch. Microbiol.*, 163, 48-56.

千田佶編著 (1996). 微生物資源工学, コロナ社.

Senoo, K., and Wada, H. (1989). Isolation and identification of an aerobic γ-HCH-decomposing bacterium from soil. *Soil Science and Plant Nutrition*, 35, 79-87.

清水潮 (1978). 微生物の生態 5 海洋の石油汚染と微生物, 日本微生物生態学会編, pp. 197-213, 学会出版センター.

Silver, S. and Phung, L. T. (1996). Bacterial heavy metal resistance: New surprises. *Annual Review of Microbiology*, 50, 753-789.

Wang, P. C., Mori, T., Toda, K. et al. (1990). Membrane-associated chromate reductase activity from *Enterobacter cloacae*. *Journal of Bacteriology*, 172, 1670-1672.

Yeu, K.-M. and Gunsalus, I. C. (1982). Plasmid gene organization: Naphthalen/salicylate oxidation. *Proceeding of Natural Academic Science*, *USA*, 79, 874-878.

Zhou, J., Fries, M. R., Chee-Sanford, J. C. et al. (1995). Phylogenetic analyses of a new group of denitrifiers capable of anaerobic growth on toluene and description of *Azoarcus tolulyticus* sp. nov. *International Journal of Systematic Bacteriology*, 45, 500-506.

4.2 植物の代謝

植物の柔軟な環境適応能力は，細胞内のダイナミックな代謝調節制御の結果である．それらは，生物的ストレスとして，ウイルスや細菌，カビなどの病原体や昆虫，あるいは非生物的ストレスとして，低温，乾燥，土壌，大気汚染物質，紫外線などに対し，代謝を柔軟に調節することにより細胞内の状態を保とうとする．たとえば，酸化還元反応によるレドックス制御は細胞の恒常性維持の典型的な例である．

植物は生物的ストレス，非生物的ストレスによって細胞死を引き起こすことがある．この現象はストレスを受けていない部位に細胞内成分を移動させ，個体としての生命を保つための巧妙な機構である．しかし，移動にも限度があり，そのバランスが崩れてしまうとクロロシスやネクロシスを引き起こす．

これらの研究には，近年，酵母を用いた植物細胞死制御因子の単離法の開発や，得られた植物因子の機能解析などが進められており，植物の小胞体膜に存在するタンパク質が植物の酸化ストレス応答に重要な役割を果たしていることが明らかにされ，細胞死抑制の分子機構の解明がなされている．また葉が老化する際に機能する色素体タンパク質の機能解析なども研究されている．

ここでは，非生物的ストレスである土壌に含まれる重金属類について取り上げ，その植物の重金属集積能力および重金属集積メカニズムについて，研究実例をあげながら説明する．

重金属類は，人間の有史以来，われわれの生活を豊かにしてきた．その反面，産業革命以降，大量に使用され，河川や水田などに廃水として流出し，大きな健康被害をもたらす面も持ち合わせている．

4.2.1 重金属を多量に吸収する植物

植物が生育するためには，多量要素と微量要素のように量の差はあるが，ある程度金属類を吸収している．表4.2に植物の微量元素の一般的な含有量を示した（Markert, 1994）．Mn, Feといった地殻中に非常に多く含まれる元素は，多く集積しているが，通常の植物において必要でない元素であるCdやHgはほとんど集積していない．

人為的な汚染に限らず鉱山や火山近辺などは地質的に重金属含有量が高い．表

表 4.2 一般的な植物の平均微量元素含有量

微量元素	含有量 ($\mu g/g$)
アルミニウム（Al）	80
カドミウム（Cd）	0.05
クロム（Cr）	1.5
コバルト（Co）	0.2
銅（Cu）	10
金（Au）	0.001
鉄（Fe）	150
鉛（Pb）	1.0
マンガン（Mn）	200
水銀（Hg）	0.1
モリブデン（Mo）	0.5
ニッケル（Ni）	1.5
銀（Ag）	0.2
亜鉛（Zn）	50

表 4.3 非汚染土の砂質土，火山灰土の上限重金属含有量と，自然由来重金属多含有地点における重金属含有量

土壌種	重金属含有量（mg/kg 乾土）					
	Cr	Cu	Zn	Ni	Mn	Pb
砂質土	15	15	100	1	500	50
火山灰土	30	25	150	1	800	50
重金属多含有地（和歌山）	22.0	121.0	115.0	143	2166	ND

4.3に，花崗岩風化土壌などの砂質土と火山灰風化土壌の非汚染土の上限元素含有量と，地質的に重金属含有量が多い地点の含有量を比較した．とくにこの地点において，Cu，Ni，Mnの含有量が多いことが観察され，NiやMnがとくに多い．このほかにも，蛇紋岩風化土壌はNiやCrが著しく高い．このように，人為的な汚染による重金属汚染も考えられるが母材由来のものも存在している．人類の有史以前から存在していたであろう植物は重金属多含地帯においても生存している．そのような地帯に生育する植物は大きく分けて2種類ある．まず，1つが重金属類の毒性に耐えうる耐性植物（tolerant plants）であり，もう1つが重金属を吸収する超集積植物（hyperaccumulator）である（Salt, 1998）．2種の大きな違いは，重金属類というストレスに対して自己を防御するのみか，ストレスを積極的に他へ変換していくかである．前者はおもに，生長に必要としている元素が十分に存在するが，重金属類も存在し生育に影響する環境で適応していった植物であり，後者は植物が生長に必要な元素が乏しくその代替として重金属を利用するようになったものと考えられる．ファイトレメディエーションでは，地上

部（葉）に多くの重金属を集積する超集積種を利用するが，その基準含有量は元素によって異なる（5.2節参照）．MnやZnなどのように通常の植物でも多く含有している元素は基準が高く，Cdのように一般に毒性の強い元素は，基準含有量が低くなっている．Niのように，蛇紋岩地帯で特異的に含有量が高い元素は，多くの種が見つかっている．つまり，植物は非常に長い年月をかけて重金属を自己の生長に利用していったといえる．ほかにもAsの集積種で知られているモエジマシダ（Ma, 2001）は，シダ植物であり植物の進化の系統樹から見ても古い年代から存在していた植物である．

4.2.2 潜在的な能力をもつ雑草，野草

都市近郊の河川や幹線道路に重金属が集積していることが明らかにされ，そのような場所に生育する雑草が，集積している含有量が調べられた（Takeda, 2004）．中でもヨモギ（*Artemisia princeps*）は，ほとんどの地点で観察された．そこで，同地点において，1年間集積量を調査し季節変動を調べた．図4.6にその結果を示す．グラフは2種類示しているが，1つは植物中の全含有量を示しており，もう1つは，集積率（accumulation ratio）を用いている．これは，植物中の含有量を土壌の含有量で割ったもので，土壌からどの程度集積しているかを示している．ほとんどの元素は季節変動が観察されなかったが，Cuは，秋口に地下部から地上部への移行が観察された．ヨモギは多年草であり，この時期に地上部は枯れ始めるので，Cuがこの現象に関わっていることが推測された．現在多くの植物種を利用してファイトレメディエーションが実施されているが，その刈り取り時期については検討されていないことが多い．これは，超集積植物が生長に応じて重金属を吸収しているからである．また雑草は，超集積植物ではないが，土壌の含有量に対して集積量が上昇するexcluder（高濃度集積型植物）と呼ばれる種が沢山存在すると考えられる．excluderは，図4.7に示すとおり，hyperaccumulatorや，accumulatorとは異なり，土壌中の重金属含有量が比較的低い状態では，あまり重金属を吸収しない．しかし，ある一定以上で存在すると非常に多くの重金属を集積することができる．つまり，非汚染土では，重金属を吸収する能力を見せないが汚染土に植えると集積能力を発揮する．表4.4は，上述したNi, Mnの多含有地帯である母岩地区と特に汚染の認められていない幹線道路沿いでヨモギとタデ科のギシギシ（*R. acetosa*）の含有量を比較したものである．その結果，Niの含有量は土壌中の含有量が変化しても両種とも植物

4.2 植物の代謝

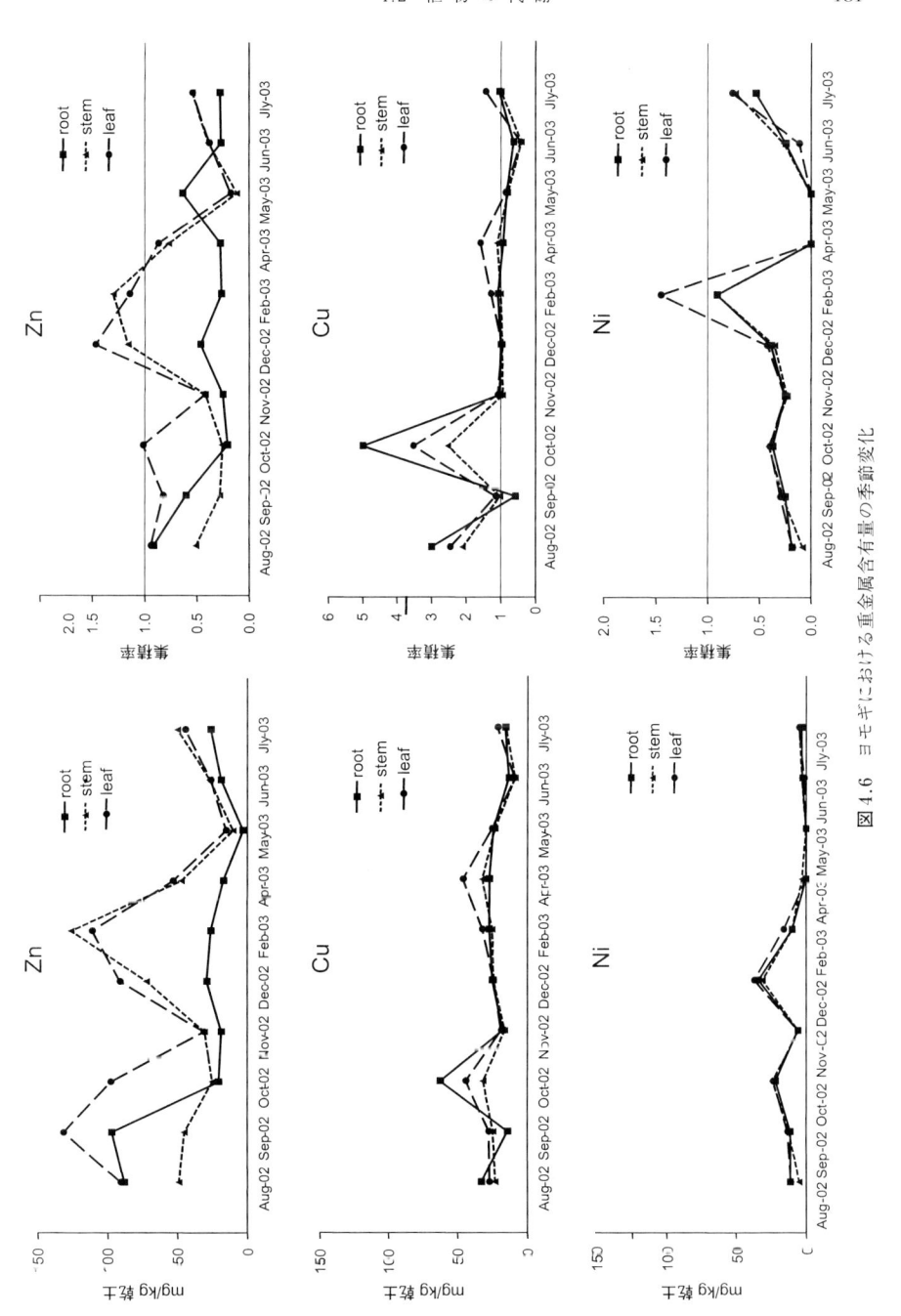

図 4.6 ヨモギにおける重金属含有量の季節変化

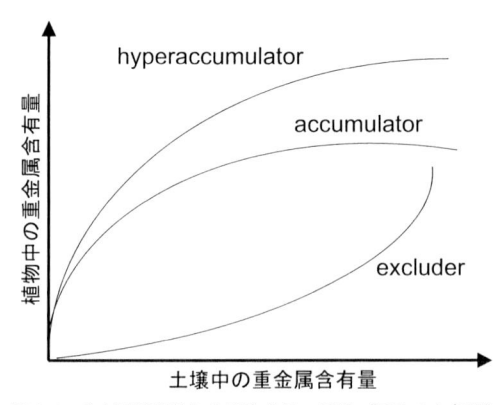

図4.7 重金属集積量と土壌含有量の関係（図5.2も参照）

表4.4 土壌重金属含有量の異なる地点における植物の含有量の比較

		重金属含有量 (mg/kg 乾重量)			
		Ni		Mn	
		母岩地区	幹線道路	母岩地区	幹線道路
ヨモギ	土壌	143	14.1	2166	285
	葉	12.0	13.5	414	84.0
	茎	1.0	1.5	111	40.0
	根	13.0	7.0	177	31.0
ギシギシ	葉	3.0	5.0	487.0	111
	茎	2.0	7.0	52.0	206
	根	1.0	1.0	94.0	201

中の含有量は変わらなかったが，Mnにおいては，ギシギシで，土壌中の含有量が増えるほど葉に集積することが認められた．それに対してヨモギは，葉中の含有量が増えてはいるものの茎，根も幹線道路に比べて含有量が上昇しており，ギシギシのような傾向は観察されなかった．タデ科は，水辺に多く分布し，ミゾソバがCdの集積種として有名である．このように雑草を用いたファイトレメディエーションの検討には，今までのhyperaccumulatorを用いたファイトレメディエーションのように集積量や，地上部への移行量を重視するのではなく，体内の季節変動性など今までと違った観点からの研究が必要と考えられる．

4.2.3 重金属の集積時期

ファイトエクストラクション（phytoextraction，植物による重金属の集積）の時期としては，2つのパターンがある．一方は，植物体のバイオマスがほぼ成

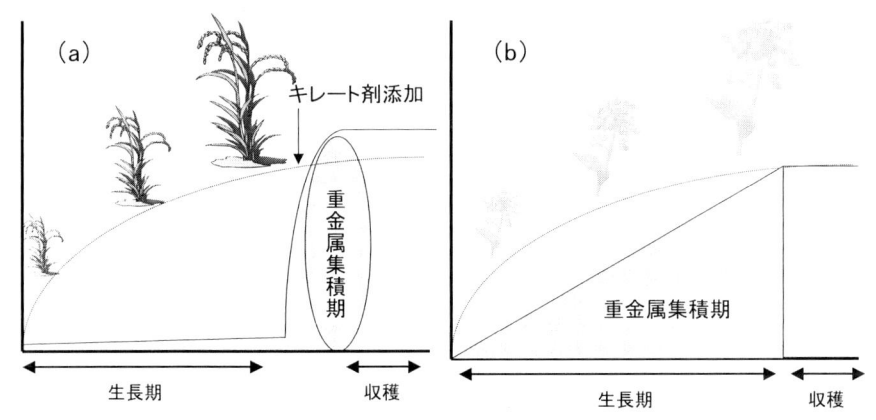

図 4.8 植物の地上部バイオマス（点線）と地上部の重金属集積量（実線）の関係
(a) キレート剤添加法，(b) hyperaccumulator による重金属集積を示している．

熟しきった時期に土壌中にキレート剤を添加し，重金属を急速に吸い上げさせる方法，他方は，植物が成長段階に応じて継続的に吸収し続ける方法である（図4.8）．前者は，Pb，Cd といった通常の土壌環境中で不溶性で存在している重金属で有効となる．たとえば，キレート剤の無添加では，乾重あたり，0.01〜0.06％の Pb しか吸い上げないが，キレート剤の添加により乾重あたり 1％以上の鉛を吸い上げる（Blaylock, 1997）．使用されるキレート剤としては，EDTA，EGTA のみでなく，有機酸のクエン酸などが研究されている．キレート剤の添加は，集積能力が比較的低い植物でも集積能力を高めることができるが，過剰に添加されると降雨などにより，不動化していた重金属を地下水へ侵入させてしまう恐れがある．後者の方法では，hyperaccumulator を用いて重金属を集積する場合がほとんどである．

4.2.4 温度による重金属の吸収量の差

著者らは，重金属，とくに鉛の集積メカニズムを明らかにするため，ウリ科およびアブラナ科の植物を用いて研究を行っている（佐藤ほか，2005）．ウリ科は篩管液，導管液が採取しやすいことから重金属の移動形態を探索する一助として用いている．アブラナ科のセイヨウカラシナは，Pb，Cd の重金属集積種としてよく知られている．ここでセイヨウカラシナの重金属集積における栽培温度の関係について検討した．セイヨウカラシナは，初春に芽を出し，初夏頃まで育っていることも多く，幅広い温度帯で生育できるため，栽培温度を 8〜30℃ に変化さ

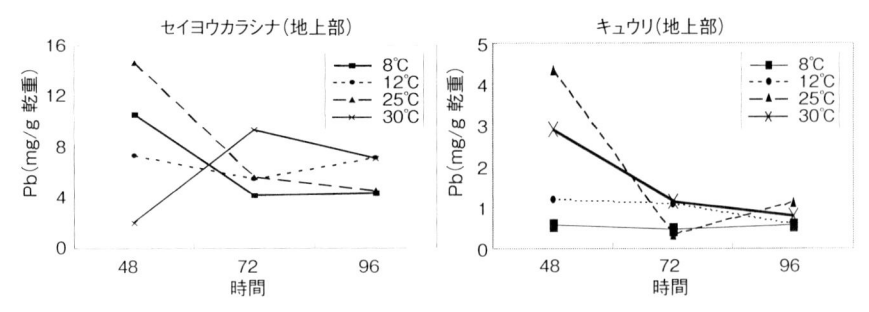

図 4.9 栽培温度の異なった場合のセイヨウカラシナとキュウリにおける地上部の Pb 集積量
水耕液 Pb 濃度：セイヨウカラシナ 600 ppm，キュウリ 60 ppm．

せ地上部の重金属の集積量を観察した．また，同様にキュウリを用いても調査した（図 4.9）．この実験は，セイヨウカラシナとキュウリの鉛 Pb に対する耐性が異なるため，セイヨウカラシナは 600 ppm Pb 濃度に調整した水耕液，キュウリは 60 ppm Pb 濃度に調整した水耕液を用いた．Pb 濃度については，96 時間の鉛曝露実験で生育や外観に影響のない最大の濃度を選択した．このことからわかるように鉛に対する耐性はセイヨウカラシナとキュウリで 10 倍異なる．両植物とも栽培開始から 48 時間目においては，25℃区で集積量が高く，次いでキュウリは 30℃と温度域が高いほうが，セイヨウカラシナは，8℃，12℃と温度域が低いほうが高い集積量を示した．その後は両植物ともに集積量は減少傾向にあるが，セイヨウカラシナの 30℃区では，徐々に上昇した．また，キュウリは 96 時間後にはどの温度域でもほぼ同じ集積量を示したことから Pb を意図的に吸収しない機構が働いていると考えられた．一方，セイヨウカラシナは，ある程度の鉛集積量を維持した．また，12℃区では実験期間を通じて鉛の集積量に変化がなかった．2 種の植物の差からもわかるように鉛のような異物に対して，セイヨウカラシナのような集積植物は積極的に無毒化し，ある程度地上部に蓄えることができる機構が存在するのに対して，キュウリのような非集積植物では，排出もしくは，取り入れない機構のみはたらいていると考えられる．また，集積植物の無毒化機構には，温度も重要なファクターになりうる．

4.2.5 根圏における重金属の動き

土壌中の重金属は，ほかの無機成分と同じように根の表面から植物体へ入っていく．その際には根圏におけるさまざまな外的要因，たとえば重金属の形態，土

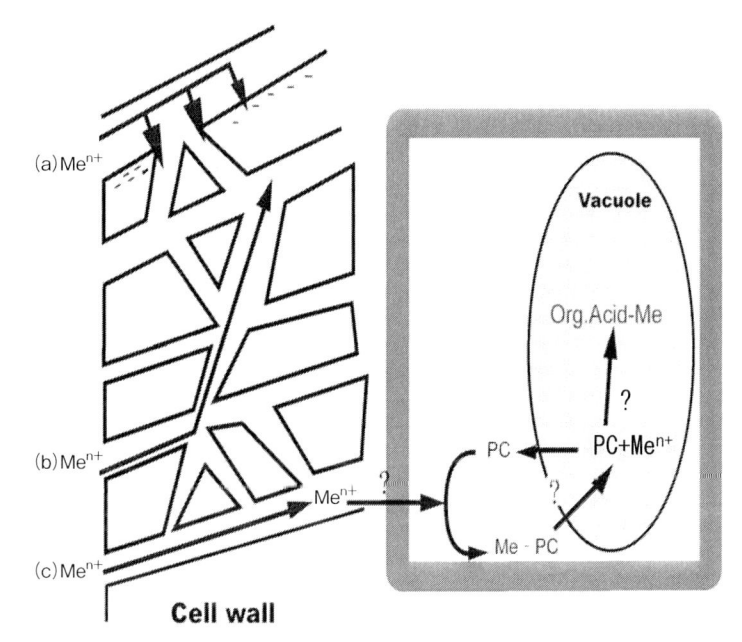

図 4.10 植物根組織での重金属（Me）の吸収パターン
(a) 細胞壁の負電荷により重金属イオンがトラップされるパターン，(b) apoplast 中を移動するパターン，(c) 細胞内へ移動するパターン．PC：ファイトケラチン．

壌 Eh（酸化還元電位），pH，腐植含有量などが関係する．根から吸収された重金属はまず，apoplast に入る．その後，細胞内に入るものや apoplast にとどまるもの，細胞壁において負の電荷が発生し捕まってしまう場合に分かれる（図 4.10）(Greger, 2004)．これらの詳しいメカニズムはいまだに明らかにされていない点も多い．また，細胞内に入った重金属は，ファイトケラチン（p.220 参照）の作用で無毒化され，液胞に貯蔵されると考えられている．ほとんどの植物は，根細胞にて重金属の侵入や地上部への上昇を防いでいるが，hyperaccumulator（超集積植物）や accumulator（集積植物）は，積極的に重金属を吸収している．さまざまな研究がされているなかで，Cd の地上部への吸収，移動には K^+ や Ca^+ などのイオンチャンネルが関与しているとの報告もある（Landberg, 1996）．また，Cd 高蓄積エンバク種において Ca や Mg の symplast への輸送が活発になることが示唆されている．しかし，重金属種により経路が異なることも考えられ，今後の研究が期待される．

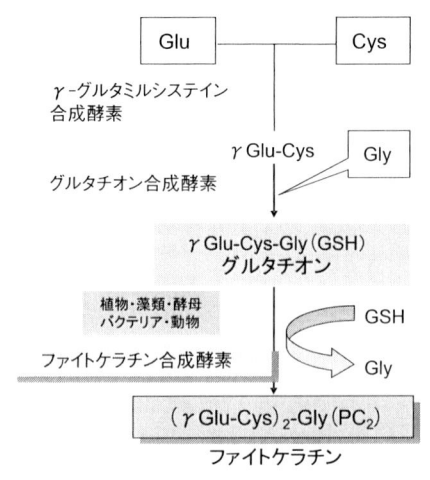

```
                    ┌─────┐           ┌─────┐
                    │ Glu │───────────│ Cys │
                    └─────┘     │     └─────┘
   γ-グルタミルシステイン        │
   合成酵素                      │
                              γ Glu-Cys    ┌─────┐
                                 │    ┌────│ Gly │
   グルタチオン合成酵素           │    │    └─────┘
                                 ▼    ▼
                        γ Glu-Cys-Gly (GSH)
                            グルタチオン

   植物・藻類・酵母                       GSH
   バクテリア・動物                ↷
   ファイトケラチン合成酵素               Gly

                        (γ Glu-Cys)₂-Gly (PC₂)
                           ファイトケラチン
```

図 4.11 ファイトケラチンの生合成経路

4.2.6 重金属の無毒化に関わる物質

　植物体内に重金属が集積する際，ファイトケラチンが無毒化に大きく関わっている．その他にも，重金属の無毒化にはさまざまな物質が関与していることが示されている．アミノ酸や，グルタチオン（GSH，GSSG）と呼ばれるトリペプチド，活性酸素に関わるさまざまな酵素，さらには有機酸である．グルタチオンは，システイン，グルタミン酸，グリシンからなるトリペプチドである．これらは，植物のほかに，動物，酵母に至るまで，ほとんどの生物がもっている．また，還元型グルタチオン（GSH）と酸化型グルタチオンの2種類がある．一般的な作用は，ラジカルの捕捉，酸化還元による細胞機能の調節，各種酵素のSH供与体であり（Grill, 1985），抗酸化成分としても知られている（Flocco, 2004）．ファイトエクストラクションにおいては，重金属と複合体を合成し，PCへ生合成されることがわかっている（図4.11）．

4.2.7 重金属が重金属集積植物細胞に与える影響

　重金属集積植物の集積時期について，PbやCdの集積植物として知られているセイヨウカラシナ（*Brassica juncea*）を用い，カルスを作成し，それらに重金属を曝露し検討した（山田ほか，2005）．セイヨウカラシナはさまざまな重金属の集積や耐性が報告されていることから，Cd, Pb, Cr, Zn, Cu, Ni, Coをカ

4.2 植物の代謝

表 4.5 セイヨウカラシナのカルスにおけるさまざまな重金属種・濃度による集積量（2 週間曝露）

培地中重金属濃度(μM)	セイヨウカラシナの重量当たりの重金属集積量						
	Cd	Pb	Cr	Zn	Cu	Ni	Co
1	55.2±1.3	196.7±10.7	ND	140.4±4.9	236.9±39.0	ND	ND
10	943.9±11.9	395.8±8.8	ND	158.5±1.7	363.6±10.9	ND	ND
50	3675.0±41.1	412.6±10.3	ND	1102.9±9.1	472.2±11.3	ND	ND
100	9624.6±99.5	663.3±11.9	ND	1180.0±21.6	811.5±17.5	219.0±9.8	ND
500	39877.2±131.1	750.0±14.4	65.2±2.6	2245.4±22.2	1437.0±21.3	1246.8±66.8	ND
1,000	64146.2±159.4	905.4±8.4	102.9±1.7	3651.7±38.6	2700.0±35.2	3195.9±41.7	ND
2,500	86493.5±107.9	16036.2±135.0	—	—	—	—	—
5,000	86758.8±179.6	62158.3±148.1	—	—	—	—	—
10,000	97936.9±150.6	103465.3±148.9	—	—	—	—	—

注）平均値±S.D., ND：検出限界値未満 （0.1 μg/g）．

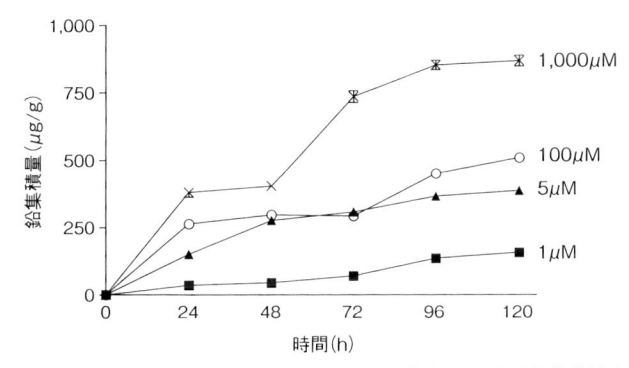

図 4.12 セイヨウカラシナのカルスにおける Pb 曝露による経時的集積量変化

ルス化させた種を 2 週間曝露させ，集積量を測定した（表 4.5）．その結果，Cd，Pb においては，培地中の濃度が低濃度であっても吸収がみられ，とくに Cd においては，50 μM，100 μM といった低濃度域でも，ほかの金属の 10 倍近い量を吸収していた．Co においてはすべての濃度区において検出下限を下回った．可視的な変化では，Pb の 5,000 μM 以上の区で，Cr，Cu，Ni，Co は，500 μM 以上の濃度区で，培養期間の終盤あたりより，褐色化するなど，生育に影響がみられた．Cd については，とくに可視的な変化は認められなかった．この事実から，カルスのような未分化な状態においても Cd，Pb の吸収能力を保持していることが認められた．さらに，Pb について 120 時間という短期間の集積量を調べた（図 4.12）．この結果より設定したどの濃度区においても，曝露開始後 24 時間以内の初期段階と，72 時間目以降に吸収量が上昇していた．これは，細胞

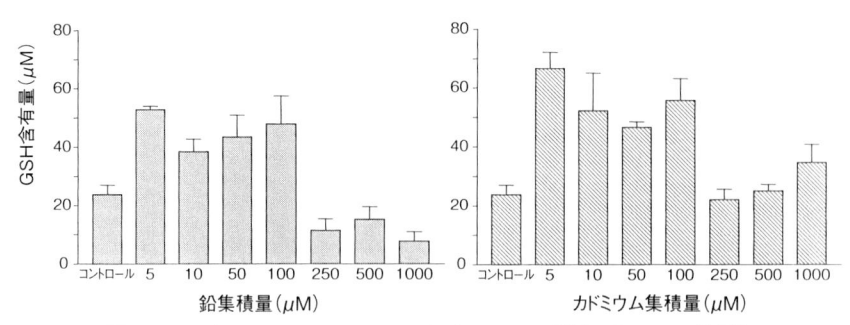

図 4.13 セイヨウカラシナのカルスにおける Pb, Cd 曝露による GSH 量変化
棒線（エラーバー）の長さは標準偏差を示す．

周期のような一定のサイクルに従って Pb を吸収していることを示唆する．また，このような傾向は，濃度が上がるにつれより顕著になった．細胞内における Pb 無毒化，不動化はつねに行われているのではなくさまざまな細胞内の代謝経路，物質輸送経路が関わり，曝露直後は，毒物として認識せずに細胞内に取り込んだものが，培養時間が経つに連れて，いったん防御し，細胞内での Pb 無毒化経路がはたらくようになってから，再び取り込み始めるといったサイクルが考えられた．さらに，Cd, Pb の曝露終了後にカルス内の GSH 含有量について調べた（図 4.13）．Cd, Pb ともに，ある一定濃度までは，GSH の量がコントロールに比べ多い傾向が認められた．また，高濃度になると GSH 量は，コントロールに比べ減少していた．可視的変化が Cd では，みられなかったことから GSH の生産量以上に，GSH が消費され結果的に減少していると考えられ，これらの結果は，GSH の生合成のシグナルや，遺伝子発現機構の解明に大きく役立つと考えられた．

4.2.8 遺伝子組換えによるファイトエクストラクションの効率化

重金属を集積する植物（hyperaccumulator あるいは accumulator）は，バイオマスが小さく生長速度が遅いことが短所となる．これらを克服するために，遺伝子工学を用いる試みが行われている．一例をあげると，重金属の集積に関わっている GSH や PC の合成に関わる酵素群を過剰に発現させる方法である．Zhu et al. (1999) は，大腸菌のもつ γ-ECS と GSH 合成酵素に関わる遺伝子をセイヨウカラシナに挿入し過剰発現させることで，野生種より Cd をより多く集積させることに成功した．また，Rugh et al. (1998) は，バクテリアの遺伝子をポプラ

に挿入し土壌からメチル水銀を無毒化することに成功した．重金属の集積機構が明らかになるにつれ，その酵素群をおもに発現させる遺伝子を実際に植物挿入し，ファイトエクストラクションを効率よく行う研究が行われている．

4.2.9 今後の展望

現在，試みられている集積量の向上だけでは限界がある．大規模な汚染に迅速に対応するためには，生長速度，バイオマスの向上を目指す必要がある．そのためにも，既存のhyperaccumulatorやaccumulatorにこだわらず，バイオマスが大きい植物へ遺伝子座の挿入が必要であろう．また，実環境では，さまざまな土壌形態が考えられ，重金属だけでなく複合汚染も考えられることから，環境耐性の強い植物種を選ぶ必要がある．それらの候補として雑草，野草が考えられ，積極的な研究が必要である．また，集積後，植物から重金属を取り出す技術（ファイトマイニング，phytomining）も今後，検討していかなければならない課題である．重金属は，ほかの汚染物質と違い，それ自体が消えてしまうことがないため，今後，この分野での研究成果が望まれる．

■文　献

Blaylock, M. J., Salt, D. E., Dushenkov, S. et al.(1997). Enhanced accumulation of Pb in Indian mustard by soil-applied chelating agents. *Environ. Sci. Technol.*, 31, 860-865.

Flocco C. G., Lindblom, S.-D. and Pilon-Smits, E. A.(2004). Overexpression of enzymes involved in glutathione synthesis enhances tolerance to organic pollutants in *Brassica juncea*. *Int. J. Phytoremediation*, 6, 289-304.

Greger, M.(2004). Metal availability, uptake, transport and accumulation in plants. *In* Heavy Metal Stress in Plants From Biomolecules to Ecosystems, Second edition, Prasad, M. N. V. ed., pp. 1-27, Springer-Verlag.

Grill, E., Winnacker, E. L. and Zenk, M. H.(1985). Phytochelatins : the principal heavy-metal complexing peptides of higher plants. *Science*, 230, 674-676.

Landberg, T. and Greger, M.(1996). Differences in uptake and tolerance to heavy metals in *Salix* from unpolluted and polluted areas. *Appl. Geochem.*, 11, 175-180.

Ma, L. Q., Komar, K. M., Tu, C. et al.(2001). A fern that hyperaccumulates arsenic. *Nature*, 409, 579.

Markert, B.(1994). Plants as biomonitors : potential advantages and problems. *In* Biogeochemistry of Trace Elements, Adriano, D.S., Chen Z.S. and Yang, S.S. eds., Science and Technology Letters, pp. 601-613.

Rugh, C. L., Senecoff, J. F., Meagher, R. B. et al.(1998). Development of transgenic yellow poplar for mercury phytoremediation. *Nature Biotechnology*, 16, 925-928.

Salt, D. E., Smith, R. D. and Raskin, I.(1998). Phytoremediation. *Annu. Rev. Plant Physiol. Plant Mol. Biol.*, 49, 643-668.

佐藤有希子・竹田竜嗣・澤邊昭義ほか（2005）．栽培条件がウリ科および草本植物の重金属の集積に与える影響．環境化学討論会講演要旨集，14, 796.
Takeda, R., Yoshimura, N., Sawabe, A. et al.(2004). Accumulation of heavy metals by Japanese weeds and their seasonal movement. *In* Contaminated Soils, Sediments and Water: Science in the Real World, vol. 9, Calabrese, E. J., Kostecki P. T. and Dragun, J. eds., pp. 349-359, Springer.
山田亮・竹田竜嗣・澤邊昭義ほか（2005）．重金属集積植物セイヨウカラシナのカルスにおける重金属の挙動．分析化学，54, 929-933.
Zhu, Y. L., Pilon-Smits, E. A., Tarun, A. S. et al.(1999). Cadmium tolerance and accumulation in Indian mustard is enhanced by overexpressing c-glutamylcysteine synthetase. *Plant Physiol.*, 121, 1169-1178.

4.3 動物の代謝（解毒系）

　ヒトをはじめ動物は，食物の摂取などを介して多くの化学物質を体内に取り込んでいる．これらの化学物質の中には，食品添加物，残留農薬，医薬品，重金属やその他の環境汚染物質など生体にとって異物と考えられる物質も含まれている．生体はこれらの化学物質を認識し，排除する解毒機構を備えている．体内に取り込まれた化学物質は，種々の酵素によって代謝され，別の化合物，すなわち無害でより排泄されやすい化合物に変換される．このような異物代謝に重要な役割を果たしている臓器は肝臓であるが，腎臓，副腎，肺，小腸，皮膚などにおいても代謝される．一般に，異物は代謝を受けることにより水溶性が増加し，生物活性が減少あるいは消失した形で排泄されるので，異物代謝は解毒反応と考えられる．しかし，異物の中には代謝を受けて生物活性が増大したり，毒性や発がん性を示す場合もある（3.5.2項，3.6節参照）．

　化学物質の代謝反応は，第1相反応と第2相反応に大別される（図4.14）．第1相反応の酸化反応，還元反応，加水分解反応では，異物へ水酸基（-OH），カルボキシル基（-COOH），アミノ基（-NH$_2$）のような極性基が導入される．第

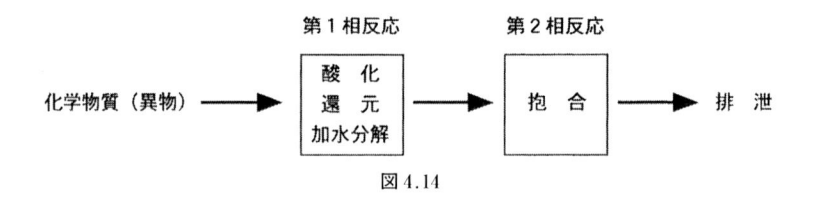

図4.14

2相反応の抱合反応では、グルクロン酸、硫酸、アミノ酸、グルタチオンなどの生体内に存在する水溶性物質が異物の極性基に結合し、より極性の高い物質に変換される。その結果、異物の水溶性が増加し、尿中あるいは胆汁中に排泄されやすくなる。しかし、異物によっては、代謝反応を受けずにそのまま排泄されたり、第1相反応または第2相反応だけを受けて排泄されるものもある。

このような異物の代謝反応を触媒する酵素は、おもに細胞内のオルガネラである小胞体または細胞質に局在する。肝臓を粉砕し高速で遠心分離すると、さまざまな細胞顆粒の画分（ミクロソーム画分）と可溶性画分が得られる。ミクロソーム画分には小胞体に存在する酵素が、可溶性画分には細胞質に存在する酵素が含まれる。

4.3.1 第1相反応

1) 酸化反応

酸化反応は異物代謝の中で最も重要な反応であり、おもにシトクロムP450（以下P450と略す）によって触媒される（表4.6）。P450はその還元型が一酸化炭素と結合して450nmに吸収極大を示すことから、450nmに吸収を示す色素（pigment）という意味でP450と命名された。本酵素は動物では大部分が肝臓に存在するが、腎臓、副腎、肺、小腸、皮膚、脳、胎盤などにも存在する。また本酵素は、小胞体膜に局在するミクロソーム酵素である。P450の触媒反応は、補酵素としてNADPH、酸素源として分子状の酸素を必要とする。P450は多くの分子種が存在し、さらにそれぞれのP450分子種の基質特異性が低いため、多種多様な化学構造をもった異物を代謝することが可能である（3.6節参照）。

(1) アルキル基の酸化

長鎖のアルキル基の場合には、P450によりその末端のメチル基が水酸化されるω酸化あるいは末端から1つ内側のメチレン基が水酸化される$\omega-1$酸化が起こりやすく、それぞれ対応する第1級または第2級アルコールを生成する。一方、芳香環に結合した短鎖のアルキル基では、一般に環に隣接した炭素が水酸化されるベンジル位酸化が起こりやすい。

(2) 二重結合の酸化（エポキシ化）

オレフィン（炭素-炭素間二重結合）や芳香環は、P450により酸化されてエポキシドを生成する。芳香環のエポキシド（アレーンオキシド）はオレフィンのエポキシドよりも不安定なため、非酵素的に分子内転移を起こしフェノールを生成

表 4.6 酸化反応

種類	反応様式
アルキル基の酸化	$R-CH_2CH_3 \longrightarrow R-CH_2CH_2OH$ （ω酸化） 第1級アルコール $R-CH_2CH_3 \longrightarrow R-\underset{OH}{CHCH_3}$ （ω-1酸化） 第2級アルコール $C_6H_5-CH_3 \longrightarrow C_6H_5-CH_2OH$ （ベンジル位酸化） トルエン　　　　　　ベンジルアルコール
二重結合の酸化	$\rangle C=C\langle \longrightarrow \rangle\overset{O}{\overset{|}{C-C}}\langle$ オレフィン　　　オレフィンオキシド アレーン → アレーンオキシド → フェノール
N-脱アルキル化	$\underset{R'}{\overset{R}{>}}N-CH_2-R'' \longrightarrow \underset{R'}{\overset{R}{>}}N-\underset{OH}{CH-R''} \longrightarrow \underset{R'}{\overset{R}{>}}NH + R''-CHO$ 第3級アミン　　　カルビノールアミン　　　第2級アミン　　アルデヒド
O-脱アルキル化	$Ar-O-CH_2-R \longrightarrow Ar-O-\underset{OH}{CH-R} \longrightarrow Ar-OH + R-CHO$ アルキルアリールエーテル　ヘミアセタール　　　フェノール　アルデヒド
S-脱アルキル化	$Ar-S-CH_2-R \longrightarrow Ar-S-\underset{OH}{CH-R} \longrightarrow Ar-SH + R-CHO$ アルキルアリールスルフィド　チオヘミアセタール　チオフェノール　アルデヒド

4.3 動物の代謝（解毒系）　　　　　　　　　　　　　　　　　　193

窒素原子の酸化	R–NH₂ → R–NHOH 第1級アミン　　ヒドロキシルアミン		
硫黄原子の酸化	R–S–R' → R–S(=O)–R' → R–S(=O)(=O)–R' スルフィド　　スルホキシド　　スルホン		
アルコールおよびアルデヒドの酸化	CH₃CH₂OH → CH₃CHO → CH₃COOH エタノール　　アセトアルデヒド　　酢酸		

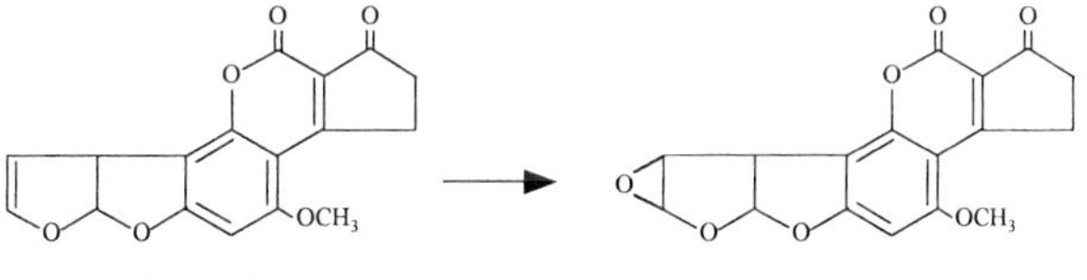

アフラトキシンB_1　→　（エポキシド体）

図 4.15

する．しかし，これよりやや安定なハロゲン化ベンゼンや多環芳香族炭化水素のエポキシドでは，エポキシドヒドロラーゼ（エポキシド水解酵素）やグルタチオンS-トランスフェラーゼ（グルタチオンS-転移酵素）の作用を受けてジヒドロジオールやグルタチオン抱合体を生成する（3.3節参照）．

　エポキシドは生体組織のタンパク質やDNAと結合して発がん性や毒性を示すものが多い．たとえば，ドライクリーニングに使用されるトリクロロエチレンやマイコトキシンであるアフラトキシンB_1は，エポキシドに代謝されて発がん性を示すようになる（図4.15）．また，有機塩素系殺虫剤であるアルドリンは，エポキシドに代謝されより毒性の強いディルドリンとなる．

（3）　N-, O-, S-脱アルキル化

　窒素，酸素および硫黄などのヘテロ原子に結合したアルキル基は，P450によりヘテロ原子に隣接したα位炭素が水酸化を受け，さらに生じたこれらの不安定なカルビノールアミン，ヘミアセタールおよびチオヘミアセタールなどの中間

体が非酵素的に分解され，アルキル基はアルデヒドとして離脱するとともに対応するアミン，フェノールおよびチオフェノールなどを生成する．

(4) 窒素および硫黄原子の酸化

前述のようにアミン類の場合，窒素原子に隣接した炭素原子への酸化が起こりやすいが，窒素原子自体への酸化も起こる．第1級および第2級アミンからはヒドロキシルアミンが生成し，第3級アミンからは N-オキシドが生成する．一般に，第1級アミンの酸化はP450によるが，第2級および第3級アミンの酸化はフラビン含有モノオキシゲナーゼによる場合が多い．

2-ナフチルアミン，ベンジジン，2-アセチルアミノフルオレンなどの芳香族アミン類はP450により窒素原子が水酸化され，芳香族ヒドロキシルアミンを生成する．これらの芳香族ヒドロキシルアミンは，一般に不安定で反応性に富み，メトヘモグロビン血症，アレルギー，発がんなど種々の毒性を示す本体，または前駆物質となりうる．

硫黄原子の酸化は，P450による場合とフラビン含有モノオキシゲナーゼによる場合がある．スルフィドはスルホキシドになり，さらに一部はスルホンまで酸化される．

チオリン酸エステルやチオカルボニルがP450により酸化されると硫黄原子が離脱し，酸素原子との置換が起こる場合がある．これを脱硫化という．有機リン系殺虫剤やチオバルビツール酸類などは，P450により脱硫化を受け，活性体であるオキソ体に変わる．有機リン系殺虫剤であるパラチオンはP450により活性代謝物であるパラオキソンに変換され，殺虫作用を示す（図4.16）．

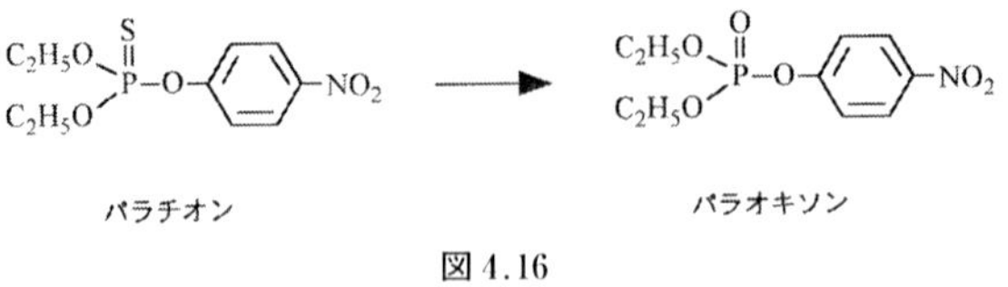

図4.16

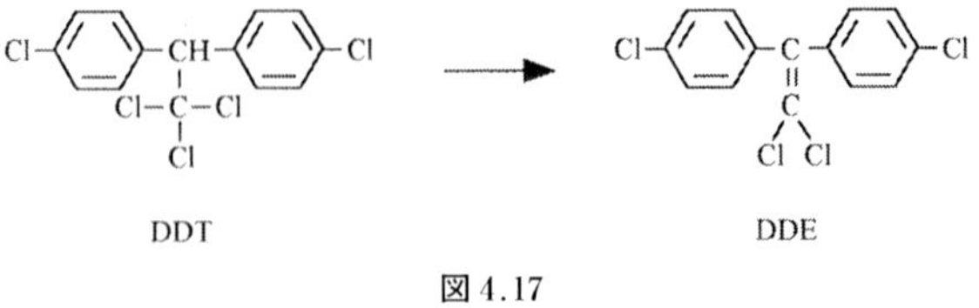

図4.17

(5) 脱ハロゲン化

芳香族および脂肪族ハロゲン化合物は，酸化的に脱ハロゲン化される．有機塩素系殺虫剤である DDT は生体内において脱ハロゲン化されて DDE となり，長期間蓄積される（図 4.17）．また，同じ有機塩素系殺虫剤であるヘキサクロロシクロヘキサン（HCH）も脱ハロゲン化されて代謝されるが，6 種類ある異性体のうち β-HCH が最も代謝を受けにくいため高い蓄積性を示す．クロロホルムやジブロモメタンなどのようなハロゲン化溶媒も，酸化的に脱ハロゲン化される．これらの反応はその反応中間体として，一酸化炭素，ホルミルハライド，ホスゲンのような有害物質も生成される．

(6) アルコールおよびアルデヒドの酸化

アルコールはおもにアルコールデヒドロゲナーゼ（アルコール脱水素酵素，ADH）によってアルデヒドへ変換される．ADH はおもに肝臓に存在しており，エタノールだけではなく他のアルコール性水酸基をもつ化合物などの酸化にも関与する．ADH によって生成したアルデヒドは，アルデヒドデヒドロゲナーゼ（アルデヒド脱水素酵素，ALDH）によってカルボン酸へ変換される．ALDH には複数のアイソザイムが存在するが，エタノールの代謝産物であるアセトアルデヒドは，主として肝臓に存在する ALDH1 および ALDH2 により酢酸へ変換される．ALDH2 はアセトアルデヒドに対して高い親和性をもつが，日本人を含むモンゴロイドでは ALDH2 に遺伝子多型がみられる．このため ALDH2 変異型の個体では，飲酒時にアセトアルデヒド濃度が上昇し，全身の紅潮，心拍数の増加などの不快症状を起こしやすい．

2) 還元反応

還元反応は酸化反応ほど異物代謝に関して一般的ではないが，ある種の化合物に対する代謝では重要な役割を担っている．ニトロ基，アゾ基，カルボニル基，キノンなどを有する化合物は主として肝臓のミクロソーム画分や可溶性画分に存在する還元酵素により還元反応を受ける（表 4.7）．還元反応に関与する酵素としては，P450，NADPH-シトクロム P450 還元酵素，DT-ジアホラーゼ（NAD(P)H-キノン還元酵素），キサンチンオキシダーゼ（キサンチン酸化酵素），カルボニル還元酵素がある．またこれらの酵素のほかに腸内細菌によっても還元反応が行われる．

表4.7 還元反応

種類	反応様式
ニトロ基の還元	$R-NO_2 \rightarrow R-NO \rightarrow R-NHOH \rightarrow R-NH_2$ ニトロ化合物　　ニトロソ　　ヒドロキシルアミン　　第1級アミン
アゾ基の還元	$R-N=N-R' \rightarrow R-NH-NH-R' \rightarrow R-NH_2 + R'-NH_2$ アゾ化合物　　　　ヒドラゾ　　　　　　第1級アミン
カルボニル基の還元	$R-\overset{O}{\overset{\|}{C}}-R' \rightarrow R-\overset{OH}{\overset{\|}{C}H}-R'$ ケトン　　　　　アルコール アルデヒド
キノンの還元	O=⟨⟩=O → HO-⟨⟩-OH キノン　　　　　ヒドロキノン

(1) ニトロ基の還元

ニトロベンゼンやクロラムフェニコールのような芳香族ニトロ化合物は，ニトロソ，ヒドロキシルアミンを経て第1級アミンに変換される．ニトロ基の還元にはミクロソーム画分のP450，NADPH-シトクロムP450還元酵素や可溶性画分のキサンチンオキシダーゼ，アルデヒド酸化酵素，DT-ジアホラーゼなどが関与する．ニトロ化合物の還元反応において生成するヒドロキシルアミンは，反応性が高くメトヘモグロビン血症などの毒性を表すことがある．

(2) アゾ基の還元

アゾ化合物は，ヒドラゾを経て2分子の第1級アミンに変換される．アゾ基の還元にはニトロ基の場合と同様にP450，NADPH-シトクロムP450還元酵素，DT-ジアホラーゼなどが関与する．アゾ色素であるプロントジルは，それ自体は抗菌作用をもたないが，生体内において還元されて抗菌作用をもつスルファニ

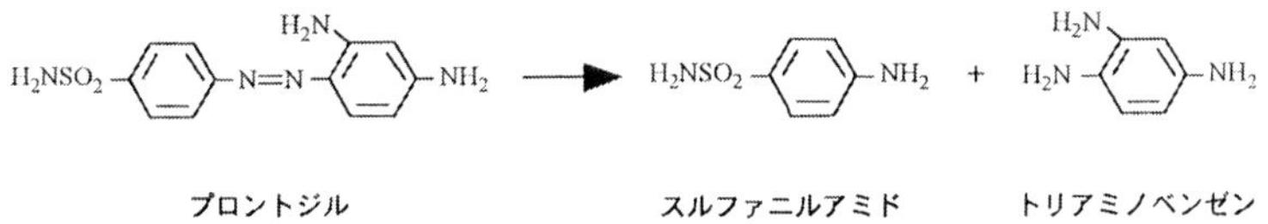

4.3 動物の代謝（解毒系）

H_2NSO_2―〈 〉―N=N―〈 〉―NH_2 → H_2NSO_2―〈 〉―NH_2 + H_2N―〈 〉―NH_2
　　　　　　　　　　H_2N　　　　　　　　　　　　　　　　　　　　　　　　H_2N
　　　プロントジル　　　　　　　　　　スルファニルアミド　　　　トリアミノベンゼン

図 4.18

ルアミドへと変換されることが明らかにされ，これが化学療法剤（サルファ剤）の最初の発見につながった（図 4.18）．

(3) カルボニル基の還元

ケトン基やアルデヒド基を有する化合物は，カルボニル還元酵素により還元され，アルコール体へと変換される．本酵素はおもに肝臓や腎臓などの可溶性画分に存在し，補酵素として NADPH を要求する．抗糖尿病薬のアセトヘキサミドはカルボニル還元酵素により活性代謝物 $S(-)$-ヒドロキシヘキサミドへと変換され，血糖降下作用が増強される．

(4) キノンの還元

キノンはミクロソーム酵素である NADPH-シトクロム P450 還元酵素により 1 電子還元される．アントラキノン系の抗がん剤であるダウノルビシンやドキソルビシンは，副作用として心毒性を示すことが知られている．これらのキノン化合物は，NADPH-シトクロム P450 還元酵素により 1 電子還元されるとセミキノンに変換するが，分子状酸素の存在下においてもとのキノンへ戻るときスーパーオキシドを生成し，心毒性を引き起こすと考えられている．メナジオン（ビタミン K_3）もまた同様な機構で心毒性を発現することが報告されている．キノンはまた，可溶性酵素である DT-ジアホラーゼにより 2 電子還元されヒドロキノンを生成する．

3) 加水分解反応

加水分解反応は異物の極性を増加し，体外へ排泄させるうえにおいて重要な反応の 1 つである．エステル，アミド，エポキシド，グリコシドなどを有する化合物は，肝臓や腎臓などのミクロソーム画分や可溶性画分に存在するエステラーゼ，エポキシドヒドロラーゼ，ジヒドロペプチダーゼなどの加水分解酵素により代謝される（表 4.8）．オレフィンや芳香環から生成するエポキシドはエポキシドヒドロラーゼによりジヒドロジオールとなり解毒される．しかし，ほかの代謝

表 4.8　加水分解反応

種類	反応様式
エステルの加水分解	R–C(=O)–O–R'　→　R–C(=O)–OH　+　R'–OH エステル　　　　カルボン酸　　　アルコール
アミドの加水分解	R–C(=O)–NH–R'　→　R–C(=O)–OH　+　R'–NH$_2$ アミド　　　　　カルボン酸　　　アミン
エポキシドの加水分解	R–CH(–O–)CH–R'　→　R–CH(OH)–CH(OH)–R' エポキシド　　　　　ジヒドロジオール

反応と同様に，加水分解反応を受けてその毒性や薬効が増加する場合もある．

　腸内細菌によっても加水分解反応は行われるが，青梅や杏仁に含まれるシアン配糖体のアミグダリンは，腸内細菌により加水分解されてシアンを遊離し，中毒を起こす．

4.3.2　第2相反応

　第2相反応は，第1相反応により水酸基，カルボキシル基あるいはアミノ基などの官能基が導入された異物に対して，グルクロン酸，硫酸，グリシン，グルタミン，グルタチオン，酢酸などの生体成分を結合させる，いわゆる抱合反応により，水溶性を増大させ，尿や胆汁中にすみやかに排泄させるための反応である（表4.9）．本反応によりほとんどの化合物が本来の活性を失うことになる．

1)　グルクロン酸抱合

　第1相反応により生成したフェノール性水酸基，アルコール性水酸基，カルボキシル基，アミノ基，チオール基などにグルクロン酸が結合する反応で，抱合反応の中では最も一般的な反応である．抱合反応を受ける官能基の種類により *O*-

4.3 動物の代謝（解毒系）

表 4.9 抱合反応

種類	反応様式
グルクロン酸抱合	R–MH (異物) + UDPGA → (グルクロン酸)-M-R + UDP (MH = OH, COOH, NH, SH)
硫酸抱合	R–MH + PAPS → HO–S(=O)$_2$–M-R + PAP (MH = OH, NH, SH)
グルタチオン抱合	R–X + HS–CH$_2$CH(CONHCH$_2$COOH)(NHCOCH$_2$CH$_2$CHCOOH(NH$_2$)) → グルタチオン → グルタチオン抱合体 → システイニルグリシン抱合体 → システイン抱合体 → メルカプツール酸

アセチル抱合	R−NH$_2$ + CH$_3$CO−SCoA ⟶ R−NHCOCH$_3$ + HSCoA 　　　　　　アセチルCoA
アミノ酸抱合	R−COOH + HSCoA $\xrightarrow{\text{ATP}}$ R−COSCoA 　　　　　　　　　　　　CoA誘導体 R−COSCoA + H$_2$N−CHCOOH ⟶ R−CONH−CHCOOH 	| 　　　　　　　　　　R'　　　　　　　　　　　　R' 　　　　　　　　アミノ酸
メチル抱合	R−MH + S-アデノシル-L-メチオニン ⟶ R−M−CH$_3$ + S-アデノシル-L-ホモシステイン (MH = NH, OH, SH)
チオシアネート抱合	CN$^-$ + S$_2$O$_3^{2-}$ ⟶ SCN$^-$ + SO$_3^{2-}$ シアンイオン　チオ硫酸イオン　　チオシアネート　亜硫酸イオン

グルクロニド（エーテル型，エステル型），N-グルクロニド，S-グルクロニド，C-グルクロニドを形成する．この反応は肝臓やその他の組織のミクロソームに存在するUDP-グルクロノシルトランスフェラーゼ（UDP-グルクロン酸転移酵素）によって行われ，グルクロン酸はUDP-α-D-グルクロン酸（ウリジン二リン酸-α-D-グルクロン酸，UDPGA）より供給される．

2) 硫酸抱合

フェノール性水酸基，アルコール性水酸基，アミノ基，チオール基などに硫酸基が結合する反応である．この反応は肝臓やその他の組織の可溶性画分に存在するスルホトランスフェラーゼ（硫酸転移酵素）によって行われ，硫酸基は活性硫酸（$3'$-ホスホアデノシン-$5'$-ホスホ硫酸，PAPS）から供給される．硫酸抱合には基質濃度の上昇に伴って飽和現象がみられるが，これは反応に使用される硫酸の供給に限度があるためである．

3) グルタチオン抱合

ハロゲン化合物，ニトロ化合物，α,β-不飽和カルボニル化合物，エポキシドなどは，肝臓の可溶性画分に存在するグルタチオン S-トランスフェラーゼによってグルタチオンと結合する．グルタチオンはグリシン，グルタミン酸およびシステインからなるトリペプチドである．通常，生成したグルタチオン抱合体は，γ-グルタミルトランスペプチダーゼによりグルタミン酸が離脱し，さらにジペプチダーゼによりグリシンが離脱した後，システイン部分のアミノ基がアセチル化されてメルカプツール酸（N-アセチルシステイン抱合体）を生成し，尿中に排泄される．グルタチオン S-トランスフェラーゼには基質特異性の異なる多くの分子種が存在する．

4) アセチル抱合

芳香族アミン，ヒドラジン，スルホンアミドなどにアセチル基が結合する反応である．この反応は肝臓などの可溶性画分に存在する N-アセチルトランスフェラーゼ（N-アセチル転移酵素，NAT）によって行われ，アセチル基はアセチル CoA から供給される．N-アセチルトランスフェラーゼには NAT1 や NAT2 など複数のアイソザイムが存在するが，NAT2 の発現レベルは人種間において著しい差異が認められる．

5) アミノ酸抱合

カルボン酸にアミノ基が結合する反応である．カルボキシル基をもつ化合物はまず肝臓や腎臓のミトコンドリアに存在するアシル CoA シンテターゼ（アシル CoA 合成酵素）により CoA 誘導体へ変換され，次に N-アシルトランスフェラーゼ（アミノ酸 N-アシル転移酵素）によりグリシン，グルタミン，タウリンな

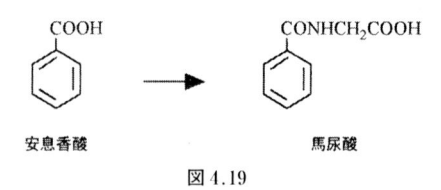

```
       COOH              CONHCH₂COOH
        │                      │
       ⬡         →            ⬡

      安息香酸                 馬尿酸
                図 4.19
```

どのアミノ酸が結合する．抱合されるアミノ酸は動物の種類によって異なる．たとえばフェニル酢酸の場合，ヒトやサルではグルタミン抱合体を生成するのに対し，ラットやウサギなどではグリシン抱合体となる．トルエンの代謝産物である安息香酸は，ヒトではグリシン抱合され馬尿酸として尿中に排泄される（図4.19）．

6) メチル抱合

アミノ基，フェノール性水酸基，チオール基などにメチル基が結合する反応である．この反応はカテコール O-メチルトランスフェラーゼ（カテコール O-メチル転移酵素）やヒスタミン N-メチルトランスフェラーゼ（ヒスタミン N-メチル転移酵素）などによって行われ，メチル基は S-アデノシル-L-メチオニンから供給される．本反応はおもにノルエピネフリンやヒスタミンのような生体成分の代謝に関与しており，異物のメチル化は比較的少ない．

7) チオシアネート抱合

シアン化合物は，ロダネーゼ（チオ硫酸-硫黄転移酵素）によってチオシアネートに変換される．この反応の硫黄はチオ硫酸イオンから供給され，シアン化合物の解毒経路として重要である．

4.3.3 その他の解毒系

体内に取り込まれた化学物質（異物）は前述のように薬毒物代謝系（解毒系）によって無毒化され，体外に排泄されるが，生体はこれらの代謝系以外にもさまざまな防御機構を備えている．

1) メタロチオネイン

メタロチオネイン（MT）は61個のアミノ酸からなる分子量約6,000の金属

結合タンパク質である．メタロチオネインを構成するアミノ酸の約1/3をチオール基含有アミノ酸であるシステインが占め，芳香族アミノ酸を全く含まないなどの特徴をもつ．動物にカドミウムや水銀のような有害性重金属を投与すると，肝臓や腎臓などにおいてすみやかにメタロチオネインが誘導合成され，これらの金属を捕捉する．また，銅や亜鉛のような生体必須金属によっても誘導合成される．あらかじめメタロチオネインを誘導合成させた動物にカドミウムや水銀などの重金属を投与すると毒性の発現が抑制されることから，本タンパク質は金属の解毒に関与していると考えられている．また，メタロチオネインは金属のみならず種々の化学物質やストレスなどによっても誘導合成されるため，生体防御に関わる種々の生理的役割を有していると考えられている．

2) 活性酸素消去系

放射線やある種の化学物質は生体内で活性酸素を生成し，DNA傷害や生体膜の脂質過酸化などを引き起こす．活性酸素の種類としては，スーパーオキシド（O_2^-），ヒドロキシルラジカル（・OH），過酸化水素（H_2O_2）などがある．生体はこれらの活性酸素に対する防御機構を備えており，酵素反応によるものと抗酸化物質によるものに分けられる．酵素反応では，スーパーオキシドはスーパーオキシドジスムターゼ（SOD）の作用により過酸化水素に変換される．さらに生成した過酸化水素はカタラーゼおよびグルタチオンペルオキシダーゼの作用により水と酸素に分解され，無毒化される．また抗酸化物質として，ビタミンC，ビタミンEおよびグルタチオンなども活性酸素を消去する．活性酸素は動脈硬化，虚血性心疾患，がんなどの生活習慣病や老化などに深く関係しており，これらの抗酸化酵素ならびに抗酸化物質は生体防御においてきわめて重要である．

■文　献

井手遠雄・武田健編 (2002)．衛生薬学―新しい時代，廣川書店．
加藤隆一・鎌滝哲也 (2000)．薬物代謝学―医療薬学・毒性学の基礎として (第2版)，東京，化学同人．
児島昭次・山本郁夫編 (2001)．新衛生薬学 (第3版)，廣川書店．
佐藤哲男・上野芳夫編 (1991)．毒性学 (改訂第3版)，南江堂．
渡部烈・菊川清見編 (2001)．最新衛生薬学 (第3版)，廣川書店．

5. 汚染浄化

5.1 バイオレメディエーション

5.1.1 バイオレメディエーションとは

　世界各地で発生する原油流出事故や有害化学物質による環境汚染は，われわれの健康だけでなくそこに生息するすべての生き物に大きな影響を及ぼす．水質汚濁の原因となる懸濁物や溶存態の化合物の多くは，地層表面の土壌を時間をかけて通過する間に，ろ過や吸着，微生物の分解作用などによって取り除かれ，清浄な地下水をつくる．しかしその過程は長い時間を要するため，難分解性の化合物による汚染が発生するとその物質は土壌や地下水に長く滞留することになり，周辺の生態系へ大きな影響を与える（平田・前川，2004）．平成21年度の環境白書によると，2007年度にわが国で実施された1,371件の土壌調査のうち，732件に環境基準値を上回る汚染が報告されている（環境省，2009）．また地下水については，調査した4,631本の井戸のうち7％にあたる325本の井戸で環境基準値を上回る数値がTCE（トリクロロエチレン）やPCE（テトラクロロエチレン）などの有機塩素化合物を中心に測定されている（環境省水・大気環境局，2007）．2003年に施行された「土壌汚染対策法」，それに続く2010年の「土壌汚染対策法」の一部改正の施行により，市街地の再開発などによって見つかった土壌汚染の浄化が求められるようになった．そのためこれまで以上に多くの調査が行われ，汚染事例の増加も予想されることから，土壌や地下水などを浄化するための適切な処理方法の確立が急務といえる．

　自然界には数多くの微生物が生息しており，さまざまな生態系の調査で得られたデータをもとに推定するとその数は細胞数でおおむね10^{30}のオーダーとなり（Whitman et al., 1998），また1g（湿重量）の土壌には数億〜数十億の数に達する微生物が生息する．これまで研究の対象となった微生物はこの中の0.1％ほどと考えられており，残りの大部分を占める微生物についてはその性質も機能も未

解明のままである．このわずかに調べられた微生物の中から，毒性が高かったり難分解性で代謝できない化合物を分解・無毒化したり，炭素源やエネルギー源として利用するものが見つかっており，微生物の代謝活性を積極的に利用する汚染環境の修復が行われている．

土壌や地下水の汚染物質を除去するために，これまでの物理化学的な方式に加えて，自然界の多様な微生物の機能を利用する手法は注目を集めている．汚染が低濃度でしかも広範囲に拡散しているようなケースでは，たとえば土壌で従来行われてきた掘削，あるいは水質改善で使用される薬剤による凝集沈殿などの方法を適用することは困難であり，細菌などの微生物の力による浄化が行われる．この手法は微生物の代謝が進行するようなマイルドな条件下で処理を進めることが可能であり，しかも大規模な設備を設置することなくコストを抑えた修復作業といえる．生物の作用によって有害な汚染物質を許容濃度以下にまで下げ，環境を修復する技術をバイオレメディエーション（bioremediation）と呼ぶ．生物の中でも細菌や菌類などの微生物による手法を示す場合が多く，植物を使用する場合に対しては，とくにファイトレメディエーション（phytoremediation）の表現が使われる（5.2 節参照）．

5.1.2 広義のバイオレメディエーション

バイオレメディエーションによる環境浄化は，石油タンカーの座礁等による油汚染の事故等をきっかけに突然確立した技術ではなく，先人たちが培ってきた微生物利用の歴史を背景としている．古代文明と豊富な水の存在は密接な関係にあったが，水を介した健康被害も発生し，人口密度の増加に公衆衛生の設備が追いつかないことによる感染症はその代表的なものである．人口密集や産業活動に伴う水質悪化に対しまず対策がとられるようになったのは産業革命期以後のイギリスであり，汚染が深刻化したテムズ川の浄化を行うために 1914 年にマンチェスターの下水処理場で実用化された活性汚泥法である（松尾，2005）．この方法は同様の問題を抱えていた巨大都市に次々と導入され，現在も都市下水の処理において中心的役割を担っている．活性汚泥法は，おもに好気性従属栄養細菌，菌類，原生動物，後生動物などを中心とする微生物集団が，家庭廃水や工場廃水に含まれる有機成分を酸化的環境下で分解・処理する方法である．その後，従来の活性汚泥法では窒素，リンなどの栄養塩類の除去が不十分であることが原因となり閉鎖系水域での富栄養化問題が 1970 年代に深刻化した．リンは資源として重

要であり析出や吸着などの手法の他にも，ポリリン酸としてリンを微生物の細胞内に蓄積，さらにその回収を組み合わせた方法の導入によって水質の改善とともにリンの回収が行われている．活性汚泥法だけではなく，微生物を用いた水質改善はメタン発酵法や生物膜法などで，また生物系廃棄物の処理では生物脱臭法やコンポスト化なども行われ，これらも微生物を用いた環境浄化の範疇に入れられることから，広義のバイオレメディエーションといえる．

石油化学産業の進展によって作り出されたさまざまな製品によって，私たちは多くの恩恵を受けているが，当初はそれらの製品が環境に放置された場合どのような運命をたどるか，注意を払われることはほとんどなかった．たとえば，合成洗剤として1950年代から我が国でも使われ始めたアルキルベンゼンスルホン酸塩（ABS）はアルキル基に分岐があるために微生物による分解を受けにくく，下水処理場や河川での発泡現象を引き起こし社会問題となり，その後の生分解性に優れた洗剤の開発につながった．化学物質が環境中でどのような運命をたどるのか，とくに微生物による分解を受けることがいかに重要であるかについて注意を払うきっかけとなったといえる．当初は自然環境から馴養された微生物群集を制御しながら，活性汚泥法などによる環境浄化に微生物を利用してきたが，高度成長期の公害問題で重要な課題となった有機物汚濁物質による水界汚染，硫黄酸化物や窒素酸化物による大気汚染，重金属汚染などに加え，その後は石油系化合物やPCB，TCEなどの有機塩素化合物による汚染が問題となり，より特定の分解機能に着目した微生物を利用する処理方法が開発された．

5.1.3 バイオレメディエーション技術

バイオレメディエーションは米国では1970年代頃より輸送用パイプから漏れた石油類の浄化法として使われており，とくに栄養剤散布による土着の分解微生物の活性を促進させる方法が多い．欧米では1980年代から土壌や地下水汚染の浄化で実用化され，とくに，1980年に制定されたスーパーファンド法によって土壌汚染の浄化が義務づけられた米国ではこの方法が商業化され，新しい技術として定着している．

バイオレメディエーションは処理を行う場所と浄化を担う微生物によって，いくつかのタイプに分けられる（矢木，2002）．浄化を行う場所については，汚染された土壌や地下水などを特別に用意された処理施設へ移して行う方式（ex site），現場に設置された施設で処理する方式（オンサイト (on site)），さらに汚

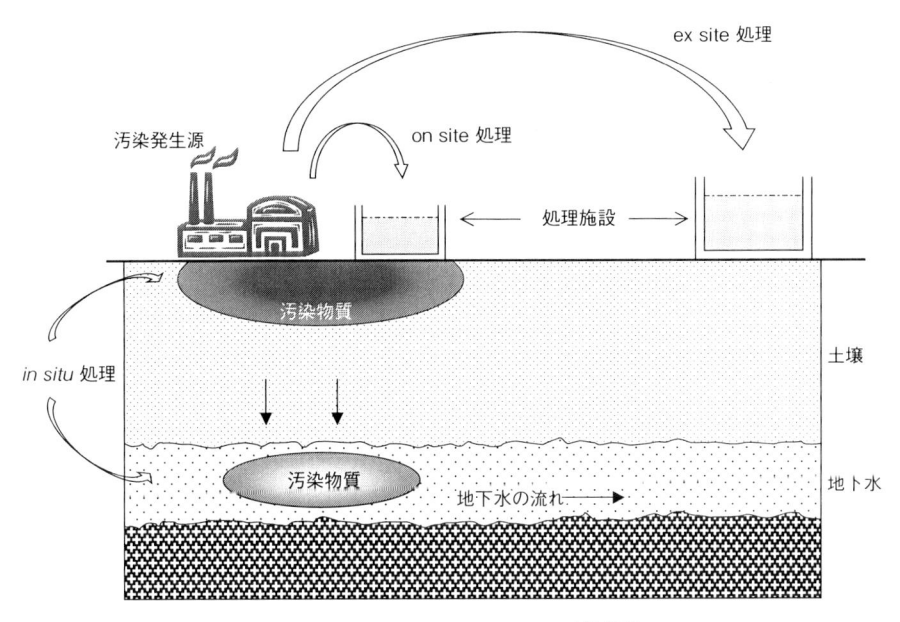

図5.1 バイオレメディエーションの実施場所

染が実際に起きている現場（原位置）で行う方式（*in situ*）である（図5.1）．平成22年4月1日から施行された「土壌汚染対策法」の一部改正により，「掘削除去，場外処分」が抑制されるようになった．これは土壌の掘削作業や移動中に汚染土壌が周囲の環境に拡散することを未然に防ぐねらいがあり，今後はわが国においても原位置での処理を行うことが増えると予想される．

　浄化プロセスに関しては汚染現場の自然な状態がもともともっている汚染物質に対する減衰能，すなわち汚染物質の微生物による分解に加え，汚染物質の土壌粒子への吸着，気相への揮発，拡散，化学分解など，汚染物質の濃度が時間とともに減少するナチュラルアテニュエーション（natural attenuation, 自然減衰）の状態をモニターすることで，汚染状況を追うことが行われる．汚染現場に生息する土着微生物のもつ分解活性を利用するために，自然環境での微生物の生育の律速因子である窒素やリンなどの栄養塩類を添加することで増殖を促したり，分解ではたらく酵素が誘導酵素の場合はその発現に必要な基質を加えることが行われる．分解反応が好気的条件で進む場合には酸素を供給するために空気を送り込んだり酸素発生剤を添加する．もともと生息する微生物を活性化させるという意味で，このような方法をバイオスティミュレーション（biostimulation）と呼び，

パブリックアクセプタンス（PA，社会受容性）においても了解を得られやすいことから最も注目されている方法である．汚染現場の土着微生物の中に分解微生物が見つからず，バイオスティミュレーションを試みたとしても分解活性を期待できない場合には，すでに分離され分解経路を始め安全性を含めたさまざまな性質について調査を完了した分解細菌を，あらかじめジャーファメンターなどを用いて大量培養し，それを現場へ導入するバイオオーグメンテーション（bioaugmentation）と呼ぶ方法もある．培養された微生物が汚染現場でうまく機能するかどうかは，その場の状況や分解菌の性質によって大きく異なるため，実施にあたっては十分な準備が必要である．また，分解に関わる酵素の安定化を目指すなどして分解活性を効率化させることを目的とし，遺伝子組換えを含めた育種も試みられているが，バイオレメディエーションへの利用においてはPAについても解決することが必須であるなどの理由から，適用には至っていない．バイオオーグメンテーションでは有害物質の分解に適した微生物を自然界から探しだす必要がある．野生株の有害物質分解能について個々の微生物では低い場合でも，複数の微生物種が協働することでその分解能が高められるケースもあり，このような微生物の集団（コンソーシア）をターゲットにした新しい応用例がすでに実用化されている．今後はさらにこの方面の改良が進むと思われる．

バイオレメディエーションの工法のおもなものについて概略を以下に示す（矢木，2002）．

1) ex site, on site バイオレメディエーション技術

①バイオパイル（biopile）法： 掘削した土壌へ適度の水分や栄養塩類などを添加し，さらに通気や撹拌などで，好気的な微生物の活性を増加させ，汚染物質の分解を促進する．

②スラリーフェイズ（slurry phase）法： 反応槽へ汚染土壌と水を加えスラリー状にしたものに，栄養塩や場合によっては分解微生物を加え撹拌することで好気的に処理する．比較的短時間の処理が可能だが，他の方法に比べコストは高くなる．

2) in situ バイオレメディエーション技術

①バイオベンティング（bioventing）法： 高濃度揮発性有機物で汚染された土壌は，土壌ガス吸引法によって汚染物質の回収が行われるが，低濃度の場合

は，反対に空気を送り込むことで好気性微生物による分解を促進する．石油系炭化水素の汚染にも応用される．通気性の高い土壌であることが要求される．

②バイオスパージング（biosparging）法： 地下水に空気や栄養塩類などを注入し，分解微生物の活性を促進させることで汚染物質を除去する．

③透過性反応浄化壁（permeable reactive barrier）法： 汚染された地下水の通過する場所に栄養塩類等を含む，処理を目的とした壁を設置し，そこを地下水が通過する際に汚染物質の浄化を行う．

5.1.4 バイオレメディエーションの実施

1) 石油類による汚染

タンカーの座礁事故による海洋への石油の流出事故は，海洋生態系へ大きなダメージを与えることから，比較的早い時期からバイオレメディエーションの取り組み対象となってきた．流出した石油は蒸発・揮発，海水への溶解などによって消失し始めるが，揮発性の高い低分子炭化水素や生分解を受けやすい n-アルカンなどは比較的短時間の内に除去・分解され，揮発しにくい高分子炭化水素，特に多環芳香族炭化水素（PAHs）が長期間残留する．したがって，微生物による石油汚染海洋の浄化には，n-アルカン分解微生物だけではなく，PAHs に対して分解能をもつ微生物の特性を把握しておくことが重要となる．1989 年にアラスカ沖で発生したエクソン社のバルディーズ号の座礁事故では，およそ 40,000 m^3 の原油が流出したとされるが，このときには微生物の増殖に必須であるリンと窒素をリン酸塩と尿素として散布し，海水や沿岸の石油分解微生物の増殖を促進させることで，分解速度を 2〜3 倍に向上させることができたと報告されている（Bragg et al., 1994）．一方で，使用した栄養剤には親油性成分や界面活性剤も含まれていたために，これらによって石油分の可溶化が促進され，その結果除去が促進されたとも指摘されており，評価は分かれている（Swannell et al., 1996）．しかし，この事故をきっかけにバイオレメディエーション技術は注目を集めるようになり，実用に向けた多くの取り組みが行われるようになった．

2) VOCs による地下水汚染

揮発性有機化合物（VOCs）は水よりも重く，粘性が低いことから土壌へ浸透しやすく，揮発性が高いことから土壌空気も汚染し，しかも難分解性であり，地下水汚染の原因化合物としてわが国ではとくに多くの事例が報告されている．汚

染濃度が高い場合，土壌では土壌ガス吸引法，地下水の場合は揚水処理や井戸から空気を吹き込むことで，汚染物質を揮発させる原位置での作業（これをエアースパージングと呼ぶ）が行われ，水への溶解性が低いPCEやTCEなどの化合物では効果が高いといわれている．

好気的環境ではこれらの化合物は完全分解されるので問題はないが，嫌気的環境下ではジクロロエチレンや塩化ビニルが中間体として生成され，それらがしばしば帯水層に蓄積することが懸念事項であった．しかし，1997年にPCEをエチレンまで代謝可能な"*Dehalococcoides ethenogenes*" 195株の報告（Maymo-Gatell et al., 1997）があり，その後同様の細菌について研究例が相次ぎ，細菌が行う脱ハロゲン呼吸に伴うPCEやTCEの情報も蓄積しつつあることから，嫌気性処理に対する懸念は軽減されつつある．これらの細菌は分解反応を完結させるために必要な水素生産細菌を共存させるなど，培養が困難であることから（Sung et al., 2006），コンソーシアとして用いることが欧米を中心とするバイオレメディエーションではすでに採用されている．

3） PCBs

PCBsは高濃度，小規模の汚染であれば焼却処分や，化学処理による脱塩素化が有効な処理手法とされる．しかし化学処理でも少数の塩素が付加したPCBsがわずかに残ることから，そのようなものについてPCBs分解細菌を用いて完全に処理することが行われる．また，PCBsをアルカリ触媒下での分解や紫外線を照射することで塩素置換数を分解されやすい範囲まで減らした後に，好気性PCBs分解細菌による分解を組み合わせる方法が開発されている．

4） ダイオキシン

オキシゲナーゼや白色腐朽菌のリグニンペルオキシダーゼやラッカーゼによる酸化分解反応が知られているが，高塩素数の同族体には適用が困難であること，また 担子菌は生育環境が細菌に比べて限定され，他の微生物との競争に弱いという特徴があることから（Hiraishi, 2003），ダイオキシンのバイオレメディエーションはまだ確立された方法とはなっていない．"*Dehalococcoides ethenogenes*" 195株では脱ハロゲン呼吸によって高塩素化ダイオキシン類も脱塩素化することが報告されており（Fennell et al., 2004），反応速度はまだ早くはないが，浄化へ向けた研究が行われている．

5) 臭素系難燃助剤

ポリ臭素化ジフェニルエーテル（PBDEs）は，他の難燃性添加剤に比べ安価で難燃効果の高いことからプラスチック，繊維，合成ゴムなどに1970年代初めから世界的に使用されるようになった．土壌や海洋に広く分布しており，その結果，いろいろな生物の組織に検出される濃度もすでに増加を示している（de Wit, 2002；Hites, 2004）．PBDEs は難分解性で残留しやすく，ヒトの健康への影響も心配されることから，除去の方法を検討する必要がある．研究例はまだ少ないが，これまで *Dehalococcoides* 属，*Dehalobacter* 属，*Desulfitobacterium* 属の細菌の中に，電子供与体としてクロロエテンやクロロフェノール類などを用いる共役代謝によって，octa-BDE をより臭素原子の結合の少ない hepta-BDEs, di-BDEs に脱臭素化する菌が見つかっている（He et al., 2006；Robrock et al., 2008）．しかし，脱臭素化された産物の中には，オリジナルの PBDEs よりも毒性の高い tetra-BDE が含まれるため，これら細菌をすぐにバイオレメディエーションに使用することはできない（Lee and He, 2010）．これまで，人工的に合成された化合物であっても，ほとんどの場合自然界から分解微生物が見つかってきている．しかし，バイオレメディエーションを行うにあたっては，代謝経路を十分に吟味し，その代謝中間体についても安全を確認することが重要であることは，PBDEs の分解に限られるものではない．PBDEs に関しては，さらに分解菌の探索を行うことが必要である．

バイオレメディエーションは生物が行う作用であるため，物理化学的手法と比べると浄化処理に時間がかかること，また，浄化を行う微生物に対して生存を脅かすほどの高濃度処理には使えないなどの留意すべき点もある．とくに，微生物の代謝によって初発化合物よりもさらに有害な化合物が蓄積するなどの可能性もあるので，汚染物質がどのように代謝されるのか，使用する微生物が生態系へ及ぼす影響を含めた十分な調査を行い安全の確認をする必要がある．

バイオレメディエーションの実証試験については，油汚染について湾岸戦争で引き起こされたクウェートの土壌の浄化を（財）石油産業活性化センターによって，また有機塩素化合物については TCE で汚染された地下水の浄化を環境庁（当時）によって 1994〜1995 年に，また（財）地球環境産業技術研究機構も実証試験をしている．バイオレメディエーションを土壌や地下水の浄化に利用するために，安全性の評価やどのように管理を行うべきかなどについてのガイドライン

「微生物によるバイオレメディエーション利用指針」(2005年3月告示, http://www.meti.go.jp/press/20050330011/050330bio.pdf) が環境省と経済産業省から出され，その利用に向けた法律が制定された．

5.1.5 今後の展望

一般的にバイオレメディエーションは，その他の物理化学的処理方法に比べ処理に時間がかかる．また，共存する微生物によって効果が左右されるなど，微生物生態学的な解析を含めた今後の研究成果を待たなければならない．しかし，生物のもつ酵素によって処理作業を進めるので，穏やかな条件下で，しかも汚染現場での処理も可能であるという特質をもち，さらに応用の場は拡大すると予想される．分解微生物はその多くが汚染された環境を分離源とする．したがって，汚染された場所にはその化合物を代謝する能力を備えた微生物が生息していることが想像される．今後はそのような微生物群をうまく利用した，生態系への負荷のより少ない方策の確立を目指すことが期待される．

純粋に分離された微生物を用いて研究室レベルでの分解経路やそれに関わる酵素，遺伝子の発現制御など理解が得られてきているが，一方，自然環境では個々の化合物がどのような変化を受けるのか，また，その変化にはどのような種類の微生物が関与しているのかなど，自然環境下での微生物の生態やはたらきなどについてはまだ不明の部分が多い．汚染環境に生息する微生物が保持する浄化能力はどれほどのものであるのかを客観的に評価するために，汚染物質の濃度，有機物濃度，溶存酸素濃度，pH，酸化還元電位などを調べるとともに，現場に生息する微生物についてもモニタリングを行うことが必要である．それには，希釈平板法やMPN法といった従来からある計数法に加え，PCR-DGGE法，定量PCR法，マイクロアレイなどの手法を用いることで，複雑な微生物叢の解明とその中で分解に寄与する特定微生物のモニタリングが行われる．また，最近はメタゲノム解析を行うことによりある生態系のゲノムを網羅的に調べ，遺伝情報として未知の微生物や有用な遺伝子の解明が行われる．

さて，合成洗剤として導入されたABSが河川や下水処理施設に与えた影響は，われわれが使用するさまざまな製品についての環境に置かれた場合の運命を知ることの重要性で大きなきっかけになった，と述べたが，はたしてそれはその後の生産の場に十分生かされてきたのであろうか？　これからも数多くの新規化合物が合成され，それらのあるものはわれわれの生活を向上させることに貢献す

ることであろう．それらが使用済みとなって廃棄されたときに，どのような変遷をたどることになるのか，物質循環，食物網，生物蓄積など環境の視野に立った製品化の設計が強く求められる．

■文　献

Bragg, J. R., Prince, R. C., Harner, E. J. et al. (1994). Effectiveness of bioremediation for the Exxon Valdez oil spill. *Nature*, 368, 413-418.

de Wit, C. A. (2002). An overview of brominated flame retardants in the environment. *Chemosphere*, 46：583-624.

Fennell, D. E., Nijenhuis, I., Wilson, S. F. et al. (2004). Dehalococcoides ethenogenes strain 195 reductively dechlorinates diverse chlorinated aromatic pollutants. *Environ. Sci. Technol.*, 38, 2075-2081.

He, J., Robrock K. R. and Alvarez-Cohen, L. (2006). Microbial reductive debromination of polybrominated diphenyl ethers (PBDEs). *Environ. Sci. Technol.*, 40, 4429-4434.

Hiraishi, A. (2003). Biodiversity of dioxin-degrading microorganisms and potential utilization in bioremediation. *Microbes Environ.*, 18, 105-125.

平田健正・前川統一郎監修（2004）．土壌・地下水汚染の原位置浄化技術，シーエムシー出版．

Hites, R. A. (2004). Polybrominated diphenyl ethers in the environment and in people：A meta-analysis of concentrations. *Environ. Sci. Technol.*, 38, 945-956.

環境省（2009）．環境白書平成21年度版，ぎょうせい．

環境省水・大気環境局（2007）．平成19年度地下水質測定結果（http://www.env.go.jp/water/report/h20-03/full.pdf）．

Lee, L. K. and He, J. (2010). Reductive debromination of polybrominated diphenyl ethers by anaerobic bacteria from soils and sediments. *Appl. Environ Microbiol.*, 76, 794-802.

松尾友矩（2005）．シリーズ環境工学入門 環境学，岩波書店．

Maymó-Gatell, X., Chien, Y., Gossett, J. M. et al. (1997). Isolation of a bacterium that reductively dechlorinates tetrachloroethene to ethane. *Science*, 276, 1568-1571.

Robrock, K. R., Korytar, P. and Alvarez-Cohen, L. (2008). Pathways for the anaerobic microbial debromination of polybrominated diphenyl ethers. *Environ. Sci. Technol.*, 42, 2845-2852.

Sung, Y., Ritalahti, K. M., Apkarian, R. P. et al. (2006). Quantitative PCR confirms purity of strain GT, a novel trichloroethene-to-ethene?：Respiring Dehalococcoides isolate. *Appl. Environ. Microbiol.*, 72, 1980-1987.

Swannell, R. P. J., Lee, K. and McDonagh, M. (1996). Field evaluations of marine oil spill bioremediation. *Microbiol. Rev.*, 60, 342-365.

Whitman, W. B., Coleman, D. C. and Wiebe, W. J. (1998). Prokaryotes：The unseen majority. *Proc. Natl. Acad. Sci. USA*, 95, 6578-6583.

矢木修身（2002）．バイオレメディエーション技術―微生物利用の大展開，今中忠行監修，pp. 780-792, エヌ・ティー・エス．

5.2 ファイトレメディエーション

近年,その実用に期待が高まりながら,なかなか実現しない汚染浄化の技術にファイトレメディエーションがある.なぜ,実用化が難しいのか,そこにあげられる問題点と,それでも期待される夢に関しても触れたい.

「ファイトレメディエーション」という語は,ギリシャ語の植物という単語が変化した接頭語 phyto と,修復や治療という意味のレメディエーション re-mediation によって構成されている.この2つを組み合わせたファイトレメディエーションとは,植物を用いた環境修復,汚染の浄化を意味する.ほかにフィトとも呼ばれる接頭語 phyto を冠した言葉には,化学物質という単語 chemial と結合したファイトケミカル(植物由来の化学物質)や,殺すという意味の接尾語 -cide と合成されたフィトンチッドなどがある.

地球を環境科学的にみると,気圏,水圏,そして岩石圏に分けられ,さらに,それらに横断的な存在として生物圏が加わる.ファイトレメディエーションが浄化可能な環境は,大気環境,水環境,そして岩石圏に生物が作用し形成される土壌環境までをカバーする.この可能性の範囲は植物が有する能力そのものといえ,進化の過程で獲得した種々の機能,環境適応能力と表裏をなす.人類は植物を古くから薬として利用してきたが,近年の分析技術の向上は,植物体内から新たな生理活性物質を検出している.これまでも知られていた薬草から新規の物質が同定され,さらに雑草にはいまだ見ぬ多様な2次代謝産物が含まれている可能性がある.2次代謝物は植物の高度な進化の象徴ともいえる(1次代謝物とは生命の維持に必須な物質を指し,生物が共通で有している).自ら移動することでエネルギーを獲得するという手段を放棄した植物が,そのエネルギーを多様な環境に適応するため進化させた能力がファイトレメディエーションの骨格であり,まさに植物の可能性を内包している技術といえる.

5.2.1 ファイトレメディエーションの種類と背景

具体的にファイトレメディエーションには4種類があるとされている.以下に簡単に列挙する.

①ファイト-エクストラクション(phyto-extraction,植物による汚染の濃縮): 植物の体内に環境中の汚染物質を吸収・蓄積させ,それを除去すること

で浄化する．

②ファイト-トランスフォーメーション（phyto-transformation，植物による汚染の無毒化）：　植物体内もしくは根圏で酵素などを放出し，汚染物質を分解・代謝し，無害化させる．

③ファイト-スタビライゼーション（phyto-stabilization，植物による汚染の固定）：　植物体からある物質を出して，汚染物質を根圏の土壌に固定する．

④ファイト-スティミュレーション（phyto-stimulation，植物による汚染の分解促進）：　ある物質を出して，根圏の微生物を活性化し，その働きで汚染物質を分解・無害化する．

その他，以下もファイトレメディエーションとして考えられている．

● ファイト-ヴォラタイリゼーション（phyto-volatilization，植物による汚染の放散）：　根から汚染物質を吸収（＆無害化）して，大気中へ放散させる．

● ファイト-プリベンション（phyto-prevention，植物による汚染の拡散防止）：　汚染地に雨水が染み込まないよう被覆植物を施し，その蒸散によって雨水のみをポンプアップし，汚染の拡大を防ぐ．

また，①のファイト-エクストラクション現象を応用し，とくに重金属類を濃縮した植物体を資源＝鉱石と見立てたファイト-マイニング（phyto-mining）という考え方もある（4.2節参照）．後述するが，超蓄積植物が保持する金属濃度は，乾燥重量あたりで鉱石に匹敵するレベルに達し，汚染地からの回収後，再資源化できる可能性がある．

以上の分類は，環境中の汚染物質に対して，植物が果たす役割によって分けられている．これらは，ファイトレメディエーションが植物の有する機能を最大限に利用した「技術」であることを明示している反面，あくまで概念上での応用に終始する可能性も含んでいる．たとえば，ファイト-エクストラクション（植物による汚染の濃縮）は，植物が土壌から汚染物質を抽出し濃縮する技術となるが，その後，なにも手を加えなければ，枯死後，再び土に戻る．つまり，小さな局地的循環が繰り返させるだけとなり，自然界では高いバックグランドを示す土地で何万年も起きていた現象である．

各種ファイトレメディエーションの機能から明確なように，浄化の最初の段階ではおもに根が主要な役割を果たす．とくにファイト-エクストラクションは，土壌における汚染の除去をおもなターゲットとしている．土壌汚染の浄化法には物理的浄化法，化学的浄化法，そしてバイオレメディエーションとファイトレメ

ディエーションよりなる生物学的浄化法が考えられてきた．物理的浄化法とは，汚染土を実際に掘り起こし，土そのものを汚染地から持ち去る廃土と，その後，汚染されていない土壌を他所から新たに投入する客土をあわせて行うことで，汚染地から高濃度の土壌を除去する技術である．化学的浄化法とは，汚染物質を分解する薬剤や，汚染元素を溶かし出すキレート剤などを土壌に加え，土壌を洗浄し，それによって汚染物質を除去する技術である．しかし，化学的浄化法は，使用する薬剤による新たな汚染や，変化した後の化学物質の新たな毒性，さらに，土壌と吸着していた重金属等を溶出させることで，地下水へ2次汚染を引き起こす可能性が高い．土壌という複雑な環境において化学物質の動態を正確に制御することは，いまだ大きな困難を伴う．そのため現在，実際に行われている浄化方法は廃土と客土による物理的浄化法である．しかし，移動された汚染土が持ち込まれる場所には，汚染の輸入が起こり，汚染土自体の浄化にはならない．そこで，土壌から汚染物質を直接除去でき，かつ2次汚染を引き起こさない安全な技術が希求される．

ファイトレメディエーションは，すでに欧米において実施されており，とくに米国では成果を上げつつある．その背景として，1980年代から米国が行ったスーパーファンド法による政府の援助があげられる．さらに，後述するPA（パブリックアクセプタンス）の差が各国間の実施状況に大きく影響している．

ファイトレメディエーションの提唱は，1983年，チェイニーによってなされ，その実施は欧米ではじめて行われたとされることがあるが，世界初のファイトレメディエーションは，日本人によって発想され，わが国で実施されている．本間・田崎らの研究チームは，1960年代頃より，汚染地に生育した植物の吸収・耐性機構を究明し，コロンブスの卵的な発想の転換により，蓄積植物の地上部を収穫することで重金属類を除去するファイト-エクストラクションを発想した．しかし，当時の結論は，ファイトレメディエーション最大の問題点である浄化効率の低さから，「2～7 mg/kgのカドミウム汚染された土地を完全に浄化するのに80年かかると試算し，その結果，実用的でない」とした．この後，欧米の研究者によって再度，命を与えられたファイトレメディエーションの概念が実用化の道を探っている．

5.2.2 ファイトエクストラクションの動向と蓄積メカニズム

ニッケル鉱山などの周辺は必然的に高レベルの重金属類を含む，いわば汚染地

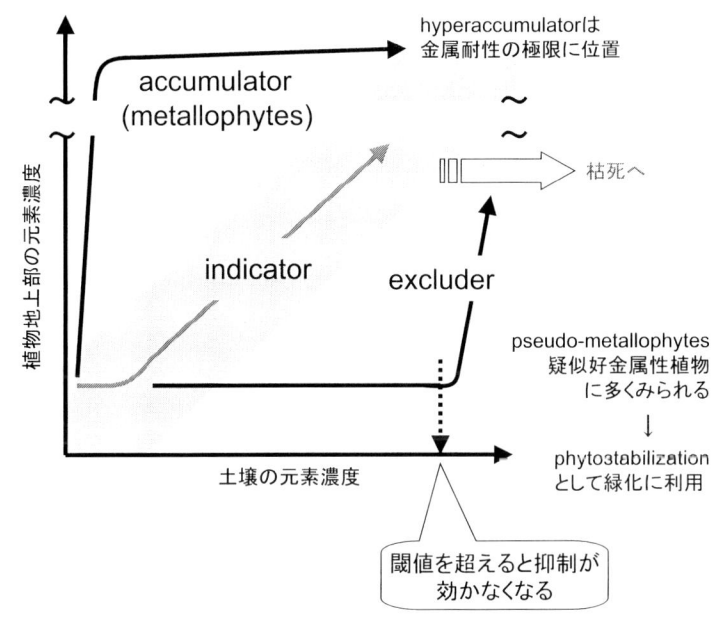

図 5.2 汚染地の植物学（Baker, 1981 を改変）
生育土壌と植物体内の重金属濃度の関係は 3 つのグループに分けられる．

であるが，そこに自生する植物が，特定の元素を，生育土壌レベル以上の高濃度で蓄積する現象が知られていた．これら特異濃縮種は超蓄積種（hyperaccumulator，ハイパーアキュームレーター）と呼ばれ，ファイト-エクストラクションへの応用が期待されている．植物に限らず動物の中にも，特定の化学物質を高レベルで蓄積している種は存在し（2.4 節参照），PCBs や DDTs といった有機塩素系化合物においても高蓄積生物の存在が明らかとなっている．

　土壌の重金属類と，そこに生育する植物の関係は，大きく 3 つに分類される（図 5.2）．土の中の重金属濃度に応じて自らの濃度も上昇させる「インディケーター（indicator, 指標種）」と，はじめから重金属類を取り込まないことで生体を防御する「エクスクルーダー（excluder, 排除種）」，そして，土壌中の元素レベルより高い濃度で金属を取り込む「アキュームレーター（accumulator, 蓄積種）」である．たいていの場合，汚染地に繁茂している植物は，後者 2 つのグループに該当する．ハイパーアキュームレーターは 3 番目のグループに属すが，その中でも蓄積レベルが特異的に高い種を指す．とくに Cd では 100 mg/kg（自然

環境下の葉の濃度．乾燥重量あたり），Pb，Cu，Co と Ni では 1,000 mg/kg（乾重あたり），Zn と Mn は 10,000 mg/kg（乾重あたり）と，特定の濃度以上を蓄積する種と定義されている．これらの種は，続々発見されているが，2001 年時点で約 400 種が報告され，そのうちの 2/3 は Ni の超蓄積種である（4.2 節参照）．

近年よく研究されている蓄積種として，双子葉植物のアブラナ科，マメ科，ナデシコ科，タデ科，イソマツ科に属するものがあり，ほかにはナス科，シソ科，

表5.1 重金属類の蓄積現象の解明に用いられる種子植物の例

科	種	元素
アブラナ科	*Beassica junsea*（セイヨウカラシナ）	Cd, Pb
	Thlaspi caerulescens（グンバイナズナ）	Zn, Cd, Ni, Pb
	T. goesingense	Zn, Cd, Ni
	Arabidopsis halleri（タネツケバナ）	Cd, Zn
	Alyssum bertolonii（ニワナズナ）	Ni, Zn, Cd
	Raphanus sativus（ハツカダイコン）	Cd, Zn
マメ科	*Phaseolus vulgaris*（インゲンマメ）	Cu, Pb, Cd, Zn
	Vigna angularis（アズキ）	Cd
	Pisum sativum（エンドウ）	Cd, Pb
	Glycine max（ダイズ）	Al
	Vicia faba（ソラマメ）	Cd, Pb
	V. sativa（オオカラスノエンドウ）	Mn, Cr
	V. villosa（ヘアリーベッチ）	Mn, Cr, Zn
	Crotalaria juncea（クロタラリア）	Cd
	C. Cobalticola（タヌキマメ）	Co
	Lupinus albus（ルピナス）	Cd
	Amorpha fruticosa（イタチハギ）	Mn
ナデシコ科	*Silene vulgaris*（シラタマソウ）	Cd
タデ科	*Fagopyrum esculentum*（ソバ）	Al
	Polygonum hydropiper（ヤナギ）	Zn
イソマツ科	*Armeria maritima*（ハマカンザシ）	Cd, Zn, Cu, Pb
ナス科	*Nicotiana tabacum*（タバコ）	Cd
	N. rustica（マルバタバコ）	
	Capsicum annuum（トウガラシ）	Cu
シソ科	*Origanum vulgare*（ハナハッカ）	Cu
イネ科	*Hordeum vulgare*（オオムギ）	Fe, Cd
	Triticum aestivum（コムギ）	Zn, Ni, Cd, Pb
	Oryza sativa（イネ）	Cu, Pb, Cd
	Zea mays（トウモロコシ）	Cd, Cu
	Holcus lanatus（シラゲガヤ）	As
	Agrostis tenuis（イトコヌカグサ）	
	Vetiveria zizanioides（ベチベル草）	Cd, Pb, Zn
ツユクサ科	*Commelina communis*（ツユクサ）	Cu

キク科，単子葉植物ではイネ科，ツユクサ科に属するものがある．さらにシダ植物門には，PbやCd, Cuなどあらゆる重金属類を超蓄積するヘビノネゴザや，Asを濃縮するモエジマシダ，コケ植物門ではCuの蓄積種ホンモンジゴケなど興味深い種が存在する．近年，報告されている種を表5.1にまとめた．イネ科植物は，法面緑化などに利用され栽培が容易で，かつ面積あたりのバイオマスが大きいため，汚染物質の回収効率の面で注目される．マメ科は特徴的な2次代謝物を多種多量にもつ種が多く，以下に示す蓄積メカニズムの点からも興味深いグループといえる．アブラナ科は，最も知られた重金属類の蓄積種カラシナやグンバイナズナが属する．近年，植物学や農作物の品種改良のモデル植物としてシロイヌナズナが取り上げられ，植物で最も早く全ゲノム解読が完了した．グンバイナズナは偶然にも，シロイヌナズナの近縁種であり，遺伝子レベルでの重金属蓄積メカニズムに比較・応用する試みもなされている．

植物が重金属類を超蓄積する現象は，大きく分けると①吸収，②解毒，そして③蓄積，の各メカニズムの総合として起こる（図5.3）．関連するメカニズムとして①と②の間に位置する転流（根から地上部への移動）や②および③と関係する排泄メカニズムがある．ここで，転流は最も詳細がわかっていない現象である．それぞれのメカニズムは独立しているといえ，その結果，「高い吸収能，蓄

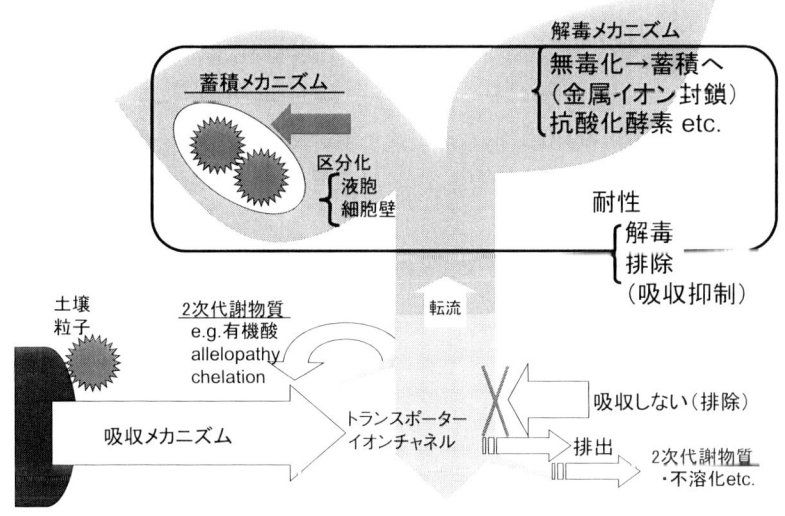

図5.3 植物における超蓄積（phyto-extraction）の機構

積能をもつが，解毒能が低いため蓄積しない（すぐ毒性が現れ枯れる）」「高い解毒，蓄積の潜在能力をもつが，吸収しない」といった現象が現れる．そのため，これら優れた能力を「いいとこどり」した遺伝子組換えによるスーパー植物へ応用が考えられている（4.2節参照）．

植物による有害金属の吸収は，基本的に必須元素（多くは2価陽イオン）の吸収機構に乗って，たとえば，ヒ素がリンの経路に乗るなど，日和見的に吸収・輸送される．しかし，土壌中に存在する金属イオンは，一般に土壌粒子と吸着しやすく生物利用能が低いいわば不活性な状態であり，一方で，植物が利用できる重金属類は土壌溶液に溶けた形態と考えられている．そのため，植物が根から放出する滲出物質である2次代謝物に注目が集まっている．滲出物質の作用メカニズムはいくつか考えられ，直接的に重金属類を溶かし出すことや，その作用を担う根圏微生物を活性化し，間接的に可溶態金属を増やすなどがある．前者として有名な現象にイネ科のムギネ酸放出（ファイトシデロフォア）による鉄の錯体化と，それに伴う鉄の取込みメカニズムがある．しかし，このような直接的な可溶化機構は他の植物グループや元素ではあまり知られていない．

植物の根は生命維持のためにさまざまな養分を吸収する一方，不要な物質や細菌の侵入を防ぐため，強固なバリアー機能も有している．重金属類が根の細胞壁を突破し細胞に到達することは容易でなく，根に蓄積した大部分は細胞壁に吸着する．一部の有害金属は必須の2価陽イオン（Ca^{2+}やZn^{2+}，Cu^{2+}，Mn^{2+}など）トランスポーターを誘導したり，2価の陽イオンチャネルの利用，細胞膜のH^+-ATPaseを誘導することで吸収される．

体内に侵入した重金属類は，カルビン回路の阻害や，光合成の電子伝達阻害，活性酸素種（ROS）の上昇に伴う酵素のチオール基酸化や細胞膜の不飽和脂肪酸酸化などを通じ，水分状態の撹乱，生長抑制，クロロシスなどから枯死を引き起こす．そのため，植物はいくつかの防御機構，重金属類の解毒メカニズムを有する．代表的なものは，細胞壁への吸着，液胞への隔離，ファイトケラチン（Cdなど重金属類と結合しやすいタンパク質．グルタチオンなどから合成される．それ自身による金属イオン封鎖に加え，結合後，液胞へ移動し，金属毒性を抑える）との結合による金属毒性の封鎖と，活性酸素種の上昇を抑制する抗酸化メカニズムである．酸化ストレスの解毒機構は大きく，非酵素系抗酸化物質によるものと活性酸素消去の酵素系がある．前者にはグルタチオン（GSH）やアスコルビン酸（AsA）が働き，後者には各種SOD（葉緑体のFe-SOD，

Cu/Zn-SOD やペルオキシソームの Mn-SOD や Cu/Zn-SOD），ペルオキシソームのカタラーゼ，細胞壁のペルオキシターゼ，葉緑体やミトコンドリアなどのグルタチオンリダクターゼやアスコルビン酸-グルタチオン回路の酵素群が関与する．

重金属類の蓄積は，解毒の結果起こるため，前出のメカニズムと重複するが，細胞壁・細胞外炭水化物による不動化や，液胞への隔離に加え，金属結合タンパクの誘導（ファイトケラチンなどと複合体形成），金属イオンの錯化（フェノール化合物などとキレート形成）リン酸塩およびカルシウムと集合体形成（たとえばカドミウムを細胞壁へ沈積），さらに異形細胞においてカルシウムなどと結晶化するといったメカニズムがある．

これらの各機構がとくに優れ，また効率よく連動する種がハイパーアキュムレーターということができる．その詳細なメカニズムの解明は，効率的なファイトレメディエーションの開発に直結する．一方で，高等植物からシダ，コケ植物まで超蓄積種がなぜ存在しているのか，という点にも興味がもたれる．この課題は生命の進化まで内包する興味深いテーマである．

5.2.3 ファイトレメディエーションの可能性

ファイトレメディエーションの利点は，第1に低コストなクリーンテクノロジーだということである．現在行われている物理学的浄化法も，検討が続けられている化学的浄化法も，その実施には多額のコストが必要となる．さらに，上述のように，とくに化学的浄化法では，汚染地の環境毒性をさらに引き上げる2次汚染が懸念される．次いで，近年とくに求められている「オンサイト（on site）」，浄化が可能な点（5.1節参照），なにより土壌から直接，生物利用能の高い（＝生態毒性学的に危険性の高い）画分を浄化できる点などがあげられる．

一方，ファイトレメディエーションが実用化に至らない原因，その欠点としては，第1に，上述した浄化効率の低さがあげられる．いわば浄化プラントである植物のバイオマスが，汚染対象に比べ小さいため，目的とするレベルに化学物質濃度を引き下げるまで，長大な時間を要する．さらに，浄化できる範囲が，とくに土壌の場合，根圏の範囲内に限られるため数十 cm までにしか渡らない．実際の土壌汚染は，数 m の深さに層状で分布することが多いため，土壌表層の浄化に適したファイトレメディエーションは到達できない．また，ファイト-スタビライゼーション（植物による汚染の固定）や，最も消極的といえるファイト-プ

リベンション（植物による汚染の拡散防止）は，そのまま放置し続けると，汚染は拡散しない代わりに汚染自体も解消されない．さらに，人為的な管理が行われなくなると汚染が再分配される可能性もある．より咀嚼が難しいのはファイト-ヴォラタイリゼーション（植物による汚染の放散）であろう．上記の説明でも括弧つきで無害化を付記したが，本質は根から汚染物質を吸い上げ大気中へ放出する作用であるため，結果，局所的な汚染の浄化に寄与しても，地球規模では汚染を拡散するという事態になる．

浄化効率に次いでファイトレメディエーションの実施を妨げている要因は，PAである．生物多様性の中の，とくに遺伝的多様性の保全に抵触する可能性をどう判断するかも課題となる．生態系の保全は，21世紀の地球環境問題の中でも鍵となる重要な位置を占める．近年は生物多様性の概念がとくに重要度を増し，地域の多様性，遺伝的多様性保全を重視した概念が浸透している．外来種の侵入はいうに及ばず，固有種といえども安易な個体群の再導入を戒める潮流がある．

ファイトレメディエーションの最大の課題は浄化効率の向上であるが，その克服に遺伝子組換え植物の開発が推進されている．植物が有する浄化機能のよいところだけを持ち寄りスーパー植物を創出しようという動きである．しかし，新技術の導入に対しては欧米においても，PAの面から二分し，アメリカのみが比較的寛容だったのに対し，ヨーロッパ各国は，当初の予想以上に社会の反発が強かった．わが国においても遺伝子組換え作物に対するPAはヨーロッパに近く，拒絶反応の方が強い．このような背景から，遺伝子組換え植物を用いた環境浄化は，その技術自体が禁じ手となった観がある．加えて，近年の遺伝子多様性の撹乱を警戒する生態系保全の動きは，汚染地であっても，周辺で野生化する可能性のある浄化植物の植栽に十分な注意を払う必要を拡大している．

さらに，ファイト-エクストラクション後の植物体の処理も，問題となる．しかし，上述したファイトマイニング（蓄積後の植物体を鉱物に見立て，再利用を目指す）という発想の転換も可能となる．この際，水分の効率的な除去など，技術的・コスト的課題があげられるが，科学技術の進展は，まさにこのような点にこそ活かされるべきであろう．

以上のようなマイナス面は，克服すべき課題として検討を続ける必要がある．しかし，それ以上に，ファイトレメディエーションに託す夢は大きくてもよいのではないだろうか．遺伝子組換え植物の施用は熟考の必要があっても，自然に獲

得した浄化能を有する種を植栽する価値は再考に値しよう．つまり，無策のまま汚染を放置せずに浄化植物を導入することと，現在行われている外来種による法面緑化や，観賞のための安易な外来種導入を比較するなど，議論の成熟が待たれる．さらに，生物多様性の面から再照射すれば，植物の有する種々の能力は，依然として未知の部分が多く，汚染物質との応答に関しても，意外な超能力をもった種の発見が予想される．これら，未知の能力をもった種や2次代謝物の発見は，汚染の浄化にとどまらず，植物の化学的な適応・進化を解き明かす鍵にもなるかもしれない．

わが国に限らず，汚染地の最大の問題は基準値ギリギリの低レベル汚染である．きわめて広範囲な分布を示すそれら低レベル汚染地の浄化は，かかるコストの面から，現時点ではほぼ手付かずのまま放置されている（ブラウンフィールド問題）．この課題に対して，ファイトレメディエーションの施用は，まさに最適の選択といえるのではなかろうか．汚染地であることを宣言することによって生じる社会的・政治的な課題や，周辺住民の嫌悪感，地価の暴落，所有者や汚染原因者の負担など，克服すべき点は多いが，PAの成熟とあわせ，この分野の発展を待ちたい．

■文　献

Baker, A. J. M. (1981). Accumulation and excluders : Strategies in the response of plants to heavy metals. *J. Plant Nutrition*, 3, 643-654.

エヌ・ティー・エス (2000). 植物による環境負荷低減技術, 228 pp, エヌ・ティー・エス.

フィオレンツァ, S.・オーブル, C. L.・ワード, C. H. (2001). ファイトレメディエーション—植物による土壌汚染の修復, 178 pp, シュプリンガー・フェアラーク東京.

本間慎・積田孝一・白田和人 (1977). 重金属汚染地における植生と植物による重金属の吸収蓄積について. *In* Environment and Human Survival, Ministry of Education, Monsi, M. ed, pp. 103-111.

McGrath, S. P., Zhao, F. J. and Lombi, E. (2001). Plant and rhizosphere processes involved in phytoremediation of metal-contaminated soils. *Plant and Soil*, 232, 207-214.

Salt, D. E., Smith, R. S. and Raskin, I. (1998). Phytoremediation. *Annu. Rev. Plant Physiol. Plant Mol. Biol.*, 49, 643-668.

6. 法規トピック

6.1 人類が直面している本当の危機とは

「地球環境は現在，人類の活動によって，これまで類がないほどの危機に直面している」現実は，数多くの調査や研究によって裏づけられている．種の絶滅は過去の大量絶滅より高速であると考えられ，人口の増加は，生態学的にも種の存続が危ぶまれるカーブを描いている（図6.1）．エコロジーを短縮した単語「エコ」は，いまや学術用語にとどまらぬ社会のキーワードとなり，多くの人にとって地球環境のために行動することが抵抗感なく受け入れられている．しかし，しばしば突出するアクションが反作用を受けるように，環境問題に関してもウソや杞憂，エセといった指弾，不確実性に対する非難，さらには現在社会の維持には「もっと大事なことがある」といったすり替えに似た論旨の槍玉にあげられるこ

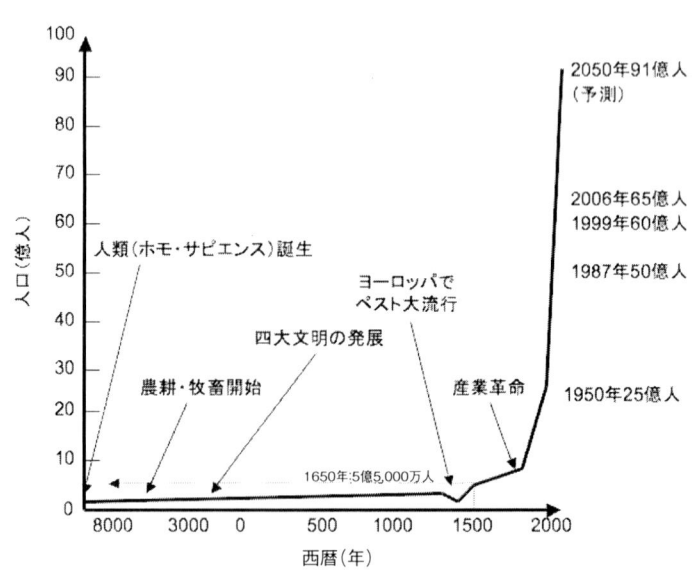

図6.1 世界人口の推移グラフ（2005年 UNFPA（国連人口基金）統計）

とがある．これまで人類は安定した生存と快適な生活を求め，無限ともいえる欲求を満たそうとしてきた．歴史上，ほんの少し前まで，生産規模を拡大し，経済成長を確保することが人類にとって第一義の目的であった．現在社会も，その基本において経済，産業活動，各種サービスまで，人類が安定して「食べていける」ことが大前提であり，これら活動に逆らうことは多大なエネルギーを要する．環境保全を目的とする施策は 20 世紀になって人類がたどり着いた，まさに，初の試みといえる．ここにたどり着くまで，多大な犠牲を人類は払い，「このままではいけないかもしれない」という切実な危機感を共有し，現在の環境対策を生み出す背景となっている．過去の悲劇はけっして忘却してはならない．1972 年に，その後の世界を変えたといわれる『人類の危機レポート　成長の限界』をまとめた 1 人であるドネラ・H. メドウズに発する「100 人の地球村」や国際機関のレポートは，巨視的に世界の現状を把握しており，地球がかつてない危機に直面していることを示唆している．この現状に立って，取り返しがつかない事態を迎える前に，教訓と叡智によって危機を回避することが必要である．

21 世紀のわれわれは，実際に巨額の予算と時間を費やし，地球環境の保全，「持続可能な開発」を目標としたアクションをとっている．多くの人々が認識していなくとも，じつは暮らしの随所で環境保全の施策に貢献している．これを可能にしているのは，社会のルールである．その代表的な，強制力を伴うルールが法律であり，わが国を含めた地球規模のルールが条約である．以下から，環境保全のための法律や国際条約について，その大枠を概説し，とくに汚染の原因となりうる化学物質の管理に関するものに焦点を当て解説する．

6.2 環境法の成り立ち

環境法の成立は，残念ながら，多大な犠牲と反省，巨大な危機感の共有を背景としている．生物一般の活動は，安定した生存と確実な子孫存続を目的としてなされているが，人類の特殊性は，それに加え「より豊かに，より快適に」と，生活の向上を目指し科学・技術・経済を発展させたところにある．しかし，経済活動を成長させるためには産業の拡大や自然開発の大規模化が必要となり，それらは環境汚染や自然破壊をもたらしてきた．とくに第 2 次世界大戦の終結後，世界の産業活動は爆発的な活況を呈したが，同時に，先進国の国々に反作用的事件が乱発した．いわゆる公害事件を含む環境問題の突出である．悲惨な個別の事件は

各国に，環境法としてくくられる法律の制定を促した．このような国内における歴史的遷移を，ここでは縦軸とする．一方で，巨大化した経済・産業活動は，大気汚染，酸性雨，海洋汚染など，国境を越える汚染を拡大させ，ついに一国だけの規制では対応不可能な状態にまで進行させた．また，強毒性の化学物質使用など，社会経済のグローバル化の中で，全人類的に対策をとる必要が意識され始めた．この国境を越える動きを横軸とすれば，現在の環境法成立には縦と横の両方向の因子が寄与している．また，縦横両方にまたがり存在する「人々の不安」も無視できない．それは，市民や民間企業のレベルで，じわりと，しかし確実に現在の環境対策に影響を及ぼす．とくに，経済成長と逆行し，各種産業と対立する構造をとりやすい環境対策には，一般の人々の意識がきわめて強力な推進力となる．たとえば，ゴミ分別やリサイクル，エネルギー利用など，生活そのものや不特定多数が原因となる環境負荷を解決するには，市民の積極関与が不可欠となる．人々の意識は，ようやく，そしておそらく史上はじめて，生存のための環境のためにアクションをとろうとしており，この動きにブレーキをかけるべきではない．何かを身につけることは困難を伴うが，快楽のために手放すのはたいへん容易である．

6.3 国際的な動き

われわれが，知らず知らずのうちに行っている行為も含め，地球環境のための施策は，多くが国連主導の3度の国際会議の影響を受けている．中でも，"持続可能な開発"をキーワードとした1992年の「環境と開発のための国連会議」は，その後の，地球の進路を方向づけた．しかし，山積した問題の大きさの前に，実施の予定はおろか，解決の方策さえ見つけられない課題も多く，いまだ不十分といえる現状である．以下，簡単な経緯と問題点を述べる．

人類が，はじめて環境問題のために集まった記念すべき会議は，1972年に行われた．ストックホルムで開催された国連人間環境会議の発議は，越境大気汚染・酸性雨の影響を受けていたスウェーデンからなされたが，準備段階で早くも途上国から「環境だけでなく，もっと広い概念で」との主張が出され，人間と環境を扱う方向へ変化した．この会議では，"かけがえのない地球"というスローガンが象徴するように，有限な宇宙船地球号に人類がともに暮らし，利用しているという認識を確認し，人権宣言に次ぐ重要な文章ともいわれる人間環境宣言を

採択した．また，その後の世界遺産条約の採択や国連環境計画（UNEP）設立という成果を残したが，人類最大の難問である南北問題が噴出し，先進国と開発途上国が鋭く対立する現実を浮かび上がらせた．

その後，じつに20年もの間（途中 UNEP の管理理事会特別会合をはさむが），環境に関する国際会議は行われなかった．そして1992年，ストックホルム＋20として「国連環境開発会議（リオ・サミット）」が開催された．この会議に先立ち，ノルウェーの元首相 G. H. ブルントラントを委員長とした環境と開発に関する世界委員会（WCED）が設置され，その報告書は，南北問題を視野に入れた"持続可能な開発"というコンセプトを提示した．開催されたリオ・サミットでは，その後の世界が一致して取り組むべき地球環境問題の輪郭を示した「環境と開発に関するリオデジャネイロ宣言（リオ宣言）」と，その行動計画であるアジェンダ21を採択した．さらに，森林原則声明の合意や，気候変動枠組条約，生物多様性条約への署名が開始されるなど具体的な成果も上げたが，それぞれは利害対立を調整できず，十分な成果とはいえなかった．リオ・サミットでは，対立する環境と開発の関係を，両立へと向かわせる認識論的転回が図られた．しかし，結果的には環境による制約から開発をとらえるものとなった．3度目の国際会議，ヨハネスブルグ・サミット（リオ＋10）の名称は「持続可能な開発に関する世界首脳会議」であり，会議名から環境の文字が消失している．このことは，人類は気を抜けばすぐに反エコ・反環境の潮流が盛り返すベクトルをもっていることを端的に示す好例といえる．

3度目の世界会議であるヨハネスブルグ・サミットは2002年に開催され（当初は9月11日の開催予定であったが，前年の米国での同時多発テロの影響で1週間前倒して行われた），前回採択されながらも実施が充分でないアジェンダ21の促進や，その後に生じた課題解決に関して話し合われ，より直接的な行動に結びつけるための「行動計画」や，政治的意志を示す「ヨハネスブルグ宣言」が採択された．しかし環境問題に後ろ向きだった共和党のアメリカが象徴する，逆風の時代へと進んでいった．

現在，地球環境問題と認識されているおもな課題として，①地球温暖化（気候変動），②オゾン層の破壊，③酸性雨，④熱帯林の減少・砂漠化，⑤生物多様性の減少，⑥海洋汚染，⑦有害廃棄物の越境移動，⑧開発途上国の公害，⑨南極の環境問題，などがあげられる．それぞれは，各条約（treaty, convention）や，その締約国会議（COP）で議論され条約を補完する各種文書（議定書（pro-

表6.1 地球環境問題と，おもな国際的取り組み

環境問題	おもな国際的取り決め，条約
地球温暖化（気候変動）	気候変動枠組条約（1994発効），京都議定書
オゾン層の破壊	ウィーン条約（1988発効），モントリオール議定書
酸性雨（大気汚染）	長距離越境大気汚染条約（1983発効），欧州監視評価計画（EMEP）議定書，ヘルシンキ議定書，ソフィア議定書，VOC規制議定書，オスロ議定書，重金属議定書，POPs議定書，酸性化・富栄養化・地上レベルオゾン低減議定書
熱帯林の減少	森林に関する原則声明
砂漠化	砂漠化対処条約（1996発効），砂漠化防止行動計画
生物多様性の減少	生物多様性（CBD）条約（1993発効），ラムサール条約（1975発効），ワシントン条約（CITES；1975発効），カルタヘナ議定書
海洋汚染	ロンドン海洋投棄条約（1972発効），マルポール73/78条約（1983発効），油による汚染に関わる準備，対応及び協力に関する国際（OPRC）条約（1995発効），船舶についての有害な防汚方法の管理に関する国際（TBT）条約，国連海洋法条約（1994発効），バラスト水管理条約
有害廃棄物の越境移動	バーゼル条約（1992発効），ロッテルダム（PIC）条約（PIC：2004発効），ストックホルム（POPs）条約（2004発効）
開発途上国の公害	政府開発援助（ODA）
南極の問題	南極条約（1961発効），環境保護に関する南極条約議定書

tocol），憲章（charter），協定（agreement）など広義の条約）で対応されている（表6.1）．わが国において国際条約は，天皇が公布し（憲法第7条），国内法として受容されると，法律に優先する（憲法第98条2項）．

6.4 わが国における環境法の成立

わが国の環境法は大きく，以下の変遷をたどっている．近代国家としての成立当初は，明確な環境法として定められていなかったが，性質において環境法（環境の保全，自然破壊の防止，被害からの救済など）であった各法律が，個別に制定されていた．公害の原点といわれる足尾銅山鉱毒事件を含む戦前の3大鉱毒事件などは河川法，工場法，鉱業法などに反映されていった．その後，世界の環境政策の転機となる事件が発生する．"公害"の発生である．公害の初出は古く，1895（明治28）年の河川法の中に，はじめて用いられた．第2次世界大戦後，いわゆる高度経済成長期までのわずか十数年の間に，日本は深刻な公害事件を経験する．それらの被害を受け，1967年，環境問題解決のため公害対策基本法が制定され，1970年の公害国会を経て，法体系は一応の整備をみる．1972年には

自然環境の保全に関する自然環境保全法も制定され，約20年間，わが国の環境政策は両法に基づき推進された．ここで，基本法とは，国の政策の基本方針を定めた法律であるが，その後，上述した国際的な動き（1992年のリオ・サミット）と呼応し，1993年，公害対策基本法は廃止され，環境基本法が制定された．残念ながらわが国の環境法の更新は，その多くを外圧という横軸に担っている．

公害対策基本法は，「公害対策の総合的推進をはかり，国民の健康を保護するとともに，生活環境を保全することを目的」とし，公害の範囲を典型七公害（①大気汚染，②水質汚濁，③土壌汚染，④騒音，⑤振動，⑥地盤沈下，⑦悪臭）とし，防止に関わる事業者や国，公共団体および住人の責務を明らかにするとともに，政府のとるべき具体的対策を掲げた．その後に整備された公害関連の実定法は，大きく「救済」，「規制」「防止」に分類される．

現行の環境基本法は，第1条に「現在及び将来の国民の健康で文化的な生活の確保に寄与するとともに人類の福祉に貢献すること」をうたい，第3条に「環境の恵沢の享受と継承」，第4条に「低負荷の持続的発展が可能な社会の構築」，そして第5条に「国際的協調による地球環境保全の積極的な推進」を示している．これらは，公害対策基本法の精神に加え，汚染対策にとどまらない，環境全体への悪影響（環境への負荷），自然環境の改変，さらに国際協力の推進が強調されるものとなっている．

以上のように整備された実際の環境法は多岐にわたり，化学物質管理，排出などの規制，廃棄物対策など，汚染に関する法律以外にも，典型7公害の騒音（騒音規制法），振動（振動規制法），地盤沈下（工業用水法，建築物用地下水の採取の規制に関する法律）に加え，安全衛生（労働安全衛生法，消防法，放射性同位元素等による放射線障害の防止に関する法律など）や，自然環境の保全（自然環境保全法，都市緑地保全法），環境配慮（環境の保全のための意欲の増進及び環境教育の推進に関する法律，環境情報の提供の促進等による特定事業者等の環境に配慮した事業活動の促進に関する法律など）も含め，幅広い領域をカバーしている．

本章では，とくに化学物質に関連した法律をまとめた（表6.2）．それらは，生産・使用といった各プロセス，その後の，排出源対策，放出された環境における規制（環境媒体）といった流れに対応した法律と化学物質自体に対する法律などにまとめられる．

21世紀を迎えた現在，人類は猛烈な勢いで新しい化学物質を手にしているが，

表 6.2 環境汚染に関する日本の法律の例

カテゴリー		法律
全般		環境基本法（平 5.11.12）
環境媒体	大気	大気汚染防止法（昭 43.6.10） 悪臭防止法（昭 46.6.1）
	水	水質汚濁防止法（昭 45.12.25） 下水道法（昭 33.4.24） 湖沼水質保全特別措置法（昭 59.7.27） 海洋汚染及び海上災害の防止に関する法律（昭 45.12.25） 瀬戸内海環境保全特別措置法（昭 48.10.2）
	土壌	土壌汚染対策法（平 14.5.29） 農用地の土壌の汚染防止等に関する法律（昭 45.12.25）
	生物	環境影響評価法（平 9.6.13）
排出源	資源・廃棄物	循環型社会形成推進基本法（平 12.6.2） 資源の有効な利用の促進に関する法律（平 3.4.26） 廃棄物処理施設整備緊急措置法（昭 47.6.23） 産業廃棄物の処理に係る特定施設の整備の促進に関する法律（平 4.5.27） 廃棄物の処理及び清掃に関する法律（昭 45.12.25） 容器包装に係る分別収集及び再商品化の促進等に関する法律（平 7.6.16） 特定家庭用機器再商品化法（平 10.6.5） 建設工事に係わる資材の再資源化等に関する法律（平 12.5.31） 食品循環資源の再生利用等の促進に関する法律（平 12.6.7）
	農業環境三法	家畜排せつ物の管理の適正化及び利用の促進に関する法律（平 11.7.28） 肥料取締法の一部を改正する法律（平 11.7.28） （持続性の高い農業生産方式の導入の促進に関する法）
	自動車 （大気）	スパイクタイヤ粉じんの発生の防止に関する法律（平 2.6.27） 自動車から排出される窒素酸化物の特定地域における総量の削減等に関する特別措置法（平 4.6.3） 使用済自動車の再資源化等に関する法律（平 14.7.11）
	大気	特定物質の規制等によるオゾン層の保護に関する法律（昭 63.5.20） 地球温暖化対策の推進に関する法律（平 10.10.9）
	水	下水道整備緊急措置法（昭 42.6.21） 浄化槽法（昭 58.5.18） 広域臨海環境整備センター法（昭 56.6.10）
生産・使用	農業	農薬取締法（昭 23.7.1）
	作業環境	労働安全衛生法（昭 47.6.8） 　有機溶剤予防中毒予防規則（昭 47.9.30） 　特定化学物質等障害予防規則（昭 47.9.30） 危険物の規制に関する政令（昭 34.9.26）
	化学物質管理	毒物及び劇物取締法（昭 25.12.28） 化学物質の審査及び製造等の規制に関する法律（昭 48.10.16） 特定化学物質の環境への排出量の把握等及び管理の改善の促進に関する法律（平 11.7.13）
	防災・保安	消防法（昭 13.7.24）・高圧ガス保安法（昭 26.6.7）
化学物質		ダイオキシン類対策特別措置法（平 11.7.16） ポリ塩化ビフェニル廃棄物の適正な処理の推進に関する特別措置法（平 13.6.22） 放射性同位元素等による放射線障害の防止に関する法律（昭 32.6.10）

その速度はゆるくなりそうにない．続々と生み出され，使用される化学物質のいくつかが，予期せぬ汚染物質を引き起こす可能性は否定できず，そのため，化学物質の規制は硬直したものであってはならない．一度，法律を制定したといって，その事実にとらわれ，融通の利かない対応では意味をなさない．新しい毒性タイプの発見や，新物質の認知という事態が生じれば，すぐさま適応できる柔軟性が求められる．

以下，とくに環境毒性学に関連する法規トピックについて触れる．

6.5 わが国のトピック

6.5.1 環境基準

環境基本法の第16条に基づく，「人の健康を保護し，及び，生活環境を保全する上で維持されることが望ましい」基準であり，大気，水，土壌，そして騒音などに対して定められている．これらは，つねに適切な科学的判断が加えられ，必要な改定がなされなければならないと規定されている．

なお，ダイオキシン類に関しては，ダイオキシン類対策特別措置法（1999）を根拠に，大気，水および土壌における環境基準が定められている．

1) 大気の環境基準

わが国で初の環境基準は，1969年に定められた大気中の硫黄酸化物のものである．その後，数次にわたる追加・改正がなされ，2010年現在，二酸化硫黄（SO_2），一酸化炭素（CO），浮遊粒子状物質（PM10），光化学オキシダント，二酸化窒素（NO_2），ベンゼン，トリクロロエチレン，テトラクロロエチレン，ジクロロメタン，ダイオキシン類などについて設定されている．これらはいずれも「呼吸器を通じ人体内に取り込まれたとき，起こりうる影響から，人の健康を維持するため」の基準となっている．

2) 水および地下水の環境基準

水質の基準は，人の健康の保護に関する環境基準（健康項目）と，生活環境の保全に関する環境基準（生活環境項目）の2種がある．

健康項目は，表6.3に示した26項目に関して，基準値および測定方法が決め

表 6.3 日本における環境基準が定められた項目（2006 年）

(1) 土壌と水に関する項目

	土壌 (溶出)	土壌 (農用地)	水質 (健康項目)	地下水
カドミウム	○	○	○	○
全シアン	○		○	○
鉛	○		○	○
六価クロム	○		○	○
ヒ素	○	○	○	○
総水銀	○		○	○
アルキル水銀	○		○	○
セレン	○		○	○
銅		○		
フッ素	○		○	○
ホウ素	○		○	○
硝酸性窒素および亜硝酸性窒素			○	○
ジクロロメタン	○		○	○
四塩化炭素	○		○	○
1,2-ジクロロエタン	○		○	○
1,1-ジクロロエチレン	○		○	○
シス-1,2-ジクロロエチレン	○		○	○
1,1,1-トリクロロエタン	○		○	○
1,1,2-トリクロロエタン	○		○	○
トリクロロエチレン	○		○	○
テトラクロロエチレン	○		○	○
1,3-ジクロロプロペン	○		○	○
ベンゼン	○		○	○
PCB	○		○	○
チウラム	○		○	○
シマジン	○		○	○
チオベンカルブ	○		○	○
有機リン（パラチオン，メチルパラチオンメチルジメトン，EPN）	○			
小計	26	3	26	26
ダイオキシン類	+1		+1	

られている．生活環境項目では，利用目的に応じて設けられたいくつかの水域類型ごとに基準値を定め，都道府県の知事が具体的な個々の水域の類型を決定する．1997 年には，人為的要因による水質悪化防止を目的として，地下水の水質汚濁に関わる環境上の条件が設定された．基準が定められている 26 項目は，水質環境基準の「人の健康の保護に関する環境基準」に準じている．

(2) 大気に関する項目

おもな項目	一酸化炭素，浮遊粒子状物質（PM10），光化学オキシダント，二酸化窒素，ジクロロメタン，二酸化硫黄，トリクロロエチレン，テトラクロロエチレン，ベンゼン	9項目に環境基準．
ばい煙	カドミウム，硫黄酸化物，鉛，ばいじん（すす），塩素，塩化水素，窒素酸化物，フッ素，フッ化水素，フッ化ケイ素	
特定物質	一酸化炭素，シアン化水素，硫化水素，リン化水素，塩化水素，硫酸（三酸化硫黄も），塩素，二酸化セレン，ニッケルカルボニル，フッ化水素，フッ化ケイ素，アンモニア，二酸化窒素，黄リン，三塩化リン，五塩化リン，二酸化硫黄，臭素，二硫化炭素，ホルムアルデヒド，メタノール，ベンゼン，ピリジン，フェノール，ホスゲン，クロルスルホン酸，メルカプタン（チオール），アクロレイン	29項目．
有害大気汚染物質	ベリリウム，タルク（石綿様繊維を含む），マンガン，六価クロム，ヒ素，水銀，ニッケル化合物，ジクロロメタン，アセトアルデヒド，1,2-ジクロロエタン，アクリロニトリル，クロロメチルメチルエーテル，酸化エチレン，1,3-ブタジエン，トリクロロエチレン*，テトラクロロエチレン*，ホルムアルデヒド，ベンゼン*，クロロホルム，塩化ビニル，ベンゾ[a]ピレン	21項目．

*指定物質（3種）：人の健康に係る被害を防止するため，排出・飛散を早急に抑制しなければならないもの．

3) 土壌の汚染に係る環境基準

　土壌に含まれる化学物質の中でも，土壌粒子と強固に吸着したものは環境影響が低いと考え，むしろ地下水などへ容易に溶出する画分を要監視対象としている．溶出基準が設定された26項目＋ダイオキシン（表6.3）に加え，農作物（コメ）に対する影響および，ヒトに対する影響の観点からカドミウム，銅，ヒ素の3項目が加わる．ここで，重複するカドミウムとヒ素は溶出基準と農作物影響の2つの基準がある．前述の他媒体に比べ貧弱な点は問題であろう．

6.5.2　公害関連法など

1)　大気汚染防止法（大防法）

　1968年に「ばい煙の排出の規制等に関する法律」（1962年制定）を廃止し，制定された法律である．「国民の健康を保護するとともに生活環境を保全すること」を目的とし，以下を柱とした総合的防止対策を定めている．

　①工場および事業場における事業活動や建築物の解体に伴う「ばい煙」や「揮

発性有機化合物（抑制）」「粉じん」の排出規制
　②有害な大気汚染物質への対策推進
　③自動車排出ガスに係る許容限度
　本法は，事業者に過失がなくとも，健康に被害が生じた場合，損害賠償責任（無過失責任）を負うことを定め，被害者の保護を図っている．

　1970 年の改正は，指定地域性を廃止し，全国的規制を導入，また，上乗せ規制の導入，規制対象物質の拡大，直罰規定の導入，燃料規制の導入，粉じん規制を導入した．1972 年には無過失賠償責任規定が整備され，1974 年には総量規制制度を，1989 年には特定粉じん（アスベスト）規制，1995 年には自動車燃料規制，1996 年にはベンゼン等有害化学物質規制，2004 年には揮発性有機化合物（VOC）の規制が，それぞれ導入されている．

2）水質汚濁防止法（水濁法）

　1970 年に，それまでの「公共用水域の水質の保全に関する法律」（1958）と「工場排水等の規制に関する法律」（1958）を廃止し，定められた法律である．水質の汚濁防止を目的とし，工場や事業場から公共用水域への排出，さらに地下水への浸透を規制している．加えて，生活排水対策の実施を推進し，国民の健康保護，生活環境の保全を目的とする．また，事業場などから排出される汚水および廃液（特定事業場から公共用水域に排出される水）により，ヒトの健康に関わる被害が生じた場合の事業者の損害賠償責任を定め，被害者の保護を図っている．

3）土壌汚染対策法（土対法）

　本法の成立は非常に最近といえ，2002 年に国民の健康を保護することを目的とし，土壌汚染の状況把握に関する措置や，汚染による人の健康被害の防止に関する措置などが定められた．本法は，汚染状況の調査を行い，基準に適合しない土地があれば，都道府県知事等は指定区域に指定・公示し，指定区域台帳に記帳し公開しなければならない．これら指定区域で汚染に起因する健康被害の可能性があると判断されれば，汚染の原因者（また，汚染原因者が不明等の場合は土地所有者など）は，汚染の除去などの措置が命令される．さらに，指定区域では土地形質の変更が制限される．

　大気（1968）や水（1970）の法整備より制定が遅れた理由として，土地が一般に私有財産であるという点がある．また土壌汚染は，調査がなされてはじめて判

明することが多く，近年，工場跡地の再開発や売却時といった社会サイドの要因により土壌調査が急増したことで，汚染が顕在化してきた背景もあった．なお，農用地（「農作物等の生産に係る土地」）については「農用地の土壌の汚染防止等に関する法律」（1970）が別に制定されている．

4) 化学物質の審査及び製造等の規制に関する法律（化審法）

1973年に，PCBsによる「カネミ油症事件」を契機として定められた．本法は，①新たに製造・輸入される化学物質について，分解性，蓄積性（生物濃縮性），毒性（人および生態毒性）を事前審査するとともに，②環境を経由して，ヒトの健康または動植物の生息・生育に影響を及ぼすおそれがある化学物質の製造，輸入および使用を規制する仕組みを設定している．法律の所管は，厚生労働省・経済産業省・環境省である．

本法は，第一種特定化学物質として，難分解性かつ生物濃縮性で，ヒトや高次捕食動物に対し長期に毒性を有すると判断されたものが指定され，製造・輸入が許可制となる（実質的に製造・輸入禁止の効果となる）．また，第二種特定化学物質として，難分解性であるが蓄積性が低く，ヒトまたは生活環境，動植物へ長期毒性を有すると判断されたものが指定され，製造・輸入量の届出，環境汚染防止のための措置，表示などが課される．さらに，第一種特定化学物質に該当する疑いのあるものは第一種監視化学物質，また第二種特定化学物質の疑いのあるもので，ヒトへの有害性に関わるものは第二種監視化学物質，動植物に対する有害性に関わるものは第三種監視化学物質に指定され，製造・輸入量の届出などが義務づけられる．数度にわたる改正が行われ，2010年時点ではPCBなど28物質が第一種特定化学物質，トリクロロエチレンなど23物質が第二種特定化学物質，また酸化水銀（II）など38物質が第一種監視化学物質，クロロホルムなど1,122物質が第二種監視化学物質，第三種監視化学物質としては292物質が指定されている．年間300件程度の新規化学物質に係る審査がなされている．

5) 特定化学物質の環境への排出量の把握及び管理の改善促進に関する法律（化管法，PRTR法）

1999年に，国際的に進んでいた有害化学物質の移動排出登録（PRTR）の日本版として制定された．化学物質による環境の保全上の支障が生ずることを未然に防止することを目的として，化学物質の取扱い事業者の自主的な化学物質の管

理の改善を促進し，有害性のある化学物質の環境排出量を把握することなどを定めている．

対象となる化学物質は，ヒトの健康や生態系に有害なおそれがある性状を有するもので，環境中の存在量等に応じて，第一種指定化学物質と第二種指定化学物質に分けられている．このうち PRTR 制度の対象となるのは，2010 年時点で第一種の 462 物質である．本法では，各化学物質における情報の届出，集計，公表などが定められており，都道府県を経由し国に収集，集計される．届け出されたデータは，家庭や農地，自動車など他の発生源からの排出量と併せ公表される．国は，集計結果などをふまえ，環境モニタリングや，ヒトの健康および生態系への影響について調査を行う．指定化学物質を扱う事業者は，MSDS（物質の性状と取扱いに関する情報）交付による情報提供が義務づけられる．

6） 残留農薬等に関するポジティブリスト制度

農薬，飼料添加物および動物用医薬品の残留基準を見直し，基準が設定されていなかった農薬等が一定量以上含まれる食品の流通を禁止する制度で 2006 年に開始された．食品衛生法の中に含まれている．

以前は，250 種の農薬と 33 種の動物用医薬品が規制されており，ネガティブリスト制度であった．ネガティブリストとは，ヒトや環境などへの影響が懸念される物質を禁止もしくは規制し，それ以外の農薬等が残留していても，販売禁止などはなかった．しかし，ポジティブリストでは，原則禁止された状態から，使用・残留が認めたものがリスト化される．食品成分に係る規格が定められている 799 種の農薬などについて残留基準が定められ，それ以外の物質は，一律基準が適応される．一律基準は 0.01 ppm と設定され，超過した食品は販売などが規制される．また，亜鉛や塩素など 65 種の対象外物質が指定され，それらは生産時に農薬等として使用され，食品に残留した場合でも，摂取によりヒトの健康を損なう恐れがない物質とされている．規制は，いわばすべての食品について残留基準値を設けたこととなり，とくに農薬散布時の近隣作物への影響，いわゆる飛散（ドリフト）を配慮する必要が生じた．

6.5.3 環境保全に関する法律など

1） 環境影響評価法（環境アセスメント法，アセス法）

1999 年に，各種の開発事業に対して行われる環境アセスメントの手続を定め

たもので，いわゆる手続法としての性格がある．環境アセスメントの必要性は，4大公害病の1つ，四日市（ぜんそく）の教訓から，各地のコンビナート建設において早くから指摘されていた．しかし，産業界や関連省庁の反対により法案提出には至らなかった．1984年に国レベルの大規模事業を対象とする環境アセスメントの実施が閣議決定された（閣議アセス）．

本法は，閣議アセスに比べ，対象事業を拡大し，アセス結果に対する環境省意見の許認可への反映をうたった横断条項の設置，住民意見の提出機会の増加，スクリーニング（実施するかどうかふるい分ける），スコーピング手法（事前に情報を公開し，外部意見を聴取）の導入，生物多様性や，住民の自然との触れ合いに及ぼす影響も調査内容に加えること，さらには環境影響の低減に最大限の努力をしたかどうかを評価の判断材料に加えることなど，意思決定段階における環境配慮が強化された．しかし，本法によって行われる環境アセスメントは，事業実施段階のものであり，より早期に行う計画アセスや戦略的環境アセスメントの必要性が指摘されている．

2) 絶滅のおそれのある野生動植物の種の保存に関する法律（種の保存法）

1992年に，国内外の野生動植物種の保全を体系的に図ることを目的として，ワシントン条約（後述）規制対象種の国内取引を規制する，特殊鳥類の譲渡等の規制に関する法律と，絶滅のおそれのある野生動植物の譲渡の規制等に関する法律を廃止・統合し制定された．それまで，日本の野生鳥獣は鳥獣保護法により，原則として全種が捕獲などの規制対象であった．鳥獣以外の動植物は，自然環境保全法や自然公園法によって特定地域における特定種の捕獲や開発行為が規制されていたが，生物多様性の保全を目的とした野生動植物の保護施策ではなかった．本法の内容は，捕獲や譲渡などの規制や，生息地保護のための規制から，保護増殖事業の実施まで多岐にわたっている．

3) 環 境 権

1972年に，国連人間環境会議における人間環境宣言で示された「人は尊厳と福祉を保つにたる環境で，自由，平等および，十分な生活水準を享受する基本的権利を有する」とした権利である．そこには，個人の環境利益を享受する権利と，地域社会の共同利益として，環境享有権を守る権利の2面性が含まれる．

日本において，環境権は憲法第25条（生存権）や憲法第13条（幸福追求権）

として認められるものであり，法的保護下に置かれるべきであるという主張がある．しかし，5大公害訴訟の1つである大阪空港公害訴訟（騒音）や火力発電所の建設差し止め訴訟など，多くの公害裁判でこの権利は主張されたが，これまで認められたことはない．環境基本法では，「環境の保全は，環境を健全で恵み豊かなものとして維持することが人間の健康で文化的な生活に欠くことができないものである（第3条）」とされ，環境保全を健康で文化的な生活をする権利の一内容と位置づけている．

6.6 海外のトピック

1) SAICM (Strategic Approach to International Chemicals Management)

2002年に，国連環境計画（UNEP）管理理事会において"必要"と決議された国際的な化学物質管理のための戦略的アプローチである．

1990年代の中頃から，化学物質によるリスク削減のため，さらなる手法の必要性や，化学物質に関する国際的な活動を，より調和のとれ，効率のよいものにすべきとする議論がなされていた．2002年のヨハネスブルグ・サミットでは，「2020年までに化学物質の製造と使用による人の健康と環境への悪影響の最小化を目指すこと」と定められ，そのための行動として，SAICMを2005年末までに取りまとめることとされた．

目標に向けた30項目の政治宣言文である「ハイレベル宣言（ドバイ宣言）」と，対象範囲，必要性，目的，財政，原則，評価など示した「包括的方針戦略」，そして達成のため関係者がとる273項目の行動ガイダンスをリストアップした「世界行動計画」の3つの関連文書があり，その原則として，予防と代替原則，汚染防止，汚染者負担原則，知る権利（オーフス条約：情報でのアクセス権，行政決定の参画義務付き），ライフサイクル・アプローチ，法的責任，説明責任がある．

SAICMの特徴として，科学的なリスク評価に基づくリスク削減や，予防的取組方法，有害化学物質に関する情報の収集と提供，各国における化学物質管理体制の整備，途上国に対する技術協力の推進などがあげられる．

2) ストックホルム条約（POPs条約）

2004年に50ヵ国以上の批准を受け発効した．正式名称は「残留性有機汚染物

質に関するストックホルム条約」である．残留性有機汚染物質（POPs）とは，環境中で分解されにくく（難分解性），生物に蓄積されやすく（生物蓄積性），毒性が強い（強毒性），さらに長距離移動性を有する化学物質であり，上述の，わが国における化審法の基準とも対応する．

附属書A掲載物質は2010年現在製造・使用が原則禁止のアルドリン，ディルドリン，エンドリン，クロルデン，ヘプタクロル，トキサフェンといった殺虫剤，マイレックス（防火剤），ヘキサクロロベンゼン（殺菌剤），γ-HCH（農薬）とその副生物，ヘキサブロモビフェニルなどプラスチック難燃剤，そしてPCBなどが指定され，製造・使用が原則制限される附属書B掲載物質としてDDTやパーフルオロオクタンスルホン酸（PFOS），パーフルオロオクタンスルホン酸フルオリド（PFOSF）などが，排出の削減が求められる附属書C掲載物質として，ダイオキシン類やペンタクロロベンゼンなどが対象となり，さらなる追加物質が検討されている．

3） バーゼル条約

1992年に発効した，国境を越える有害廃棄物の移動の規制について，国際的な枠組みと手続等を規定したものである．その成立過程は，汚染問題の厄介さを集約したドラマティックなものであった．そして，問題の根深さから，今も根本的な解決の道筋もみえていない．発端は1976年のセベソ事件で，北イタリアのトリクロロフェノール生産工場（スイス本社）が爆発し，大規模なダイオキシン汚染が起きた．これ自体が汚染史上，重大な事件だったが，1982年，汚染されたドラム缶が行方不明となる．翌年，汚染物はフランスで発見され，フランス政府はイタリア政府に引き取りを要請した．しかし，イタリア政府はこれを拒否し，事態は一気に紛糾した．最後は，事故を起こした親会社があるスイスが引き取り処理を行った．経済協力開発機構（OECD）は，この問題を受け，1984年に「域内における有害廃棄物の越境移動の管理に関する決定・勧告」を行い，欧州では「有害廃棄物の越境移動を管理するための指令（セベソ指令）」が採択された．その矢先，1988年にココ（カリンB号）事件が発生する．この事件はイタリアの業者が有害廃棄物をナイジェリアのココ港付近へ投棄したことが発覚したもので，越境移動の問題が南北問題へ転換した契機となった．この年，同様の事件が多数発覚し，アフリカ統一機構はアフリカ大陸での有害物質投棄を全面禁止にした．そのため，先進国による国際経済の協議を目的としたOECDではな

く，国連の UNEP によって本条約が採択されることとなった．

4） ワシントン条約（CITES）

1975 年に発効した，野生動植物種の国際取引がそれらの存続を脅かすことのないよう規制することを目的とした条約である．絶滅のおそれの程度により，野生生物種を附属書 I （商業目的の国際取引が原則禁止），附属書 II （商取引に輸出国の許可が必要），附属書 III （II とほぼ同じ扱い，原産国が独自に決められる）に掲載し，国際取引が規制される．締約国は，附属書に掲載された特定の種について，留保を付すことにより，条約による規制を受けないでいることができる．2～3 年ごとに締約国会議が開かれ，附属書の改訂や条約運用の細則などが話し合われている．

5） REACH 規則

2007 年に発効された「EU で最も厚い法律」といわれる，欧州における化学物質の「登録」「評価」「許認可」および「制限」に関する規則である．ここで，"規則" とは EU の法令の中で最も厳しく，国内法の一部として直接的な効力をもつ．

年間の製造輸入量が 1 t を超える化学物質を「登録」し，高懸念物質（SVHC）であり，曝露があり，事業者あたり年間 100 t 以上が使用される物質から「評価」される．評価は，発がん性，変異原性，または生殖毒性をもつ CMRs や，残留性，生体蓄積性，および有毒性が高い PBTs，また，非常に残留性が高い，非常に生体蓄積性が高い vPvBs といったカテゴリーでなされ，行政庁に申請して「認可」を得る．このとき，上市（医薬品等が市販されること）前にラベル上に認可番号を記載する必要がある．そして，リスク軽減措置が必要な場合には，製造，上市，使用が「制限」（使用禁止を含む）される．

REACH 規則の特徴として，①既存化学物質の扱いを新規化学物質の扱いとほぼ同等にし，②事業者ごとに登録やリスク評価が義務づけられる．③サプライチェーン（流通経路）を通じた情報の共有を製造者と使用者の双方向で強化する．さらに，④成型品に含まれる化学物質の有無や用途についても，情報の把握が要求されている．

関連した EU の指令に，ともに 2003 年に発効した RoHS 指令（有害物質の使用禁止指令で，電気器具に含有する鉛，水銀，カドミウム，六価クロム，ポリ臭

化ビフェニール（PBB），ポリ臭化ディフェニール（PBDE）の6物質を使用禁止）と，WEEE 指令（使用済み電気・電子機器に関する指令で，電気器具の回収・リサイクルを進める）がある．

6) 予防原則（Precautionary Principle）

21世紀の地球を救う唯一の方策といわれる．1992年のリオ宣言（第15原則）で以下のように示されている．「環境を保護するため，予防的方策 Precautionary Approach は，各国により，その能力に応じて広く適用されなければならない．深刻な，あるいは不可逆的な被害のおそれがある場合には，完全な科学的確実性の欠如が，環境悪化を防止するための費用対効果の大きい対策を延期する理由として使われてはならない」．

適用される範囲は，新技術など広汎に及ぶため「非科学的」「実現不可能」「進歩を止める」「雇用を悪化する」などの批判も多い．しかし，EU は上記したリオ宣言の予防的方策をベースに REACH を定めており，今後の環境対策への適用が期待される．わが国の国内法に用いられている概念は未然防止（preventive action）であり，これは「化学物質や開発行為と影響の関係が科学的に証明されており，リスク評価の結果，被害を避けるために未然に規制を行う」と定義され，予防原則とは本質的に異なる．しかし，2003年に環境省が「環境政策における予防的方策・予防原則のあり方に関する研究会」の報告書で示したように，今後は予防の考え方が取り入れられることが期待される．

■文　献

ダイオキシン・環境ホルモン対策国民会議・予防原則プロジェクト（2005）．公害はなぜ止められなかったか？ ―予防原則の適用を求めて，95 pp，ダイオキシン・環境ホルモン対策国民会議．
原田尚彦（1981）．環境法，弘文堂，276 pp.
環境情報普及センター「EIC ネット」（http://www.eic.or.jp）．
マターニュ，P.（2006）．エコロジーの歴史，緑風出版，317 pp.
メドウス，D. H. ほか（1972）．成長の限界，203 pp，ダイヤモンド社．
日本化学会編（2003）．暮らしと環境科学，東京化学同人，189 pp.
日本環境学会編集委員会編（2001）．新・環境科学への扉，有斐閣，287 pp.
太田宏・毛利勝彦編著（2003）．持続可能な地球環境を未来へ―リオからヨハネスブルグまで，大学教育出版，274 pp.

7. 環境毒性学の未来

7.1 化学物質に対する感受性の種差を考慮したリスク評価

　化学物質のリスクは曝露量（もしくは蓄積濃度）と有害性の2つの要因によって決まる．曝露量は生物が化学物質を取り込む量や体内に蓄積する量から推定される．一方，有害性は実験動物などに化学物質を投与し，投与量依存的に認められる毒性影響から判断される．化学物質の野生生物への影響に関わる問題の一つは，多くの生物種について適切なリスク評価が実施されていないことである．リスク評価が困難な理由として，野生生物は実験動物のように容易に入手できないことがあげられる．野生生物に化学物質を投与する実験は難しいので，モデル動物を使った実験結果を外挿せざるをえなくなり，結果として有害性が正しく評価できない．有害性が正しく評価できないおもな理由は，化学物質に対する毒性発症の感受性に種差が存在するからである．感受性に関しては，すでにモデル動物種・系統間でさえ大きく異なることが明らかにされ，このことは野生生物にも該当する．

　たとえば，ダイオキシン類に対する毒性の感受性は種差や系統差が大きい．種差についていえば，感受性の高い（敏感な）モルモットと感受性の低い（鈍感な）ハムスターでは，2,3,7,8-TCDD（TCDD）に対する致死毒性が5,000倍も異なる．系統差についていえば，敏感なC57BL/6系のマウスと鈍感なDBA/2系のマウスでは，TCDDに対する致死毒性に10倍程度の差が認められる．この感受性の種差を説明する一要因として，各生物種が有するAHRの構造的・機能的な差が考えられている（Hahn, 1998）．AHRタンパク質の設計図ともいえる遺伝子の塩基配列が生物種間で少しずつ異なることから，その設計図にもとづいて合成されるAHRタンパク質の構造や機能も異なると考えるのは合理的である．ダイオキシン類は生体内に取り込まれるとAHRと結合し，異物代謝酵素の一種であるCYP1A分子種や細胞増殖・分化に関係する遺伝子群の発現を変化させ，さまざまな毒性影響を引き起こす．敏感なマウスと鈍感なマウスでは，AHRの

7.1 化学物質に対する感受性の種差を考慮したリスク評価

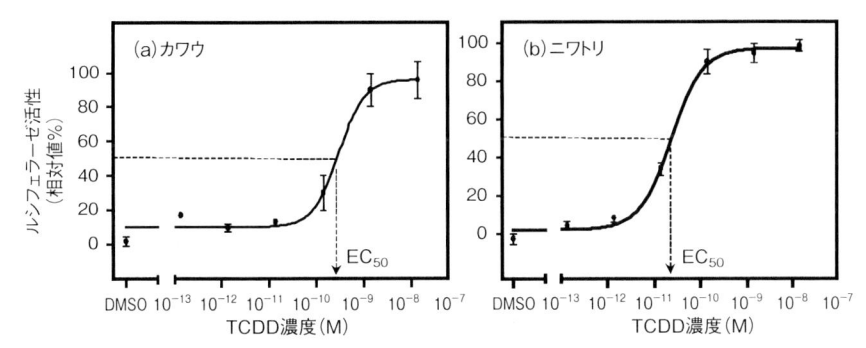

図 7.1 カワウおよびニワトリの AHR 遺伝子を導入した細胞における TCDD 処理濃度と CYP1A 遺伝子転写活性化能の関係

375 番目に位置するアミノ酸 1 ヵ所の配列の違いによって TCDD と AHR の結合能が異なることがわかっている (Ema et al., 1994). このことは, 対象生物の AHR のアミノ酸配列や機能の差を調べれば, その種のダイオキシン類に対する感受性が判定できる可能性があることを意味している. したがって, ダイオキシン類の生物種特異的な毒性影響・感受性, さらにはリスクについて評価するためには, AHR の遺伝情報や機能を系統学的・生態学的に重要な生物種間で比較検討することが不可欠である. たとえば Lee et al. (2009) は, ニワトリおよびカワウの AHR 遺伝子と, それぞれの種の CYP1A 遺伝子上流域を組み込んだルシフェラーゼ遺伝子レポーターベクターを細胞に導入したアッセイ系を構築し, TCDD による CYP1A 転写活性化能を測定した. その結果, TCDD によって活性化されたカワウ AHR が CYP1A 遺伝子を転写活性化した EC_{50} 値は, ニワトリ AHR が CYP1A 遺伝子を転写活性化した EC_{50} 値のおよそ 10 倍高いことが明らかとなった (図 7.1). この結果から, カワウはニワトリよりも TCDD に対して 10 倍ほど低感受性であると予想された.

このように生物の種特異的な毒性影響・感受性を考慮してリスクを評価することは, ダイオキシン類だけでなくほかの化学物質に関しても必要である. その場合, AHR だけではなく他の転写制御遺伝子や, 化学物質の吸収・分布・代謝・排出などに関係する遺伝子の生物種特異的な機能差に着目する必要があるだろう. 生物の感受性を明らかにしようとするこうした試みは徐々に広まりつつある (Sakai et al., 2006 ; Ishibashi et al., 2008).

7.2　トキシコゲノミクス研究の展開

　近年ヒトをはじめマウスやニワトリ，アフリカツメガエル，メダカ，ホヤ，線虫などさまざまな実験動物のゲノム（全遺伝情報）解読が進んでいる．これら生物のゲノム解読の意義は，遺伝子を生物種間で比較することで，生物進化の謎や生命現象の本質を解明することである．

　一方で，ゲノム解読で得られた情報は環境毒性学の分野にも応用されつつある．生物は化学物質が体内に侵入すると，多様な遺伝子・タンパク質の発現を増減させる．このことは，生物の遺伝子・タンパク質を利用して化学物質によるシグナル伝達系撹乱の状況を調べれば，その支配下にある生理機能への影響について評価できることを意味している．多様な分子レベルの変化を網羅的に観測することは，潜在的な毒作用や発現メカニズムを予測するために有用である．化学物質が引き起こす遺伝子レベルの変化について網羅的に観測することをトキシコゲノミクス（toxicogenomics）と呼び，そのためにゲノム解読の情報が必要になる．

　トキシコゲノミクス研究の有力な手段の1つにDNAマイクロアレイがある．これはスライドガラス上に数百～数万のDNAを整列・固定させたもので，試料中のmRNAから調製した標的遺伝子をこのスライドガラス上のDNAにハイブリダイズさせることによって，各遺伝子の発現変化の追跡が可能になる．現在ではラットやマウスなどの実験動物やヒトの遺伝子を使ったさまざまなマイクロアレイが作製され，薬理学的・毒性学的観点からトキシコゲノミクス研究に利用されている．一方，野生生物を対象とした研究例は現在もほとんど報告されていない．したがって，野生生物の遺伝子の情報を収集することは重要である．今後はさまざまな野生生物種のゲノム解析が進み，トキシコゲノミクス研究が進展すると予想される．最近のDNAシークエンサーの解析能力の進歩は，野生生物種のゲノム解析に拍車をかけるであろう．このマイクロアレイの技術が実用化されれば，たとえば野生生物の血液を採取し，血中の遺伝子の発現プロファイルを手掛かりに各個体あるいは個体群の健康状態が簡単に診断できるようになる．

7.3 実験動物代替法の発展

化学物質の安全性を評価するために実験動物を使用しない試験法（代替法）の開発が注目を集めている．EU（欧州連合）は2009年3月に，化粧品安全性評価にいくつかの例外を除いて動物実験を用いることを禁止し，動物実験を行った化粧品の市場流通も禁止した．こうした動物実験禁止と代替法開発の社会的要求は，化粧品だけでなく，医薬品や農薬・一般化学物質の場合にも強まると予想される．

代替法としては，初代培養細胞や株化細胞などの培養細胞が広く利用されてきた．しかし，それぞれの細胞には長所と短所があり，どの細胞も万能ではない．初代培養細胞の場合，本来の細胞の状態が株化細胞に比べよく保存されており，生体内での反応を再現しやすい長所があるが，細胞を継代せずに長期間保持することができないため，実験ごとに生体から細胞を分離する必要がある点が短所となる．株化細胞の場合には，半永久的な培養や遺伝子導入が容易であるなどの長所があるが，株化に至る過程で生体内にある本来の細胞とは性質が変化してしまうため，試験結果を本来の細胞に外挿しにくいなどの短所を抱えている．

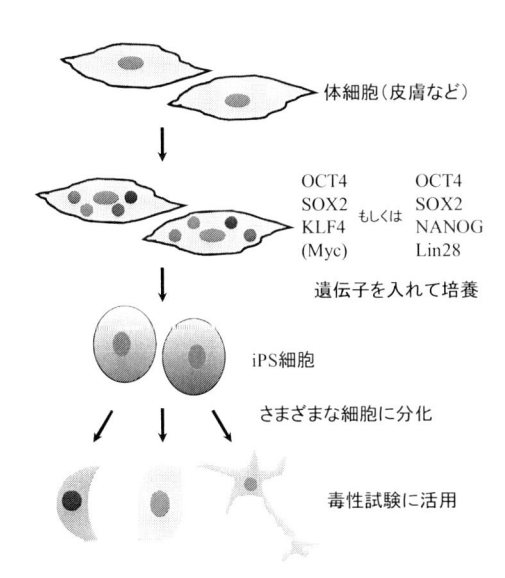

図7.2 iPS細胞の作製と毒性研究への応用（Passier et al., 2008を一部改変）

このような各細胞を利用した試験法の短所を克服できると期待されているのがiPS細胞を利用した代替法である（Takahashi et al., 2007）。iPS細胞とはinduced pluripotent stem cellsの略で，日本語では人工多能性幹細胞と呼ばれる。iPS細胞は体細胞に3種あるいは4種の遺伝子を導入することによってゲノムを初期化した細胞で，さまざまな細胞に分化する能力を有する。iPS細胞は分化した細胞から作製するので，発生初期の胚から作製する胚性幹細胞（embryonic stem cells）のような倫理的な問題がない。したがって，iPS細胞からさまざまな細胞へ分化させる方法が開発できれば，たとえば皮膚細胞から肝細胞や神経細胞をつくることが可能になるであろう（図7.2）。このようにして得られた細胞は再生医療の分野で実用化を目指し研究が進展しているが，一方で医薬品や環境汚染物質を対象にした毒性試験への応用も近い将来可能になると予想される。

■文　献

Ema, M., Ohe, N., Suzuki, M. et al. (1994). Dioxin binding activities of polymorphic forms of mouse and human arylhydrocarbon receptors. *Journal of Biological Chemistry*, 269(44), 27337-27343.

Hahn, M. E. (1998). The aryl hydrocarbon receptor : a comparative perspective. *Comparative Biochemistry and Physiology. Part C, Pharmacology, Toxicology and Endocrinology*, 121 (1-3), 23-53, 1998.

Ishibashi, H., Iwata, H., Kim, E. Y. *et al.* (2008). Contamination and effects of perfluorochemicals in Baikal seal (*Pusa sibirica*). 2. Molecular characterization, expression level, and transcriptional activation of peroxisome proliferator-activated receptor alpha. *Environmental Science and Technology*, 42, 2302-2308.

Lee, J. S., Kim, E.Y. and Iwata, H. (2009). Dioxin activation of CYP1A5 promoter/enhancer regions from two avian species, common cormorant (*Phalacrocorax carbo*) and chicken (*Gallus gallus*) : association with aryl hydrocarbon receptor 1 and 2 isoforms. *Toxicology and Applied Pharmacology*, 234, 1-13, 2009.

Passier, R., van Laake, L. W. and Mummery, C. L. (2008). Stem-cell-based therapy and lessons from the heart. *Nature*, 453, 322-329.

Sakai, H., Iwata, H., Kim, E. Y. et al. (2006). Constitutive androstane receptor (CAR) as a potential sensing biomarker of persistent organic pollutants (POPs) in aquatic mammal : molecular characterization, expression level, and ligand profiling in Baikal seal (*Pusa sibirica*). *Toxicological Sciences*, 94, 57-70.

Takahashi, K., Tanabe, K., Ohnuki, M. et al. (2007). Induction of pluripotent stem cells from adult human fibroblasts by defined factors. *Cell*, 131(5), 861-872.

索　引

欧　字

ABS　206
accumulator　185
ADI　93
AHR　141, 242
ARNT　141

BAF　59
BCF　34, 59
bioaccumulation　59
bioconcentration　58
biomagnification　58
BMF　59
BPA　151

CAR　146
CITES　240
CYP1A　141, 242
CYP1B1　141

DDE　195
DDT　19, 58, 66, 116, 133, 146, 195

EANET　41
EC_{50}　92, 148
ED_{50}　92
Eh　35
EPA　89
ER　142, 151
EU　240
excluder　180, 217

food web magnification factor　61
FWMF　61

GFP　152
GLP　89

HBCD　45
HCH　19, 60, 66
hyperaccumulator　217

ICRP　104
indicator　217
iPS 細胞　245

K_{AW}　19
K_d　43, 52
K_{oc}　43, 52
K_{ow}　20, 33, 59

LC_{50}　92, 148
LD_{50}　92, 105, 113, 118
LOEL　92

NNK　95
NOAEL　119
NOEL　92

OECD　89, 149, 239
on site　206, 211
ORP　35

PA　208, 216
PAH　11, 77, 169, 209
PBDEs　45, 58, 118, 211
PBT　58
PCB　19, 58, 64, 78, 165, 171, 210, 235
pH　35, 154
phytoextraction　182, 214
phytomining　189, 215
FM2.5　23
PM10　23, 231

POPs　19, 31, 34, 43, 58, 63
POPs 条約　→ストックホルム条約
PRTR　235
PRTR 法　235
PTWI　93
PXR　146

REACH 規則　240
RNS　124
RoHS 指令　240
ROS　86, 124, 134, 220

SAICM　238
SI　79
SOD　125, 220
SVHC　240

TCDD　112
TMF　61
trophic magnification factor　61

UNEP　227, 238

VOC　11, 209, 234

WEEE 指令　241

あ　行

亜急性毒性　88
アゴニスト　111
アジェンダ 21　227
足尾銅山鉱毒事件　23, 71
アスコルビン酸　220
アスコルビン酸-グルタチオン回路　221
アスペクト比　125

索引

アスベスト 89, 101, 125, 234
アセチル抱合 201
アセトアミノフェン 100
アゾ基の還元 196
アトラジン 117
アフラトキシンB_1 96, 193
アポトーシス 88, 134
亜慢性毒性 88
アミグダリン 198
アミノ酸抱合 201
アルカリ度 28
アルキル鉛 123
アルキル基の酸化 191
アルコールデヒドロゲナーゼ 195
アルセノベタイン 123
アルデヒドデヒドロゲナーゼ 195
アルドリン 193
アルミニウム 39
アレルギー反応 136
安全係数 93
アンタゴニスト 111
アンチモン 49
安定同位体比 61, 78
アントラサイクリン系抗がん薬 102

硫黄欠乏 128
イオン強度 35, 38
イオン形態 129
イオン性物質 31
イオンチャネル 87, 220
イガイ 63
イタイイタイ病 2, 54
1次作用 131
一般毒性 88
遺伝子組換え植物 222
遺伝子毒性発がん物質 135
移動発生源 69, 73
医薬品 84
インポセックス 160

エアロゾル 23
栄養欠乏症状 126
栄養段階 61

エコトキシコロジー 1
壊死 128
17β-エストラジオール 111, 151
エストロゲン 142
エストロゲン作用 111
エストロゲン受容体 142, 151
エチニルエストラジオール 152
越境（大気）汚染 23, 226
エポキシ化 191
エポキシド 94, 191
エポキシドヒドロラーゼ 193
エリスロマイシン 146
エンドポイント 89, 136

オキシゲナーゼ 167
オクタノール-水分配係数 33, 59
オス個体の産出 161
汚染対策地域 48
オーバーユース 74
オンサイト 206, 221

か 行

ガイア仮説 4
海洋汚染 226
外来種 222
化学物質管理 1
可逆的毒性 82
カゲロウ幼虫 158
花崗岩風化土壌 179
過酸化脂質 86
火山灰風化土壌 179
過剰利用 74
加水（分解）反応 125, 197
化石燃料 10, 24
ガソリン 77
カーソン, R. 2, 108
カタラーゼ 125, 202, 221
カツオ 67
活性汚泥法 205
活性酸素種 86, 124, 134, 220
活性代謝物 87
活性窒素種 124

活性中間体 94
カドミウム 48, 133
カネクロール 78
カネミ油症事件 54, 235
カーバメイト系農薬 134
株化細胞 245
花粉症 23
カルシウム 129
カルボニル基の還元 197
換羽 56
環境アセスメント 236
環境影響 147
環境汚染物質 2
環境基準 231
環境基本法 229
環境権 237
環境動態 9
環境毒性学 1
環境法 225
環境ホルモン →内分泌撹乱化学物質
環境ホルモン生態影響調査 162
含金属酵素 122
還元型グルタチオン 186
がん原性物質 94
還元反応 195
感受性 242
緩衝能 39
乾性降下物 37
乾性沈着 17, 24
岩石圏 4
乾土効果 30
ガンマ線照射 105
換毛 56

器官毒性 82
奇形 136
起源推定 63, 69
ギシギシ 180
拮抗 91
機能毒性 82, 131
キノンの還元 197
揮発性有機化合物 11, 209, 234
客土 216
吸収線量 103

索　引

急性毒性　88
吸着　32
　　土壌による——　52
吸着平衡定数　43
　　土壌の——　52
キュウリ　184
凝集　37
共役代謝　166
共有結合　87, 133
極性物質　31
距離減衰　71
キレート剤　216
菌根菌　128
金属イオン封鎖　220

クリーンテクノロジー　221
グルクロン酸抱合　198
グルココルチコイド　146
グルタチオン　186, 220
グルタチオン S-トランスフェラーゼ　193
グルタチオンペルオキシダーゼ　202
グルタチオン抱合　201
グルタチオンリダクターゼ　221
クロトリマゾール　146
クロルデン　146
クロロキン　102
クロロシス　128, 178, 220

経気　55, 132
経口　55, 132
経済協力開発機構　89, 149, 239
ケイ素欠乏　129
経皮　55, 132
劇物　84
劇薬　84
血液−脳関門　93, 100, 133
ゲノム　244
原油　77

抗アンドロゲン作用　111
公害対策基本法　228
甲殻類　151
高懸念物質　240

黄砂　23, 36
抗酸化酵素　125
高次捕食動物　235
硬組織　56, 133
硬度　155
行動障害　7
高度成長期　69
高濃度集積型植物　180
国際放射線防護委員会　104
国連環境計画　227, 238
国連人間環境会議　2, 23, 226
小坂煙害事件　23
個体群　6, 136
個体群消滅　5
固定発生源　69, 71
コメタボリズム　166
コントロール　90

さ　行

催奇形性　96
最小作用量　92
最小致死量　92
最大無作用量　92
細胞死　87
細胞毒性　87
細胞内調節因子　128
錯化合物　37
砂質土　179
殺菌剤　157
殺虫剤　157
サプライチェーン　240
サリドマイド　97
酸化型グルタチオン　186
酸化還元電位　35
酸化還元反応　130
酸化ストレス　85, 220
酸化ストレス応答　178
酸化反応　11, 190
産業革命　68
産業毒性　3
三酸化アンチモン　50
酸性雨　12, 226
酸性化　26, 40
酸性沈着　25, 39
酸性物質　9

酸中和能　26
残留基準　236
残留性の汚染　69
残留性有機汚染物質　58, 63
シアノバクテリア　164
シアン化水素　131
四塩化炭素　135
シグナル伝達　134
自然界値　36, 47
自然環境保全法　229
持続可能な開発　226
実験動物を使用しない試験法　244
湿性沈着　13, 24
自動車　73
シトクロム P450　100, 139, 191
指標種　217
指標生物　57, 63
ジフェニルアルシン　123
脂肪組織　133
重金属　22, 35, 46, 68, 131, 172
　　——の無毒化　185
重金属汚染　68
重金属集積メカニズム　178
集水域　26
集積植物　185
種差　242
種特異性　54, 56
種の絶滅　53, 224
種の保存法　237
馴化　154
脂溶性　33
植物の代謝　178
植物必須元素　126
食物連鎖　5, 60, 114
除草剤　157
初代培養細胞　245
シロイヌナズナ　219
神経毒性　99
人工多能性幹細胞　245
人口爆発　1
心毒性　101
森林破壊　3

水界　31

水銀　174
水圏　4, 31
水質汚染　63
水質汚濁防止法　234
水生昆虫　156
水相　33
ストックホルム会議　2, 23, 226
ストックホルム条約　19, 118, 228, 238
ストレス　130
スパイクタイヤ　73
スーパーオキシド　203
スーパーオキシドジスムターゼ　124, 202
スーパーオキシドラジカル　86
スーパーファンド法　216

生殖毒性　97
精神的ストレス　1
生体異物質　112
生態学的死　7, 136
生態系　53
生態毒性　1, 235
生体微量元素　120
生体防御機構　140
生体膜　34
性転換　159
性比　162
生物学的半減期　54
生物圏　4
生物検定　→バイオアッセイ
生物多様性　54, 222
生物蓄積　5, 108
生物蓄積性　58, 63
生物的ストレス　178
生物濃縮　51, 53, 57, 235
　　　土壌から植物への——　51
生物濃縮係数　34, 59
生物利用能　7, 54, 133
セイヨウカラシナ　183
石炭燃焼粒子　78
石綿　→アスベスト
石油　167
　　——の流出事故　209
絶滅確率　136
ゼノバイオティクス　165

線維化　86, 134
選択毒性　93
相加作用　91
臓器毒性　131
相乗作用　91

た 行

第1相反応　131, 190
ダイオキシン類　19, 53, 109, 112, 141, 210, 242
ダイオキシン類対策特別措置法　231
体外被曝　107
大気汚染　226
大気汚染物質　9
大気汚染防止法　233
大気圏　4
大気降下物　71
大気-水分配平衡定数　19
対策計画　49
代謝　190
　　植物の——　178
　　動物の——　190
代謝酵素　140
代謝的活性化　85, 141
対照　90
耐性植物　179
体内被曝　107
第2相反応　131, 198
第二水俣病　2
胎盤関門　93, 133
耐用週間摂取量　93
大量死　5
大量死事件　53
大量絶滅　224
多環芳香族炭化水素　11, 141, 168, 209
ダーク油事件　54
多世代試験　160
脱アルキル化　193
脱水素　133
脱ハロゲン化　195
脱ハロゲン呼吸　171
脱皮ホルモン　161

単為生殖　161
遅延毒性　89
チオシアネート抱合　202
チオール基　124, 220
窒素流出　29
柱状堆積物　45, 69
中性物質　31
中皮腫　101, 125
腸肝循環　122, 135
長距離輸送　23, 66
超集積植物（種）　179, 217
超蓄積現象　54
『沈黙の春』　2, 108

底質試料　45
ディーゼル油　77
ディープ・エコロジー　4
ディルドリン　193
鉄欠乏　130
電気伝導度　28
典型7公害　229
電離放射線　103

銅　48
動物の代謝　190
動物プランクトン　154
トキシコキネティクス　131
トキシコゲノミクス　115, 244
毒ガス　2
特殊毒性　88, 94
毒性　81
毒性値　154
毒性発現の機序　132
特定毒物　84
特定有害物質　48
毒物　84
毒物および劇物取締法　84
毒薬　84
土壌汚染対策法　46, 234
土壌汚染防止法　46, 48
土壌による吸着　52
土壌の吸着平衡係数　52
土壌の酸性化　40
土地利用　26, 29
ドノラ事件　23

トランスフェクション法 152
トランスポーター 93, 220
ドリフト 236

な 行

内分泌撹乱化学物質 6, 98, 109, 135, 159
内分泌毒性 97
ナチュラルアテニュエーション 207
ナトリウム 130
鉛 133
軟組織 133
難燃助剤 50, 211
難分解性化合物 166
南北問題 227

2次作用 131
2次性徴 159
2次代謝物 214
ニッケル（テトラ）カルボニル 24
ニトロ基の還元 196
ニトロソアミン類 95
日本精鉱中瀬製錬所 50

ネクロシス 87, 128, 134, 178
粘土 52

農薬 33, 52, 116, 157
　の土壌における残留 53
ノニルフェノール 151
法面緑化 219

は 行

バイオアッセイ 139, 147, 154
バイオインフォマティクス 115
バイオオーグメンテーション 208
バイオスティミュレーション 208
バイオ燃料 78
バイオマーカー 137

バイオモニタリング 55
バイオレメディエーション 174, 204, 215
排除種 217
胚性幹細胞 246
廃土 216
バクテリアリーチング 173
波状摩耗 75
バーゼル条約 23, 228, 239
発がん 1, 113, 134
発がん性 94
バックグラウンド 36, 91
パブリックアクセプタンス 208, 216
パラオキソン 194
パラケルスス 7, 81
パラチオン 194
半数致死量 92, 112, 118
半致死線量 105

非イオン性物質 31
非遺伝子毒性発がん物質 135
東アジア酸性雨モニタリングネットワーク 41
光過敏症 99
ビスフェノールA 151
微生物 164, 204
非生物的ストレス 178
ヒ素 49, 173
ヒ素糖 123
日立鉱山煙害事件 23
必須元素 22, 220
必須無機栄養素 127
ビテロゲニン 114, 151
ヒドロキシルラジカル 125, 202
皮膚毒性 99
標的部位 132
表面流去水 36
微量元素 52

ファイトエクストラクション 182, 214
ファイトケラチン 185, 220
ファイトシデロフォア 220
ファイトマイニング 189, 215

ファイトレメディエーション 180, 205, 214
フィンガープリント解析 79
風化反応 37
フェノバルビタール 146
フェントン反応 124
不可逆的毒性 82
付加体 142
不活性化 91
復元対策事業 49
複合影響 90
複合毒性 6
腐植酸 155
物質循環 164
ブラウンフィールド 223
プラスチック 3
プラセボ 90
フラックス 20
フラビン含有モノオキシゲナーゼ 194
フリーラジカル 86
ブロッカー 91
分子マーカー 77

ヘキサクロロシクロヘキサン 19, 60, 66, 195
ヘキサブロモシクロドデカン 45
別子銅山煙害事件 23
ベンゾ [a] ピレン 94, 142

ポイントソース 71
放射性物質 102
放射線 102
放射線防護 104
ホウ素欠乏 129
ボサリカ事件 23
ポジティブリスト制度 236
ホメオスタシス 122
ポリ塩化ビフェニル 19, 165
ポリ臭素化ジフェニルエーテル 45, 58, 118, 211

ま 行

マイクロアレイ 212, 244

マイクロコズム　104
マグネシウム　129
マグネシウム欠乏　130
マーティンの鉄仮説　36
マンガン　129, 173
慢性毒性　88

水-オクタノール分配係数　20
水溶解度　31
未然防止　241
ミトコンドリア　87
水俣病　1, 54, 100, 114, 134
ミューズ渓谷事件　23

無影響濃度　136
無極性物質　31
無毒性量　136

メタロチオネイン　133, 202
メチル水銀　100, 114, 174
メチル抱合　202
メルカプツール酸　201
免疫毒性　98
面的発生源　69

や　行

冶金　24
薬物代謝酵素　85
薬理　1
野生生物　55, 160, 242

有鉛ガソリン　73, 75
有害廃棄物　22
有機水銀　100, 174
有機相　33
有機フッ素化合物　117
有機リン剤　99
輸送媒体　31

陽イオン　37
溶解平衡　37
幼若ホルモン　161
溶存態　32
用量-応答関係　81, 92, 122, 138
予測無影響濃度　150
四日市ぜんそく　2
予防原則　116, 241
ヨモギ　180
4大公害事件　2, 54

ら　行

リオ宣言　227
リガンド　85
リスク評価　115, 242
リファンピシン　146
流域　26
硫酸抱合　200
粒子吸着性　71
流水式試験　160
リン欠乏　129
臨床試験　89

ルシフェラーゼ　145, 243

レセプター　55, 91, 110, 122, 140, 159
レドックスサイクル　101
レドックス制御　178

ロンドン事件　23

わ　行

ワシントン条約　228, 237, 240

編者略歴

渡邉　泉（わたなべ いずみ）
1971年　大分県に生まれる
1998年　愛媛大学大学院連合農学研究科修了
現　在　東京農工大学大学院農学研究院准教授
　　　　博士（農学）

久野勝治（くの かつじ）
1943年　愛知県に生まれる
1971年　名古屋大学大学院農学研究科修了
現　在　東京農工大学名誉教授
　　　　農学博士

環境毒性学　　　　　　　　　　　　定価はカバーに表示

2011年　3月25日　初版第1刷
2022年12月25日　　　第8刷

編　者　渡　邉　　　泉
　　　　久　野　勝　治
発行者　朝　倉　誠　造
発行所　株式会社　朝　倉　書　店
　　　　東京都新宿区新小川町 6-29
　　　　郵便番号　162-8707
　　　　電　話　03(3260)0141
　　　　FAX 03(3260)0180
　　　　https://www.asakura.co.jp

〈検印省略〉

© 2011〈無断複写・転載を禁ず〉　　真興社・渡辺製本

ISBN 978-4-254-40020-5　C 3061　　Printed in Japan

JCOPY　〈出版者著作権管理機構 委託出版物〉

本書の無断複写は著作権法上での例外を除き禁じられています．複写される場合は，そのつど事前に，出版者著作権管理機構（電話 03-5244-5088, FAX 03-5244-5089, e-mail: info@jcopy.or.jp）の許諾を得てください．

好評の事典・辞典・ハンドブック

火山の事典（第2版） 下鶴大輔ほか 編 B5判 592頁

津波の事典 首藤伸夫ほか 編 A5判 368頁

気象ハンドブック（第3版） 新田 尚ほか 編 B5判 1032頁

恐竜イラスト百科事典 小畠郁生 監訳 A4判 260頁

古生物学事典（第2版） 日本古生物学会 編 B5判 584頁

地理情報技術ハンドブック 高阪宏行 著 A5判 512頁

地理情報科学事典 地理情報システム学会 編 A5判 548頁

微生物の事典 渡邉 信ほか 編 B5判 752頁

植物の百科事典 石井龍一ほか 編 B5判 560頁

生物の事典 石原勝敏ほか 編 B5判 560頁

環境緑化の事典 日本緑化工学会 編 B5判 496頁

環境化学の事典 指宿堯嗣ほか 編 A5判 468頁

野生動物保護の事典 野生生物保護学会 編 B5判 792頁

昆虫学大事典 三橋 淳 編 B5判 1220頁

植物栄養・肥料の事典 植物栄養・肥料の事典編集委員会 編 A5判 720頁

農芸化学の事典 鈴木昭憲ほか 編 B5判 904頁

木の大百科［解説編］・［写真編］ 平井信二 著 B5判 1208頁

果実の事典 杉浦 明ほか 編 A5判 636頁

きのこハンドブック 衣川堅二郎ほか 編 A5判 472頁

森林の百科 鈴木和夫ほか 編 A5判 756頁

水産大百科事典 水産総合研究センター 編 B5判 808頁

価格・概要等は小社ホームページをご覧ください．